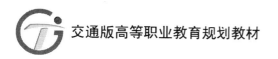 交通版高等职业教育规划教材

U0269667

Jisuanji Yingyong Jichu

计算机应用基础

胡久永　郑　宇　主编

人民交通出版社

内 容 提 要

本书以教育部颁布的《高职高专教育基础课课程教学基本要求》、《高职高专教育专业人才培养目标及规格》为依据,结合《全国高等院校非计算机专业计算机等级考试大纲》编写而成,全书共分 7 章,内容包括:计算机基础知识、中文 Windows XP 的应用、中文 Word 2003 的应用、中文 Excel 2003 的应用、中文 PowerPoint 2003 的应用、计算机网络基础与应用、数据库技术基础等。每章附有实训项目和适量的练习题,方便教学和学生自学。

本书结构清晰,融通俗性、实用性和技巧性于一体,可作为高职高专学生的教材,也可作为各类计算机培训学校的教材,还可作为计算机初学者的自学读物。

图书在版编目(CIP)数据

计算机应用基础 / 胡久永,郑宇主编. --北京：
人民交通出版社,2012.9
ISBN 978-7-114-09969-4

Ⅰ.①计⋯ Ⅱ.①胡⋯②郑⋯ Ⅲ.①电子计算机－
基本知识 Ⅳ.①TP3

中国版本图书馆 CIP 数据核字(2012)第 172024 号

交通版高等职业教育规划教材

书　　名：计算机应用基础
著 作 者：胡久永　郑　宇
责任编辑：谢　元　郭红蕊
出版发行：人民交通出版社
地　　址：(100011) 北京市朝阳区安定门外外馆斜街 3 号
网　　址：http://www.ccpress.com.cn
销售电话：(010) 59757973
总 经 销：人民交通出版社发行部
经　　销：各地新华书店
印　　刷：北京鑫正大印刷有限公司
开　　本：787×1092　1/16
印　　张：21.25
字　　数：507 千
版　　次：2012 年 9 月　第 1 版
印　　次：2014 年 4 月　第 3 次印刷
书　　号：ISBN 978-7-114-09969-4
印　　数：6001 – 10000 册
定　　价：39.00 元
(有印刷、装订质量问题的图书由本社负责调换)

《计算机应用基础》
编　委　会

主　编：胡久永　郑　宇
参　编：李文娟　李煜果　赵　丽　蒋郑红

前言
Preface

在当今高速发展的信息社会,计算机技术尤其是网络技术正在对人类经济生活、社会生活等各方面产生巨大的影响。因此,掌握计算机技术与网络技术基础知识已成为人们工作、生活所必备的基本要求。

为了满足高等职业教育课程改革发展的要求,以及各高职院校不同专业和不同办学条件的需要,以教育部颁布的《高职高专教育基础课课程教学基本要求》、《高职高专教育专业人才培养目标及规格》为依据,我们结合《全国高等院校非计算机专业计算机等级考试大纲》以及在教学实践中的体会,组织编写了这本《计算机应用基础》教材,以供相关院校参考使用。

本书注重对学生实际使用计算机能力的培养,把基本知识的介绍和操作技能的培养融为一体,把具体的操作过程写细写实,方便学生自学,使学生能在边阅读边操作的过程中掌握使用计算机的基本知识和基本技能。每一章节均有实训项目和适量的练习题,力求使学生通过上机实训和练习获得计算机应用能力的提高。

本书第 1 章由蒋郑红、胡久永编写;第 2 章和第 5 章由郑宇编写;第 3 章由李文娟编写;第 4 章由赵丽编写,第 6 章和第 7 章由李煜果编写。全书由胡久永、郑宇担任主编,由胡久永统稿、审定。

在编写过程中,自始至终得到了重庆交通职业学院领导的大力支持和精心指导,在此表示衷心的感谢。同时,还要感谢人民交通出版社为本书的出版所提供的帮助。

由于时间仓促,水平有限,书中难免有不足之处,恳请读者批评指正。

编　者
2012 年 6 月

目录 Contents

1

第1章 计算机基础知识

1.1 现代计算机概述

电子计算机(Electronic Computer)简称计算机,俗称电脑,是 20 世纪人类最重大的科学技术发明之一。计算机的出现,为人类发展科学技术、创造文化提供了新的现代化工具。从世界上第一台电子计算机诞生到现在已经有六十多年的历史了。六十多年来,计算机及其应用已渗透到社会生活的各个领域,有力地推动着信息化社会的发展。在 21 世纪,掌握以计算机为核心的信息技术的基础知识和应用能力,是现代大学生必备的基本素养。

1.1.1 现代计算机的发展

1)早期的计算工具

人类最初用手指进行计算。人有两只手,共计 10 个手指,所以人们自然而然地习惯于运用十进制记数法。用手指计算固然方便,但不能存储计算结果,于是人们借助石块、刻痕或结绳来帮助记忆。

最早的人造计算工具是算筹,它由我国古代人民最先创造并使用。"筹"是一种竹制、木制或骨制的小棍,它们可以按照一定的规则灵活地摆放在盘中或地面上,一边计算一边不断地重新摆布,如图 1-1 所示。算筹在古代是一种方便的计算工具,创造过杰出的数学成果。例如,祖冲之就是用算筹计算出圆周率(π 值)在 3.1415926~3.1415927 之间,这一结果比西方早了近一千年。

算盘是从算筹发展来的,它的产生时间大概在元代。到元末明初时,算盘已经非常普及,珠算算法也逐渐发展并最后定型。算盘是用算珠的位置来表示数位的,如图 1-2 所示。利用算盘计算的具体过程是:首先,用纸和笔记录题目和数据,然后由人通过手指头拨动算珠进行计算,最后将计算结果写在纸上。算盘作为一种计算工具,至今仍然在使用。

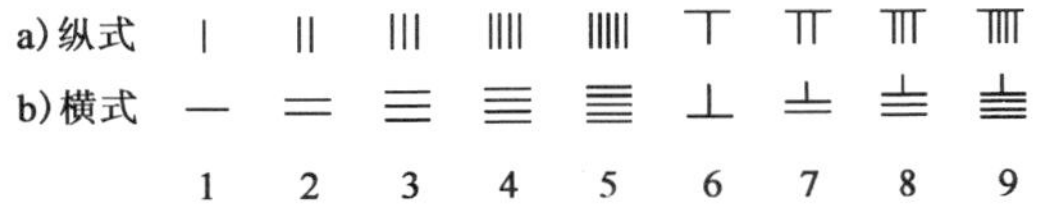

a)纵式 | || ||| |||| ||||| 丅 丅 丅 丅
b)横式 一 二 三 三 三 三 ⊥ ⊥ ⊥ ⊥
    1 2 3 4 5 6 7 8 9

图 1-1 算筹

图 1-2 算盘

2)机械计算机、机电计算机

随着科学的发展,商业、航海和天文领域提出了许多复杂的计算问题,人们开始关注计算工具的研制。1642 年,法国数学家、物理学家帕斯卡(Blaise Pascal)制造出第一台机械加法器 Pascaline。这台机器主要由 8 个可旋转的齿轮组成,只能进行加法和减法运算,实现了自动进位,并配置一个可显示计算结果的窗口,如图 1-3 所示。

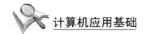
1670 年，德国数学家、哲学家莱布尼兹(Gottfried Leibniz)改进了 Pascaline，添加了乘法、除法和平方根等运算。在计算方法上，莱布尼兹提出了二进制计算的概念，使高速自动运算成为可能。二进制计算是现代计算机的核心原理之一。

1822 年，英国数学家巴贝奇(Charles Babbage)设计了一台差分机，其作用是利用机器代替人来编制数字表，以免政府在编制大量数字表时投入大量人力去进行浩繁的计算。1834 年，他又完成了分析机的设计方案，在差分机的基础上做了较大的改进，使分析机不仅可以做数字运算，还可以做逻辑运算。分析机已经具有现代计算机的概念，但因受当时的技术条件限制，未能制造完成。

1888 年，美国统计学家霍勒瑞斯(Herman Hollerith)为人口统计局研制了第一台机电式穿孔卡系统——制表机，它是一种将机械统计原理与信息自动比较和分析方法结合起来的统计分析机器。这种机器使美国统计人口所需的时间从过去的 8 年缩短为 2 年。霍勒瑞斯在 1896 年创办了制表机公司，1911 年他又组建了一家计算制表记录公司，该公司到 1924 年改名为国际商用机器公司，这就是举世闻名的美国 IBM 公司。

1938 年，德国工程师朱斯(Konrad Zuse)成功制造了第一台二进制计算机 Z-1，它是一种纯机械式的计算装置，它的机械存储器能存储 64 位数。此后他继续研制了 Z 系列计算机，其中 Z-3 型计算机是世界上第一台通用程序控制的机电计算机，它使用了 2600 个继电器，采用浮点二进制进行运算，运算一次加法只用 0.3s，如图 1-4 所示。

图 1-3　帕斯卡加法器　　　　　　　　　　图 1-4　Z-3 型计算机

1944 年，美国麻省理工学院科学家艾肯(Howard Aiken)研制成功了一台通用型机电计算机 MARK-Ⅰ，它使用了三千多个继电器，总共由 15 万个元件组成，各种导线总长度在 800km 以上。1947 年，艾肯又研制出运算速度更快的机电计算机 MARK-Ⅱ。

至此，在计算机技术上存在着两条发展道路，一条是各种机械式计算机的发展道路；另一条是采用继电器作为计算机电路元件的发展道路。后来建立在电子管和晶体管等电子元件基础上的电子计算机正是受益于这两条发展道路的成果。

3)电子计算机的诞生

1946 年 2 月，美国宾夕法尼亚大学莫尔学院物理学家莫克利(John W. Mauchly)和工程师埃克特(J. Presper Eckert)领导的科研小组共同开发了世界上第一台数字电子计算机 ENIAC(Electronic Numerical Integrator And Calculator，电子数值积分计算机)，如图 1-5 所示。ENIAC 是一个庞然大物，其占地面积为 170m²，总质量达 30t。机器中约有 18000 只电子管、1500 个继电器以及其他各种元器件，在机器表面则布满电表、电线和指示灯，每小时耗电量约为 140kW。这样一台"巨大"的计算机,每秒可以进行 5000 次加法运算,相当于手工计算的 20 万倍,机电计算机的 1000 倍。ENIAC 的主要任务是分析炮弹轨道,一条炮弹的轨道用 20s 就能算出来,比炮弹本身的飞行速度还快。ENIAC 原本是为第二次世界大战研制的,但它投入运行时战争已经结束,这样一来,它便转向为研制氢弹而进行计算。ENIAC 的成功是计算机发展史上的一座里程碑。

图 1-5　第一台数字电子计算机

"二战"期间,英国科学家艾兰·图灵(Alan Mathison Turing,1912—1954)为了能彻底破译德国的军事密电,设计并完成了真空管机器 Colossus,多次成功地破译了德国作战密码,为反法西斯战争的胜利做出了卓越的贡献。他在计算机科学方面的主要贡献有两个:一是建立图灵机(Turing Machine,TM)模型,奠定了可计算理论的基础;二是提出图灵测试,阐述了机器智能的概念。

图灵机的概念是现代计算机理论的基础。图灵证明,只有图灵机能解决的计算问题,实际计算机才能解决;如果图灵机不能解决的计算问题,则实际计算机也无法解决。图灵机的能力概括了数字计算机的计算能力。因此,图灵机对计算机的一般结构、可实现性和局限性都产生了深远的影响。

在此期间,美籍匈牙利数学家冯·诺依曼(Von Neumann,1903—1957)和他的同事们研制了第二台电子计算机 EDVAC(Eleafronic Descrete Variable Automaatic Computer,离散变量自动电子计算机),对后来的计算机在体系结构和工作原理方面产生了重大影响。在 EDVAC 中采用了二进制代码表示数据和指令,以及"存储程序"的概念。以"存储程序"的概念为基础的各类计算机统称为冯·诺依曼计算机。五十多年来,虽然计算机系统从性能指标、运算速度、工作方式、应用领域等方面与当时的计算机有很大差别,但基本结构没有变,都属于冯·诺依曼计算机。但是,冯·诺依曼自己也承认,他关于计算机"存储程序"的想法都来自图灵。

4)电子计算机发展的几个阶段

自从 ENIAC 诞生到现在已有半个多世纪,电子计算机获得了突飞猛进的发展。人们依据计算机性能和当时软硬件技术(主要根据所使用的电子器件),将计算机的发展阶段划分为以下 5 个阶段。

(1)第一代计算机(1946—1958 年)

第一代计算机采用的主要元件是电子管,其主要特点如下:

①采用电子管代替机械齿轮或电磁继电器作为基本电子元件,但它仍然比较笨重,而且产生很多热量,容易损坏。

②程序可以存储,这使得通用计算机的出现成为可能。但存储设备最初使用水银延迟线或静电存储管,容量很小。后来采用了磁鼓、磁芯,虽有一定改进,但存储空间仍然有限。

③采用二进制代替十进制,即所有数据和指令都用"0"与"1"表示,分别对应于电子器件的"接通"与"断开"。输入输出设备简单,主要采用穿孔纸或卡片,速度很慢。

④程序设计语言为机器语言,几乎没有系统软件,主要用于科学计算。

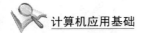

典型的第一代计算机有 ENIAC、EDVAC、UNIVAC-I、IBM 701、IBM 702、IBM 704、IBM 705、IBM 650 等。

(2)第二代计算机(1959—1964 年)

晶体管的发明给计算机技术带来了革命性的变化,第二代计算机采用的主要元件是晶体管。它的主要特点如下:

①采用晶体管代替电子管作为基本电子元件,使计算机结构和性能都发生了质的飞跃。与电子管相比,晶体管具有体积小、质量轻、发热少、速度快、寿命长等一系列优点。

②采用磁芯存储器作为主存,使用磁盘和磁带作为辅存,使存储容量增大,可靠性提高,为系统软件的发展创造了条件。

③提出了操作系统的概念,开始出现汇编语言,并产生了如 COBOL、FORTRAN 等算法语言以及批处理系统。

④计算机应用领域进一步扩大,除科学计算外,还用于数据处理和实时控制等领域。

典型的第二代计算机有 IBM 7040、IBM 7070、IBM 7090、IBM 1401、UNIVAC-LARC、CDC 6600 等。

(3)第三代计算机(1965—1970 年)

20 世纪 60 年代中期,随着半导体工艺的发展,已经能制造出集成电路元件。集成电路可以在几平方毫米的单晶硅片上集成十几个甚至上百个电子元件。计算机开始采用中小规模的集成电路元件。它的主要特点如下:

①采用集成电路取代晶体管作为基本电子元件。与晶体管相比,集成电路体积更小、耗电更省、功能更强、寿命更长。

②采用半导体存储器,存储容量进一步提高,而体积更小。

③操作系统的出现,高级语言进一步发展,使计算机功能更强,计算机开始广泛应用于各个领域并走向系列化、通用化和标准化。

④计算机应用范围扩大到企业管理和辅助设计等领域。

典型的第三代计算机有 IBM 360、PDP-Ⅱ、NOVA1200 等。

(4)第四代计算机(1971 年至今)

随着 20 世纪 70 年代初集成电路制造技术的飞速发展,产生了大规模集成电路元件,使计算机进入一个新时代。它的主要特点如下:

①用大规模集成电路和超大规模集成电路作为基本电子元件,这是具有革命性的变革,出现了影响深远的微处理器。微处理器由单核发展到多核,工作频率不断刷新,由几兆赫(MHz)到几吉赫(GHz)。

②第四代计算机是第三代计算机的扩展与延伸,主存储器容量由几百 KB(千字节)扩大几 MB(兆字节),甚至几 GB(吉字节),外存储器容量由几 MB 扩大到几千 GB,并引入光盘、U盘、固态硬盘等存储设备,输入技术出现了 OCR(字符识别)与条形码,输出技术出现了激光打印机等。

③在体系结构方面进一步发展并行处理、多机系统、分布式计算机系统和计算机网络系统。微型计算机大量进入家庭,产品更新速度加快。

④软件配置丰富,软件系统工程化、理论化,程序设计部分自动化。计算机在办公自动化、

数据库管理、图像处理、语音识别和专家系统等领域大显身手。

第四代计算机的应用领域非常广泛,已深入到社会、生产和生活的各个方面,并进入到以计算机网络为特征的新时代。

典型的第四代计算机有 ILLIAC-Ⅳ、VAX-Ⅱ、IBM PC、APPLE 等。

(5)第五代计算机

前四代计算机本质的区别在于基本元件的改变,即从电子管、晶体管、集成电路到超大规模集成电路,第五代计算机的创新也可能在基本元件上。有些专家推测有以下 3 种新概念的计算机可能成为第五代计算机的候选机。

①生物计算机。生物计算机使用生物芯片,生物芯片是用生物工程技术产生的蛋白质分子制成。生物芯片存储能力巨大,运算速度比当前的巨型计算机还要快 10 万倍,能量消耗则为其 10 亿分之一。由于蛋白质分子具有自组织、自调节、自修复和再生能力,使得生物计算机具有生物体的一些特点,如自动修复芯片发生的故障,还能模仿人脑的思考机制。

②光子计算机。光子计算机利用光子取代电子进行数据运算、传输和存储。在光子计算机中,不同波长的光表示不同的数据,可快速完成复杂的计算工作。与电子计算机相比,光子计算机具有以下优点:超高速运算、强大的并行处理能力、大存储量、非常强的抗干扰能力等。据推测,未来光子计算机的运算速度可能比今天的超级计算机快 1000 倍以上。

③超导计算机。由超导元件和电路组成的计算机,可依据超导元件的特殊性能而突破电子计算机的局限,使速度更快、能耗更低。

1.1.2 计算机的分类

随着计算机技术的发展和应用的推动,尤其是微处理器的发展,计算机的类型越来越多样化。按其工作原理,可分为电子数字计算机和电子模拟计算机;按其规模的大小分为巨型机、大型机、中型机、小型机、微型机、单板机和单片机;按其用途及其使用范围,可分为通用计算机和专用计算机。综合考虑计算机的性能、应用和市场分布情况,目前大致可以将计算机分类为:高性能计算机、微型计算机、嵌入式系统等。

1)高性能计算机

高性能计算机是指目前速度最快、处理能力最强的计算机。如日本 NEC 的 Earth Simulator(地球模拟器)、IBM 公司的深蓝计算机以及我国的曙光系列计算机等,它们的运算速度都在 10 万亿次以上。高性能计算机数量不多,但却有重要而特殊的用途。在军事上,可用于战略防御系统、大型预警系统、航天测控系统等。在民用方面,可用于大区域中长期天气预报、大面积物探信息处理系统、大型科学计算和模拟系统等。

2)微型计算机(个人计算机)

微型计算机又称个人计算机(Personal Computer,即 PC)。自 IBM 公司于 1981 年采用 Intel 的微处理器推出 IBM PC 以来,微型计算机因其小、巧、轻、使用方便、价格便宜等优点在过去三十多年中得到迅速的发展,成为计算机的主流。今天,微型计算机的应用已经遍及社会的各个领域,从工厂的生产控制到政府的办公自动化,从商店的数据处理到家庭的信息管理,

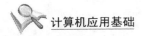

几乎无所不在。

微型计算机的种类很多,主要分 3 类:台式机(Desktop Computer)、笔记本(Notebook)电脑和个人数字助理(PDA)。

3)嵌入式系统

嵌入式系统将微机或某个微机核心部件安装在某个专用设备之内,对这个设备进行控制和管理,使设备具有智能化操作的特点。例如在手机中嵌入 CPU、存储器、图像与音频处理芯片、操作系统等计算机的芯片或软件,使手机具有上网、摄影、播放等功能。嵌入式系统在我们的生活中应用最广泛,工业控制 PC 机、单片机、POS 机(电子收款机)、ATM 机(自动柜员机)、全自动洗衣机、数字电视机、数码照相机等都属于嵌入式系统。嵌入式系统与通用计算机最大的区别是运行固化的软件,以服务于固定的应用领域,用户难于或不能更改其运行的程序。

1.1.3　计算机的特点及主要指标

1)计算机的特点

计算机能进行高速运算,具有超强的记忆(存储)功能和灵敏准确的判断能力。计算机具有以下 4 个基本特点:

①具有超强的存储功能,能存储程序,由程序控制运算和处理操作。

②具有强大的数据处理能力,能完成各种复杂的任务。

③有自动运行和自动控制的能力。

④具有极快的运算速度、极高的计算精度和灵敏准确的判断能力。

2)计算机的性能指标

评价一台计算机性能的高低,通常根据该机器的字长、时钟频率、运算速度、内存容量等主要技术指标进行综合考虑。

(1)字长

在计算机中,数据的长度用"字"表示,每个字所包含的二进制数的位数称为字长。字长是计算机的 CPU 能并行处理的二进制数据的位数,它直接关系到计算机的计算精度、速度和功能。字长越长,计算机处理数据的能力越强。通常所说的 16 位机、32 位机、64 位机,就是指的计算机的字长,反映了 CPU 并行处理数据的能力。

(2)时钟频率(主频)

时钟频率又称主频,是 CPU 的时钟频率,英文全称是 CPU Clock Speed,简单地说就是 CPU 的工作频率,是 CPU 内核(整数和浮点运算器)电路的实际运行频率,单位为 MHz(兆赫)。时钟频率决定着计算机的运算速度,主频越高,CPU 的运算速度也就越快。

(3)运算速度

运算速度是指计算机每秒钟能够执行的指令条数,常以 MIPS(每秒百万条指令)或 MFLOPS(每秒百万条浮点指令)为单位描述。MIPS 是英文"Million of Instructions Per Second"的缩写,意思是"每秒百万条指令"。它用于描述计算机每秒钟能够执行的指令条数,反映了计算机的运算速度。

（4）内存容量

内存容量指的是内存储器中的 RAM（随机存储器）与 ROM（只读存储器）的容量总和。内存容量反映了计算机的内存储器存储信息的能力，是影响整机性能和软件功能发挥的重要因素。内存容量越大，运算速度越快，处理数据的能力越强。

1.1.4 计算机的主要应用领域

计算机的应用领域已渗透到社会生活的各行各业，正在改变着人类的工作、学习和生活方式，推动着社会的发展。计算机的主要应用领域如下：

1）科学计算（或数值计算）

科学计算是指利用计算机完成科学研究和工程技术中提出的数学问题的计算。在现代科学技术工作中，科学计算问题往往量大且极其复杂，人工要在有效时间内完成这样的计算几乎不可能。利用计算机的高速计算、大存储容量和连续运算的能力，可以实现人工无法解决的各种科学计算问题。

例如，建筑设计中为了确定构件尺寸，通过弹性力学导出一系列复杂方程，长期以来由于计算方法跟不上而一直无法求解，而计算机不但能求解这类方程，并且引起弹性理论上的一次突破，出现了有限元法。

2）数据处理（或信息处理）

数据处理是指对各种数据进行收集、存储、整理、分类、统计、加工、利用、传播等一系列活动的统称。据统计，80%以上的计算机主要用于数据处理，这类工作量大、面宽，决定了计算机应用的主导方向。数据处理从简单到复杂已经历了 3 个发展阶段：

（1）电子数据处理（Electronic Data Processing，简称 EDP）

它是以文件系统为手段，实现一个部门内的单项管理。

（2）管理信息系统（Management Information System，简称 MIS）

它是以数据库技术为工具，实现一个部门的全面管理，以提高工作效率。

（3）决策支持系统（Decision Support System，简称 DSS）

它是以数据库、模型库和方法库为基础，帮助管理决策者提高决策水平，改善运营策略的正确性与有效性。

目前，数据处理已广泛地应用于办公自动化、企事业单位计算机辅助管理与决策、信息检索、图书管理、电影电视动画设计、会计电算化等行业。信息技术正在形成独立的产业，多媒体技术使信息展现在人们面前的不仅是数字和文字，也有声音和图像信息。

3）辅助技术（或计算机辅助设计与制造）

计算机辅助技术包括 CAD、CAM 和 CAI 等。

（1）计算机辅助设计（Computer Aided Design，简称 CAD）

计算机辅助设计是利用计算机系统辅助设计人员进行工程或产品设计，以实现最佳设计效果的一种技术。它已广泛地应用于飞机、汽车、机械、电子、建筑和轻工等领域。例如，在电子计算机的设计过程中，利用 CAD 技术进行体系结构模拟、逻辑模拟、插件划分、自动布线等，从而大大提高了设计工作的自动化程度。又如，在建筑设计过程中，可以利用 CAD 技术

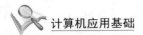

进行力学计算、结构计算、绘制建筑图纸等,这样不但提高了设计速度,而且可以大大提高设计质量。现在在各工程设计院已经见不到传统的绘图板和大量的图纸,见到的都是计算机,工程师们都是在计算机上设计、绘图,只有当设计完成后才通过绘图仪在专用纸上输出设计图的硬拷贝,即设计图纸。

（2）计算机辅助制造(Computer Aided Manufacturing,简称 CAM)

计算机辅助制造是利用计算机系统进行生产设备的管理、控制和操作过程。例如,在产品的制造过程中,用计算机控制机器的运行,处理生产过程中所需的数据,控制和处理材料的流动以及对产品进行检测等。使用 CAM 技术可以提高产品质量,降低成本,缩短生产周期,提高生产率和改善劳动条件。

将 CAD 和 CAM 技术集成,实现设计生产自动化,这种技术被称为计算机集成制造系统(CIMS),它的实现将真正做到无人化工厂(或车间)。

（3）计算机辅助教学(Computer Aided Instruction,简称 CAI)

计算机辅助教学是利用计算机系统通过课件进行教学。课件可以用软件工具或高级程序语言开发制作,它能引导学生循序渐进地学习,使学生轻松自如地从课件中学到所需要的知识。CAI 的主要特色是交互教育、个别指导和因人施教。

4）过程控制(或实时控制)

过程控制是利用计算机及时采集检测的数据,按最优参数迅速地对控制对象进行自动调节或自动控制。采用计算机干预过程控制,不仅可以大大提高控制的自动化水平,而且可以提高控制的及时性和准确性,从而改善劳动条件、提高产品质量及合格率。因此,计算机过程控制已在机械、冶金、石油、化工、纺织、水电、航天等行业得到广泛的应用。

例如,在汽车工业方面,利用计算机控制机床、控制整个装配流水线,不仅可以实现精度要求高、形状复杂的零件加工自动化,而且可以使整个车间或工厂实现自动化。

5）人工智能(或智能模拟)

人工智能(Artificial Intelligence)是计算机模拟人类的智能活动,诸如感知、判断、理解、学习、问题求解和图像识别等。现在人工智能的研究已取得不少成果,有些已开始走向实用阶段。例如,能模拟高水平专科医生进行疾病诊疗的专家系统,具有一定思维能力的智能机器人等。

6）计算机网络

计算机技术与现代通信技术的结合构成了计算机网络。计算机网络的建立,不仅实现了一个单位、一个地区、一个国家中计算机之间的通信,各种软、硬件资源的共享,也大大促进了国际间的文字、图像、视频和声音等各类数据的传输与处理。以计算机网络为基础的信息高速公路,促进了计算机在众多社会生活领域中的应用和发展,如电子商务、电子政务、电子银行、电子警察、电子地图等。计算机网络已经成为人类社会生活中不可缺少的技术环境。

1.1.5　计算机的发展趋势

目前,计算机技术的发展趋势是向巨型化、微型化、网络化和智能化这 4 个方向发展。

巨型化是指具有运算速度高、存储容量大、功能更完善的计算机系统。其运算速度一般在每秒百亿次、存储容量超过百万兆字节。巨型机主要用于尖端科技和国防系统的研究与开发，如在航空航天、军事工业、气象、人工智能等几十个学科领域发挥着巨大的作用，特别是在复杂的大型科学计算领域，其他的机种难以与之抗衡。

微型化得益于大规模和超大规模集成电路的飞速发展。微处理器自 1971 年问世以来，发展非常迅速，每隔两三年就会更新换代一次，这也使以微处理器为核心的微型计算机的性能不断提升。现在，除了放在办公桌上的台式微型计算机外，还有可随身携带的膝上型计算机（即笔记本电脑），像书本一样的平板电脑，以及可以握在手上的掌上电脑等。

网络化是指利用通信技术和计算机技术，把分布在不同地点的计算机互连起来，按照网络协议相互通信，以达到所有用户都可共享数据、软硬件资源的目的。现在，计算机网络在交通、金融、企业管理、教育、邮电、商业等各行各业中得到广泛的应用。网络技术的意义在于人们在任何地方都可以从计算机网络上获得知识，工作及消费的地域得到巨大的延伸。

智能化就是要求计算机能模拟人的感觉和思维能力。智能化的研究领域很多，其中最有代表性的领域是专家系统和机器人。目前已研制出的机器人可以代替人从事危险环境的劳动，运算速度约为每秒 10 亿次的"深蓝"计算机，在 1997 年战胜了国际象棋世界冠军卡斯帕罗夫。

展望未来，计算机的发展必然要经历很多新的突破。现在还在实验室或科学家头脑中的计算机，如光子计算机、生物计算机、超导计算机等将会逐渐走进我们的生活，改变我们的生活方式，必将对人类社会的进步会产生不可估量的影响。

1.2　计算机系统的组成

一个完整的计算机系统是由硬件系统和软件系统两部分组成的，两者缺一不可，如图 1-6 所示。

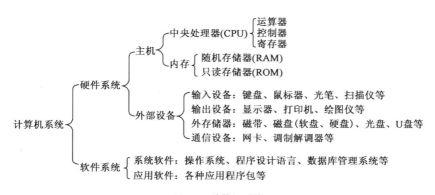

图 1-6　计算机系统

1.2.1　计算机系统概述

人们常说的计算机应该是计算机系统。计算机系统由硬件系统和软件系统组成。

计算机硬件系统是组成一台计算机系统的各种物理设备的总称，是计算机进行工作的设备基础，如 CPU、存储器、输入设备、输出设备等。硬件系统习惯上又称为"裸机"，只能识别由 0 和 1 组成的机器代码，计算机没有软件的支持是没有用的。

计算机软件系统是为运行、管理和维护计算机而编制的各种程序、数据和文档的总称。计算机用户面对的是经过多层软件包裹起来的计算机硬件。没有计算机硬件的支持,软件不能运行;没有计算机软件的支持,硬件不能发挥其效能。计算机之所以能在各个领域中得到非常广泛的应用,正是由于计算机中安装了大量功能丰富的软件。

当然,在计算机系统中,对于硬件和软件的功能没有一个明确的分界线。硬件实现的功能可以用软件来实现,称为硬件软化,例如在多媒体计算机中曾广泛使用视频卡,用于对视频信息进行处理,包括获取、编码、压缩、存储、解压、回放等,现在的计算机一般通过软件(如播放软件等)来实现。软件实现的功能也可以用硬件来实现,称为软件固化或硬化,例如微型计算机中的 ROM 芯片就固化了系统的自检程序、引导程序、基本输入输出程序等软件功能。硬件软化可以提高系统的灵活性和适应性,降低系统成本;软件固化则可以提高系统的运行速度,减少对存储容量的需求,提高系统的可靠性,如数码相机等数码产品中嵌入式控制芯片就是软件固化的结果。

1.2.2 计算机工作原理

虽然现在的计算机系统从性能指标、运算速度、工作方式、应用领域和价格等方面与六十多年前的计算机有很大的差别,但其基本工作原理没有改变,沿用的仍然是冯·诺依曼原理,即"存储程序和程序控制"工作原理,该原理奠定了现代电子计算机的基本组成与工作方式的基础。具体工作过程如下:

操作人员通过"输入设备"将程序及原始数据送入计算机的"存储器"存放待命;启动运行后,计算机就从"存储器"中取出指令送到"控制器"去识别,分析该指令要求做什么事,"控制器"根据指令的含义发出相应的微命令序列,例如将某存储单元中存放的操作数据取出来送往"运算器"进行运算,再把运算结果送回到"存储器"指定的单元等。当任务完成后,根据指令将结果通过"输出设备"输出。

1)"存储程序和程序控制"工作原理

(1)计算机的指令

计算机是一种机器,每一种机器都要听从人的指挥,按指挥来完成规定的动作。当利用计算机来完成某项工作时,都必须先制定好该项工作的解决方案,进而再将其分解成计算机能够识别并能执行的基本操作命令,这些命令在计算机中称为机器指令,每条指令规定了计算机要执行的一种基本操作。

机器指令是一组二进制形式的代码,由一串"0"和"1"排列组成。一条指令通常包括两部分内容,即操作码和操作数。操作码指出机器执行什么操作,例如加法、存数、取数、移位等,操作数指出参与操作的数据,常为操作数存储的地址信息(可以是内存地址或 CPU 中的寄存器),如图 1-7 所示。

操作码	操作数

图 1-7　机器指令示意

每台计算机都规定了一定数量的基本指令,这些指令的总和称为计算机的指令系统(Instruction Set),不同 CPU 系列的计算机的指令系统,拥有的指令种类和数目是不同的,它们可能存在很大差异,但一台计算机的指令越多、越丰富,则该计算机的功能就越强。

计算机指令系统在很大程度上决定了计算机的处理能力,是计算机的一个主要特征,也是软件设计人员编制程序的基本依据。

(2)程序

程序是计算机指令和数据的有序集合。不同的指令序列,可实现不同的功能。计算机在程序运行过程中能自动连续地执行程序中的指令,原因就在于计算机是按"存储程序"工作原理进行运作的。

(3)"存储程序和程序控制"原理

1946 年 6 月冯·诺依曼提出了"存储程序和程序控制"原理。其基本内容是:

①用二进制形式表示数据与指令。

②指令与数据都存放在存储器中,计算机工作时能够自动高速地从存储器中取出指令和数据进行操作。程序中的指令通常是按一定顺序逐条存放的,计算机工作时,只要知道程序中第一条指令放在什么地方,就能依次取出每一条指令,然后按指令执行相应的操作。

③计算机系统由运算器、存储器、控制器、输入设备、输出设备等 5 部分组成,并规定了这 5 个部分的功能。

"存储程序和程序控制"原理奠定了计算机的基本结构、基本工作原理,开创了程序设计的新时代。

2)计算机的工作过程

计算机的工作过程就是执行程序指令的过程。指令通过计算机的输入设备并在操作系统的统一控制下送入计算机的内存储器,然后 CPU 按照其在内存中的存放地址,将其依次取出并执行。执行的结果再由输出设备输出。

计算机只认识"机器语言",所有通过输入设备输入的指令都首先由计算机"翻译"成计算机能够识别的机器指令,再根据指令的顺序逐条执行。指令的执行过程分为读取指令、分析指令、执行指令 3 个过程:

(1)读取指令

按照程序计数器的地址,从内存中取出指令,并送往 CPU 中的指令寄存器。

(2)分析指令

对指令寄存器存放的指令进行分析,由译码器对操作码进行译码,将指令的操作码转换成相应的控制信号,由地址码确定操作数的地址。

(3)执行指令

指令的操作码指明该指令要完成的操作类型或性质,由操作控制线路发出完成该操作所需的一系列控制信息,去完成该指令所要求的操作。

一条指令执行完成后,程序计数器自动加 1 或将转移地址码送入程序计数器,然后又开始新一轮的读取指令、分析指令、执行指令的过程,一直到所有的指令执行完成。

计算机在运行时,不断地从内存中读取指令到 CPU 中执行,执行完后,再从内存中读出下一条指令到 CPU 中,CPU 不断地读取指令、执行指令,当一个程序的所有指令都完成后,该程序的所有任务也就执行完成。

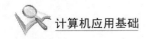

1.2.3 计算机的硬件系统

从功能上看,计算机的硬件系统包括运算器、存储器、控制器、输入设备和输出设备,如图 1-8 所示。

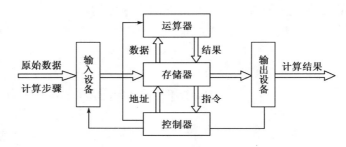

图 1-8 计算机硬件系统

1)运算器

运算器又称算术逻辑单元(Arithmetic Logic Unit),简称 ALU,它是对信息或数据进行处理和运算的部件。经常做的工作是算术运算和逻辑运算。算术运算是按照算术规则进行的运算,如加、减、乘、除等。逻辑运算一般是指非算术性质的运算,如与、或、非、异或、比较、移位等。

2)控制器

控制器主要由指令寄存器、译码器、程序计数器和操作控制器等部件组成。它是计算机的神经中枢和指挥中心,负责从存储器中读取程序指令并进行分析,然后按时间先后顺序向计算机的各部件发出相应的控制信号,以协调、控制输入输出操作和对内存的访问。

3)存储器

存储器是存储各种信息(如程序和数据等)的部件或装置。存储器分为加载运行程序的主存储器(或称内存储器,简称内存)和安装各种软件、保存海量数据资料的辅助存储器(或称外存储器,简称外存)。

4)输入设备

用来把计算机外部的程序、数据等信息送到计算机内部的设备。常用的输入设备有键盘、鼠标、光笔、扫描仪、数字化仪等。

5)输出设备

负责将计算机的内部信息传递出来(称为输出),或在屏幕上显示,或在打印机上打印,或在外部存储器上存放。常用的输出设备有显示器和打印机等。

1.2.4 计算机的软件系统

软件是相对于硬件而言的,软件是指在计算机上运行的程序及其使用和维护文档的总和。软件是计算机在日常工作时不可缺少的,它可以扩充计算机功能并提高计算机的效率,是计算机系统的重要组成部分。根据所起的作用不同,计算机软件可分为系统软件和应用软件两大类,如图1-9所示。

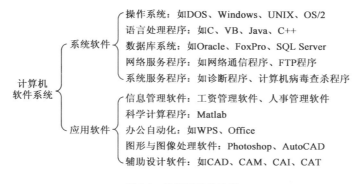

图 1-9　计算机软件系统

1)系统软件

系统软件是指负责管理、监控和维护计算机硬件和软件资源的一类软件。系统软件用于发挥和扩大计算机的功能及用途,提高计算机的工作效率,方便用户的使用。系统软件主要包括操作系统、程序设计语言及其处理程序(如汇编程序、编译程序、解释程序等)、数据库管理系统、系统服务程序以及故障诊断程序、调试程序、编辑程序等工具软件。

(1)操作系统

操作系统(Operation System)是最基本的系统软件,是管理和控制计算机中所有软、硬件资源的一组程序。操作系统直接运行在裸机之上,是对计算机硬件系统的第一次扩充,在操作系统的支持下,计算机才能运行其他软件。从用户的角度看,硬件系统加上操作系统构成了一台虚拟机,它为用户提供了一个方便、友好的使用平台,因此,可以说操作系统是计算机硬件系统与其他软件的接口,也是计算机和用户的接口,操作系统在计算机系统层次结构图中的位置如图 1-10所示。

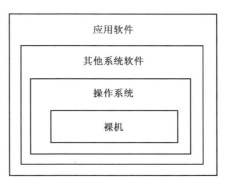

图 1-10　计算机系统层次结构图

不同操作系统的结构和内容存在很大差别,一般都具有进程和处理机管理、作业管理、存储管理、设备管理和文件管理等管理功能。

按照工作方式分,操作系统可分为:单道批处理系统、多道批处理系统、分时系统、实时系统、网络操作系统等。目前常用的操作系统有 DOS、UNIX、Linux、Windows XP、Windows 7、Windows 2003/2008 等。

①单道批处理系统。单道批处理系统又称顺序批处理系统,即该批作业中的每个作业,在其被处理完以前,不会去处理任何其他作业,在运行期间,每次只有一个作业在运行。

②多道批处理系统。多道批处理系统利用 CPU 等待时间来运行其他程序,这样就显著地提高了资源的利用率,从而增加了系统的吞吐能力。为了使多道程序能有条不紊地运行,系

统中必须增设管理程序,以便把这些资源管理起来,并遵循一定的管理策略把这些资源分配给某些作业。

③分时系统。分时系统中有多个终端,用户通过终端与系统联系起来。分时系统建立在多个作业分时与共享、与多个部件并行的基础上。计算机系统由若干个用户共享,但用户彼此并不感觉到有别的用户存在,而好像整个系统都被自己占有,所以分时系统具有多路性、交互性、独占性等特点。

④实时系统。实时系统是实时控制系统和实时处理系统的统称,一般来说,实时系统是专用系统,它包含着特定的应用程序,统一实现特定的控制和服务功能。实时系统要及时接收来自现场的数据,及时加以分析处理并及时作出必要的反应。

⑤网络操作系统。网络操作系统是网络用户与计算机网络之间的接口,网络用户可以通过它来请求网络为之提供各种服务,是建立在主机操作系统基础上,用于管理网络通信和资源共享、协调各主机上任务的运行并向用户提供统一的、有效的网络接口和软件的集合。

当前在局域网上比较流行的网络操作系统是 Microsoft 公司的 Windows 2003/Windows 2008,其实就是 Windows NT。Windows NT 是 Microsoft 公司于 1993 年 5 月研制出的新一代操作系统,它具有网络管理功能,它采用客户机/服务器系统模式,为用户提供多操作系统环境。

(2)计算机程序设计语言及语言处理程序

计算机程序设计语言一般分为三类,分别是机器语言、汇编语言和高级语言。由于计算机只能认识机器语言(0、1 编码),用汇编语言和高级语言编写的程序必须翻译成机器语言才能被计算机识别,能完成这个翻译(解释、编译和汇编)工作的程序叫语言处理程序。

通常把用高级语言或汇编语言编写的程序称为源程序。计算机不能直接执行源程序。用计算机程序语言编写的源程序必须翻译成二进制代码组成的机器语言后,计算机才能执行。高级语言源程序有解释和编译这两种执行方式。

在解释方式下,源程序由解释程序边"解释"边执行,不生成目标程序,如图 1-11 所示。用解释方式执行程序的速度较慢,例如当前流行的网络编程语言 Java 便是采用解释方式运行。

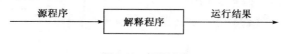

图 1-11 解释过程

在编译方式下,源程序必须经过编译程序的编译处理后生成相应的目标程序,然后再通过连接程序的装配工作生成可执行程序。因此,要把用高级语言编写的源程序变为目标程序,必须经过编译程序的编译。编译过程如图 1-12 所示,例如当前最流行的程序设计语言 C/C++便是编译运行方式。

图 1-12 编译过程

（3）数据库及数据库管理系统

由于各种管理工作中的信息流动和处理都要涉及大量的信息存储、共享、流动和处理,要使管理工作现代化,就必须要有一种工具来管理大量的信息,因此,在 20 世纪 60 年代末数据库技术应运而生。数据库技术的目标就是克服文件系统的弊病,解决数据冗余和数据独立性的问题,并且用一个软件系统来集中管理所有的文件,从而实现数据共享,确保数据的安全、保密、正确和可靠。

在数据库系统中,数据是一种高级组织的文件存储形式,即数据库。用一个专门的软件即数据库管理系统(Database Management System,DBMS)来操作。数据库系统一般由用户(人)、数据库管理系统和数据库组成。目前比较常用的数据库管理系统有 SQL Server、Sy-Base、Oracle 等。

2）应用软件

应用软件是用户为解决实际问题开发的专门程序,通常分为两类:

第一类是针对某个应用领域的具体问题开发的程序,它具有很强的实用性、专业性。这些软件可以是计算机专业公司开发,也可能是企业人员自己开发,正是这些专业软件的应用,使计算机日益渗透到社会生活的各行各业。但是,这类软件使用范围小,通用性差,开发成本较高,软件的升级和维护有一定局限性。

第二类是一些大型专业软件公司开发的通用型应用软件。如:办公自动化软件 Office、WPS;图形图像软件 Photoshop、AutoCAD;动画制作软件 Flash、3DS MAX;网页制作软件 FrontPage、Dreamweaver;多媒体创作软件 Authorware;压缩软件 WinZip、WinRAR;媒体播放软件 RealPlayer、Windows Media Player 等;防毒杀毒软件金山毒霸、瑞星杀毒、360 杀毒等;图片浏览软件 ACDSee;网页浏览软件 IE;即时通信软件 QQ 等。这类软件功能强大,通用性好,应用广泛。

1.3　微型计算机的配置

微型计算机通常简称为微型机或微机。微型计算机是当前使用最广泛的计算机,在人们的社会生活中几乎无处不在。下面我们简要地介绍一台微型计算机的基本配置。

1.3.1　微型计算机的基本配置

一台微型计算机的硬件系统主要由中央处理器(CPU 或微处理器)、存储器、输入设备和输出设备组成。

1）微型计算机的总线结构

现在的微型计算机系统大多采用总线结构,如图 1-13 所示。所谓总线(Bus),指的是连接微机系统中各部件的一簇公共信号线,这些信号线构成了微机各部件之间相互传送信息的公用通道。CPU 与内存、CPU(包括内存)与外设、外设与外设之间的数据交换都是通过总线进行的。总线通常由地址总线、数据总线和控制总线三部分组成。地址总线用于传送地址信号。地址总线的数目决定微机系统存储空间的大小;数据总线用于传送数据信号。数据信号的数目反映了 CPU 一次可接收数据的能力;控制总线用于传送控制器的各种控制信号。

在微机系统中采用总线结构,可以减少机器中信号传输线的根数,大大提高了系统的可靠性。同时,还可以提高扩充内存容量以及外部设备数量的灵活性。

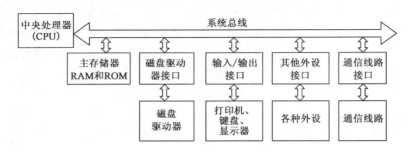

图 1-13　微型计算机的系统结构图

2)微型计算机的基本配置

一台微型计算机包括主机、显示器和键盘,CPU、内存、硬盘等设备统一放置在机箱中,称为主机,输入输出设备,如显示器、键盘、鼠标等都是独立于主机存在,放在机箱外,称为外部设备。

打开主机的机箱,可以看到里面有 CPU、主板、内存、各类板卡、硬盘、光驱等配件,通常也将这些称为内设。

(1)前面板接口

主机前面板上有光驱、前置接口(USB 和音频)、电源开关和 Reset(重启)开关等,如图1-14所示。

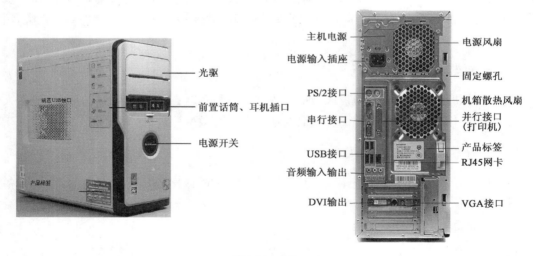

图 1-14　主机

①电源开关:主机的电源开关,按下该开关后,即接通主机电源并开始启动计算机。

②光驱:光驱的前面板,可以通过面板上的按钮打开和关闭光驱。

③前置接口:使用延长线将主板上的 USB、音频等接口扩展到主机箱的前面板上,方便接入各种相关设备。常见的有前置 USB 接口和前置话筒、耳机、读卡器等接口。

（2）后部接口

主机箱的后部有电源、显示器、鼠标、键盘、USB、网络、音频输入输出和打印机等设备的接口，用来连接各种外部设备和网络，如图 1-14 所示。

（3）内部结构

主机箱内安装有电源、主板、内存、显卡、声卡、网卡、硬盘和光驱等硬件设备，其中声卡和网卡大多集成在主板上，如图 1-15 所示。

1.3.2 微处理器

CPU 是中央处理单元（Central Processing Unit）的缩写，简称微处理器，它是计算机中的核心配件，只有火柴盒那么大，几十张纸那么厚，但却是一台计算机的运算核心和控制核心。计算机中所有操作都由 CPU 负责读取指令、分析指令和执行指令。目前主流的 CPU 厂商有 Intel 和 AMD 等，如图 1-16 所示。

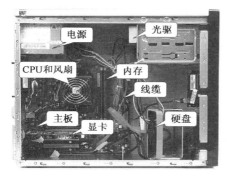

图 1-15　机箱内部

图 1-16　CPU

CPU 主要包括运算器、控制器、寄存器组、内部总线等，和存储器、输入/输出接口、系统总线组成为完整的 PC（个人电脑）。运算器是完成各种算术运算和逻辑运算的装置，可以作加、减、乘、除等数学运算，也可以作比较、判断、查找、逻辑运算。控制器是计算机的指挥系统，由指令寄存器、指令译码器、时序电路和控制电路组成，其基本功能是从内存读取指令、分析指令和执行指令。

1.3.3 主板

主板，又叫主机板（Mainboard），安装在主机箱内，是计算机最基本也是最重要的部件之一，如图 1-17 所示。

主板一般为矩形电路板，安装有组成计算机的主要电路系统，一般有 BIOS 芯片、I/O 控制芯片、键盘和面板控制开关接口、指示灯插接件、扩充插槽、主板及插卡的直流电源供电接插件等元件。

目前，主流的主板品牌有华硕、技嘉、微星、精英等。

1.3.4 内存储器

内存储器简称为内存，在电脑中常称为内存条，由半导体器件构成，包括内存芯片、电路

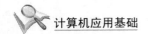

图 1-17　主板

板、金手指等部分，是计算机中最重要的部件之一，如图 1-18 所示。内存用于暂时存放 CPU 中的运算数据以及与硬盘等外部存储器交换的数据。计算机中所有程序的运行都在内存中进行，CPU 会把需要运算的数据调到内存中进行运算，当运算完成后 CPU 再将结果传出。内存的性能对计算机的影响非常大。目前，主流的内存品牌有金士顿、金邦、瞻宇等。

图 1-18　内存条

内存又分为随机存储器（Random Access Memory，简称 RAM）和只读存储器（Read Only Memory，简称为 ROM）两种。

随机存储器可以读出数据，也可以写入数据。读出时并不损坏原来存储的内容，只有写入时才覆盖原来所存储的内容。随机存储器中的内容具有易失性，当计算机断电后，存储内容立即消失。RAM 可分为动态（Dynamic RAM）和静态（Static RAM）两大类。DRAM 的特点是集成度高，主要用于大容量内存储器；SRAM 的特点是存取速度快，主要用做高速缓冲存储器。

只读存储器只能读出原有的内容，不能由用户随意再写入新内容的存储器，其主要特点是断电后其中的信息不会丢失。ROM 一般用来存放专用的固定程序和数据，由计算机厂家写入，即使断电这些信息也不会丢失。现在的只读存储器多采用 Flash Memory（闪速存储器），如主板上 BIOS、USB 闪存盘上的 Flash Memory 芯片等。

1.3.5　总线与接口

1）总线原理

主板上的系统总线是传输数据的通道，就物理特性而言就是一些并行的印刷电路导线，通常根据传送信号的不同将它们分别称为地址总线(Address Bus)、数据总线(Data Bus)和控制总线(Control Bus)等三大总线。

在数字电路中,逻辑信号 1、0 是采用电平的高低表示的,假如高电平表示 1,低电平就表示 0,由此抽象为二进制数的 1 和 0,并以多位二进制数组成各种代码,表示各种信息,如用 7 位二进制数的 ASCII 码表示英文字符。系统处理各种信息,实际上就是处理一组组二进制数,进一步说,就是在总线上不断传送高、低电平信号。

由于元器件性能所限,电路的工作速度也是有限的,即不可能在一秒钟内开关任意多次。我们把系统总线电路每秒钟电平转换的最高次数,称为总线频率 f,单位为 MHz。频率 f 的倒数 $1/f$ 称为总线时钟周期。

2)总线分类

总线大致可以分为 4 类:

(1)片内总线

片内总线也称为 CPU 总线。它位于 CPU 处理器内部,是 CPU 内部各功能单元之间的连线,片内总线通过 CPU 的引脚延伸到外部与系统相连。

(2)片间总线

片间总线也称为局部总线(Local Bus)。它是主板上 CPU 与其他一些部件间直接连接的总线。

(3)系统总线

系统总线也称为系统输入输出总线(System I/O Bus)。它是系统各个部件连接的主要通道,它还具有不同标准的总线扩展插槽对外部开放,以便各种系统功能扩展卡插入相应的总线插槽与系统连接。

(4)外部总线

外部总线也称为通信总线。它是电脑之间的数据通信的连线,如网线、电话线等。外部总线通常是借用其他电子工业已有的标准,如 RS-232C、IE1364 标准等。

3)系统总线的构成

这里主要介绍的是系统总线,即主板的系统 I/O 总线和总线扩展插槽。系统 I/O 总线是数据总线、地址总线和控制总线的总称。

数据总线传送的是数据信号,可双向传送。它的线数即总线宽度取决于系统采用的 CPU 的字长指标。系统总线的宽度是指其数据线的位数,即数据线的根数。

地址总线传送的是内存(或 I/O 接口)的地址信号,单向传送。它的线数与系统采用的 CPU 的地址线宽度一致,它决定了 CPU 直接寻址的内存容量。

控制总线传送的是 CPU 和其他控制芯片发出的各种控制信号,如:在读写周期的读/写控制信号、访问数据端口/控制端口控制信号、访问内存/外设控制信号等。

系统中的各个局部电路均需通过这三大总线互相连接,实现了全系统电路的互连。在主板上,系统 I/O 总线还连接到一些特定的插槽上去对外开放,以便于外部的各种扩展电路板连入系统。这些插座被称为系统 I/O 总线扩展插槽(System Input/Output Bus Expanded Slot)。系统 I/O 总线如图 1-19。

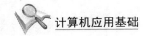

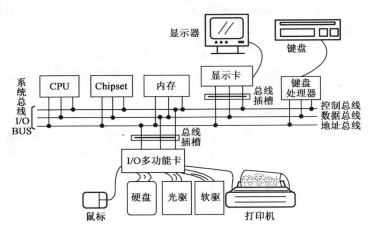

图 1-19 系统 I/O 总线

目前 PC 机主板上采用最多的系统 I/O 总线标准为 PCI、PCI-E 和 AGP 等。

4）主板上的接口

一般台式机的主板拥有 1 个 CPU 插座、2～4 个内存插槽、2～5 个 PCI 插槽、1～2 个 PCI-E 插槽或 AGP 插槽，还带有各种外设接口。

（1）插槽

主板上有 CPU 插槽、内存插槽、独立显卡插槽、外存插槽、PCI 插槽和电源插槽等，插槽实际上就是这些部件的接口。

①CPU 插槽：主板上的 CPU 插槽用来安装 CPU。由于目前 CPU 采用主流的针脚式和触点式，所以 CPU 插槽也分为插针型和触点型。每款 CPU 都有相对应型号的 CPU 插槽，因为插孔数、体积和形状方面都不一样，安装时不能互相接插。常见的 CPU 插槽分别有 Intel CPU 的 Socket 478、LGA 775 和 LGA 1155 等，AMD CPU 的 Socket 939 和 Socket 938 等，如图 1-20 所示。

②内存插槽：主板上安装内存条的插槽称为内存插槽。内存条的发展经历了四代，分别为 SDR、DDR、DDR2 和 DDR3，如图 1-21 所示。各代的内存都有相对应的内存插槽。目前主流支持 DDR2 和 DDR3，但是还有用户在使用 SDR 和 DDR。

③独立显卡插槽：主板上安装独立显卡的插槽称为独立显卡插槽，目前常见的显卡插槽有 AGP 和 PCI-E 两种。这两种插槽形状不同，因此不能相互兼容，如图 1-22 所示。

④外存插槽：外存插槽用于连接光驱和硬盘等外存储设备，目前常见的外存插槽有 IDE 和 SATA 两种接口类型，如图 1-23 所示。

⑤PCI 插槽：主板上安装各种 PCI 接口的板卡称为 PCI 插槽，如安插独立的声卡、独立网卡等。主板上的 PCI 插槽越多，可以安装的扩展卡越多，也体现主板的扩展性强。目前主板上一般都有 2～3 个 PCI 插槽数量，如图 1-24 所示。

⑥电源插槽：电源插槽是用于主板与电源连接的接口，负责对主板、CPU、内存和各种板卡供电。常见的电源插槽有供给主板电能的 20 针和 24 针两种，还有单独供电的 4 针和 8 针两种，如图 1-25 所示。

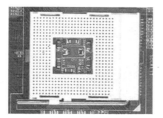

a) Intel Socket 478插槽

b) Intel LGA775插槽

c) AMD Socket 939插槽

d) AMD Socket 938插槽

图 1-20　CPU 插槽

a) SDR内存插槽

b) DDR内存插槽

图 1-21　内存插槽

a) AGP显卡插槽

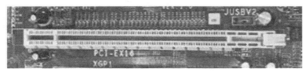

b) PCI-E显卡插槽

图 1-22　独立显卡插槽

a)IDE外存插槽　　　　　　　　　　　b)SATA外存插槽

图 1-23　外存插槽

PCI插槽

图 1-24　PCI 插槽

a)24针　　　　　　　b)4针　　　　　　　c)8针

图 1-25　电源插槽

（2）外设接口

外设接口包括用于连接键盘和鼠标的 PS/2 接口、显示器接口、网线接口、音箱接口和 USB 设备接口等，如图 1-26 所示。

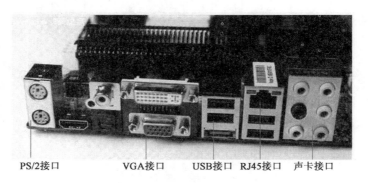

PS/2接口　　　　　　VGA接口　　　USB接口　RJ45接口　　声卡接口

图 1-26　外设接口

①PS/2 接口:PS/2 接口用于连接键盘和鼠标。它有颜色区别,一般情况下紫色是键盘接口,绿色是鼠标接口。若键盘和鼠标接反,则在电脑系统中无法使用键盘和鼠标。

②显示接口:带集成显卡的主板具有的 VGA 接口,用于连接显示器。

③USB 接口:USB 接口是使用最广泛的一种接口,如连接手机、U 盘、打印机等。

④声卡接口:声卡接口是使用声音输入/输出的接口,以颜色作区别:绿色是声音输出,接音箱设备;粉红色是声音输入,接话筒设备,蓝色为线路输入接其他音频设备的输出。

⑤网卡接口:网卡接口(RJ45)用于连接网线。

1.3.6 外存储器

外部存储器用以存放系统文件、大型文件、数据库等大量程序与数据信息,它们位于主机范畴之外,常称为外部存储器,简称外存。微机常用的外部存储器有硬盘、光存储器、闪存盘(U 盘)等。

1)硬盘

硬盘分为机械硬盘和固态硬盘。

机械硬盘就是传统的硬盘驱动器。硬盘驱动器(HDD,Hard Disk Driver)为微型计算机的基本外部存储设备,它的磁盘片是固定在驱动器内部的,所以也可统称为硬盘。硬盘系统包括硬盘驱动器(内含硬盘)、连接电缆和硬盘适配器。现在硬盘适配器即接口控制部分集成在主板上。按其接口类型分有 IDE 接口、SATA 接口及 SCSI 接口等多种,目前使用最多的是 SATA 接口的 3.5 英寸硬盘。主要的硬盘生产厂商有:希捷、西部数据、日立、三星等。图1-27 为硬盘的外观。

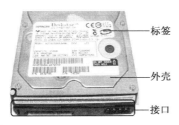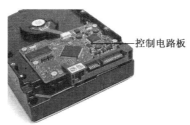

图 1-27 硬盘外观

硬盘的技术参数很多,其中柱面数、磁头数和扇区数称为硬盘的物理结构参数,常常以"C/H/S"标注在硬盘的盘面上。硬盘的容量发展迅速,已经从过去的几百 MB,发展到现在的几百 GB,甚至几 TB。

硬盘的存储容量(Size)指硬盘可以存储的数据字节数,分为非格式化容量和格式化容量,单位为 MB(1MB=1024×1024 字节)、GB(1GB=1024MB)和 TB(1TB=1024GB),格式化容量一般为非格式化容量的 80%。硬盘只有经过分区、格式化之后才能使用,其容量为:

格式化容量(GB)=柱面数×磁头数×扇区数×512÷1024÷1024÷1024。

固态硬盘(Solid State Drive、IDE FLASH DISK)是由控制单元和存储单元(FLASH 闪存芯片)组成,即用固态电子存储芯片阵列而制成的硬盘。固态硬盘的接口规范和定义、功能及

图 1-28   2.5 英寸 SATA 接口 SSD 固态硬盘

使用方法上与普通硬盘的相同,在产品外形和尺寸上也与普通硬盘一致。其芯片的工作温度范围很宽（−40℃～85℃）。目前广泛应用于军事、车载、工控、视频监控、网络监控、网络终端、电力、医疗、航空、导航设备等领域。虽然目前成本较高,但也正在逐渐普及到普通 PC 市场。新一代的固态硬盘普遍采用 SATA-2 接口及 SATA-3 接口,外形如图 1-28 所示。

2）光盘驱动器和光盘

由于技术成熟、读取速度快、价格低和使用方便等优点,光存储器的使用越来越广泛,光盘驱动器简称光驱,如图 1-29 所示。光驱主要有 CD-ROM 和 DVD-ROM 两种,是读取光盘信息的设备。光驱读取资料的速度称为倍速,它是衡量光驱性能的重要指标,单倍速光驱的速度是 150KB/S,所以 50 倍速光驱的数据传输速率为 50×150KB/s=7500KB/s。光驱目前已是计算机必备的外部设备。

图 1-29   光驱与光盘

光盘采用磁光材料作为存储介质,通过改变记录介质的折光率保存信息,根据激光束反射光的强弱读出数据。根据性能和用途的不同,光盘存储器可分为只读型光盘(CD-ROM)、只可一次写入型光盘(CD-R)和可重复写入型光盘(CD-RW)三种。

随着光技术的不断进步,成本的不断降低,光盘刻录机的使用已经十分普及。光盘刻录机按照功能可以分为 CD-RW 和 DVD-RW 两种。读写速度是刻录机的主要性能指标,分为读取速度、写入速度和复写速度;其中写入速度是最重要的指标,写入速度直接决定了刻录机的性能、档次与价格。著名的刻录机厂商有索尼(SONY)、雅马哈(YAMAHA)、明基(BenQ)、华硕(ASUS)、理光(RICOH)和爱国者等。刻录机的外形和光驱相似。

3）其他移动存储设备

①闪存:闪存(Flash Memory)移动存储产品目前使用较为普遍,以 USB 闪存盘即 U 盘为主。闪存盘主要是通过 USB、PCMCIA 等接口与电脑连接,目前最常见的是 U 盘,其次是各种需要读卡器与电脑连接的卡类存储产品,比如 SD 卡、记忆棒、xD 卡等,如图 1-30 所示。市场上著名的 U 盘制造商有纽曼、优伯特、清华紫光、方正、IBM 等。

②移动硬盘:容量大,单位存储成本低,速度快,兼容性好,即插即用,具有良好的抗震性能,如图 1-31 所示。

图 1-30　U 盘与存储卡

图 1-31　移动硬盘

1.3.7　输入设备

微型机的输入设备主要包括：键盘、鼠标、扫描仪、光笔、数字化仪、条形码阅读器、数字摄像机、数码相机、麦克风、触摸屏等。

1）键盘

键盘（Keyboard）是微机系统最早使用的、最基本的输入设备。尽管随着图形用户界面的出现，鼠标在很大程度上替代了键盘的操作功能，但在字符输入等方面键盘还有其独特的优势。101 键键盘是目前普遍使用的标准键盘。104 键键盘配合 Windows 95，增加了 3 个直接对开始菜单和窗口菜单操作的按键，如图 1-32 所示。

图 1-32　键盘

2）鼠标

鼠标（Mouse）是伴随着图形用户操作界面软件的出现而出现的，它也是微机的重要输入设备，如图 1-33 所示。它以直观和操作简易而得到广泛使用，目前几乎所有的应用软件都支持鼠标输入方式。特别是 Windows 这类操作系统，对许多人来说，如果离开了鼠标，只用键盘还真是难以操作。目前微机常用的有机械式（半光电式）鼠标和光电式（光学）鼠标。前者精度不高、原理简单，已经被淘汰；后者质量及精度较高，是当前流行的 PC 配置。

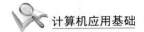

鼠标有 5 种基本操作:指向、左键单击、双击、拖动和右键单击。

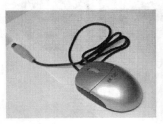

图 1-33　鼠标

3)扫描仪

扫描仪是把彩色印刷品、照片和胶片等的图像输入计算机,保存为文件,便于进行图像处理的设备,可以分为台式和手持式两种,如图 1-34 所示。用扫描仪采集的印刷品中的中文字符,还可以使用光学字符识别软件 OCR(Optical Character Recognition),从图像形式自动转换为文本中的汉字,便于编辑。随着性能指标的提高和价格的降低,目前扫描仪已经成为与微机系统配套使用的基本图像输入设备。著名的扫描仪生产厂商有 MICROTEK、MUSTEK、HP、CONTEX,以及国内的联想、方正等厂商。

4)摄像头

摄像头又称为电脑相机、电脑眼等,如图 1-35 所示,是一种视频输入设备,被广泛运用于视频会议、远程医疗及实时监控等方面,也可以用来在网络进行有影像、有声音的交谈和沟通。另外,人们还可以将摄像头用于当前各种流行的数码影像、影音处理。目前主流摄像头品牌有罗技、现代、台电、良田、清华紫光等。

a)台式扫描仪　　　　　　　　b)手持式扫描仪

图 1-34　扫描仪　　　　　　　　　　　　　　　　　图 1-35　摄像头

1.3.8　输出设备

微型计算机常见的输出设备包括:屏幕显示设备、打印机、绘图仪等。

1)显示卡(Video Card)与显示器

显示卡简称显卡,是 CPU 与显示器之间的接口电路,因此也称为显示适配器,显示系统性能的高低主要由显卡决定。显卡的作用是在 CPU 的控制下将主机送来的显示数据转换为视频信号和同步信号送到显示器,再由显示器形成屏幕画面。目前大多数主板上都集成有显卡功能,称为集成显卡,其性能可以满足绝大多数用户的要求。对显示性能要求高的可以配置独立显卡。目前流行的独立显卡大部分为 PCI-E 接口,如图 1-36 所示。稍早的微型计算机配置的独立显卡则多为 AGP 接口。

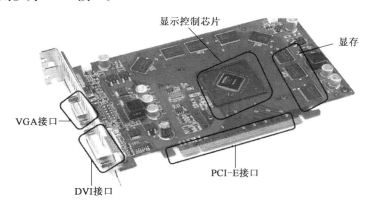

图 1-36　PCI-E 显卡

　　显卡的主要性能指标有显存容量(512MB 或更大)、显存位宽(64bit、128bit 和 256bit)、最大分辨率(1280×1024 以上)和核心频率等。

　　显示器是微机最主要的输出设备,通过显卡与计算机相连接。按所使用的显示管区分,可分为阴极射线管显示器(又称显像管或 CRT)、发光二极管显示器(LED)、液晶显示器(LCD)等。

　　目前流行的液晶显示器均为彩色显示器。显示器的屏幕尺寸有 19 英寸、21 英寸、23 英寸、26 英寸等,如图 1-37 所示。液晶电视机也有 VGA 接口,可作为显示器用,对一般用户来讲与专门的显示器几乎没有差别。分辨率是显示器的一项主要技术指标,一般用"横向点数×纵向点数"表示,主要有 1024×768、1280×1024、1600×1280、2560×1600 等,分辨率越高则显示效果越清晰。

　　显示器的点距是屏幕上荧光点间的距离,点距越小则显示效果越清晰。

　　显示器的刷新频率是每分钟屏幕画面更新的次数,一般是 60～200Hz。

图 1-37　显示器

　　2)声卡

　　声卡也叫"音频卡",是多媒体技术中最基本的组成部分,用于实现声波/数字信号的相互转换。目前,个人电脑的应用需求已经越来越多地转向了休闲娱乐方面,用电脑看电影、玩游戏似乎已经成为了许多人的时尚。声音是多媒体表现中极为重要的一个环节,因此声卡已成为电脑必备的零部件。随着 DVD(Digital Versatile Disc,数字多功能光盘)应用的日渐普及,要想达到多声道的剧院级音场效果,声卡的表现以及是否支持多声道输出是相当重要的。和显卡一样,声卡也分集成声卡和独立声卡。几乎所用的主板都集成了声卡,其性能可满足绝大多数用户的要求。独立声卡一般有声音控制芯片、PCI 总线接口、音频输入/输出接口、MIDI 游戏杆接口和跳线等主要结构组件,如图 1-38 所示。

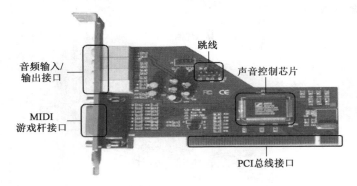

图 1-38 声卡

3）打印机

打印机是计算机需要配备的基本输出设备,它的作用是将计算机的文本、图形等转印到普通纸、蜡纸、复写纸和投影胶片等介质上,形成"硬拷贝",便于使用和长期保存。按照转印原理的不同,常用打印机可分为针式打印机、喷墨打印机和激光打印机等三大类,如图 1-39 所示。当前打印机多通过计算机的 USB 接口与主机相连,执行打印操作时要接受计算机专门的打印控制命令。因此,打印系统除了包括打印机本身,还包括打印机连接电缆和打印机驱动程序。

a)针式打印机   b)喷墨打印机   c)激光打印机

图 1-39   打印机

4）投影仪

投影仪是将电脑输出的图像进行放大的设备,是多媒体教室的必备设备。投影仪的外观如图 1-40 所示。投影仪把来自电脑的视频信号通过内部的镜头放大后,由投影仪内部的灯泡和光学组件投射到远处的投影屏幕上,以获得更好的观看效果。

5）绘图仪

常见的绘图仪有平板式与滚筒式两种。平板式绘图仪通过绘图笔架在 X、Y 平面上移动画出向量图。滚筒式绘图仪的绘图纸沿垂直方向运动,绘图笔沿水平方向运动,由此画出向量图。

图 1-40   投影仪

1.4　计算机的数制及信息存储

计算机是处理信息的机器,信息处理的前提是信息的表示。计算机内信息的表示形式是二进制数字编码,也就是说各种类型的信息(数值、文字、声音、图像)都必须转换为二进制编码的形式,计算机才能进行存储和处理。这里简单谈谈数值数据(可以量化和运算的数)和非数值数据(文字、声音、图像等)在计算机中的表示方法。

1.4.1　计算机中数的表示方法

计算机只能处理二进制编码形式的指令和数据,因此所有信息都必须转换为二进制的形式表示和存储。

1)计算机采用二进制的原因

为什么要采用二进制形式而不采用人们习惯的十进制或其他进制呢? 这是因为在机器内部,信息的表示和存储依赖于机器硬件电路的状态,信息采用什么样的表示形式将直接影响到计算机的结构和性能。综合考虑,计算机采用二进制有下面两个原因:

①二进制只有 0 和 1 两种状态,只需要具有两种不同状态的物理部件就能表示一位二进制数,如门电路的高电平与低电平;如果采用十进制,则需要寻找具有十个不同状态的物理部件表示一位十进制数,或者采用其他方法描述十种状态,必然导致电路结构复杂,难以实现。

②二进制的 0 和 1 可以与逻辑代数中的"真"和"假"对应,便于应用逻辑代数理论研究计算机的电路与理论。

2)信息的存储形式与单位

计算机中的任何信息都是以二进制编码形式存储的,即以 0 和 1 的形式存在。计算机信息的单位通常用"位"、"字节"和"字"等表示。

(1)位(bit)

位是度量数据的最小单位,表示一位二进制信息。一个二进制位可以表示 0 或 1 两种不同状态。

(2)字节(Byte)

一个字节由 8 位二进制数字组成(1Byte=8bit)。字节是计算机中用来表示存储空间大小的最基本单位。

计算机中的信息容量通常都是按 2 的幂次方数计算的,如 $2^{10}=1024$。例如说一个文件的大小为 1K,即意味着该文件存储需要 1024 个字节的存储空间,也就是 1024×8 个二进制位。计算机的存储器通常是以多少字节表示容量的。常用的单位有 Byte(字节)、KB(千字节)、MB(兆字节)、GB(千兆字节或吉字节)和 TB(兆兆字节或太字节)。

1B(字节)=8bit

1KB(千字节)=2^{10}B=1024Byte

1MB(兆字节)=2^{20}B=1024KB=1024×1024Byte

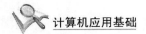

1GB(千兆字节)＝2^{30}B＝1024MB＝1024×1024KB＝1024×1024×1024Byte

1TB(兆兆字节)＝2^{40}B＝1024GB＝1024×1024MB＝1024×1024×1024KByte

注：千兆字节又称为吉字节，兆兆字节又称为太字节。

3）数制的概念

按进位的原则进行计数称为进位计数制，简称"数制"。人们习惯的数制是十进制，除了十进制计数外，还有许多非十进制的计数方式。书写时可以在数的右下角注明数制，或在数后面带一个大写字母表示。在计算机程序设计语言中常用 B 表示二进制数，Q 表示八进制数，D 或不带字母表示十进制数，H 表示十六进制数。

无论哪种进位计数制都有两个共同点，即按基数来进位或借位，按位权值来计算。

①基数。即计数的数符个数。在采用进位计数的数字系统中，如果用 r 个基本符号，即数码(例如 $0,1,2,3,4,\cdots,r-1$)表示数值，则称其为 r 进制数，r 称为该数制的基数(Radix)，或简称为基，故：

$r＝10$ 为十进制数，可使用的基本符号是 0,1,2,3,4,5,6,7,8,9。

$r＝2$ 为二进制数，可使用的基本符号是 0,1。

$r＝8$ 为八进制数，可使用的基本符号是 0,1,2,3,4,5,6,7。

$r＝16$ 为十六进制数，可使用的基本符号是 0,1,2,3,4,5,6,7,8,9,A,B,C,D,E,F。

注：十六进制数的数符 A、B、C、D、E、F(或 a、b、c、d、e、f)分别对应十进制数的 10、11、12、13、14、15。

所谓按基数进位或借位，就是在进行加法或减法运算时，要遵守"逢 r 进一，借一当 r"的规则。如十进制运算规则为"逢十进一，借一当十"，二进制运算规则为"逢二进一，借一当二"。

②位权表示法。在任何一种数制中，一个数的每个位置上各有一个"位权值"，用 r^i 表示，i 是数码在数中的位置。例如 752.65_{10}，小数点前从右往左有 3 个位置，分别为个、十、百，位权分别为 10^0、10^1、10^2；同样，小数点后从左到右有 2 个位置，其位权分别为 10^{-1}、10^{-2}。所谓"按位权值计算"的原则，即每个位置上的数符所表示的数值等于该数符乘以该位置上的位权值。如 752.65_{10} 的值可以表示为下面的表达式：

$$752.65＝7×10^2＋5×10^1＋2×10^0＋6×10^{-1}＋5×10^{-2}＝7×100＋5×10＋2×1＋6×0.1＋5×0.01$$

一般而言，对任意 r 进制数，可以用以下的展开式表示：

$$a_n\cdots a_1a_0a_{-1}\cdots a_{-m}＝a_n×r^n＋\cdots＋a_1×r^1＋a_0×r^0＋a_{-1}×r^{-1}＋\cdots＋a_{-m}×r^{-m}$$

其中，r 为基数，整数为 $n+1$ 位，小数为 m 位。

1.4.2　常用数制的表示方法

表 1-1 列出了在计算机程序设计语言中常用的几种进位数制。二进制数是计算机中实际使用的数，十进制数是人们最常使用的数，而八进制数和十六进制数的引入则是为了节省显示和书写二进制数所占用的空间和时间。

常用的几种进位计数制　　　　　　　　　　　　　　　　　　表 1-1

进　制	计数原则	基　本　符　号	权	尾　标
二进制	逢二进一	0,1	2^i	B
八进制	逢八进一	0,1,2,3,4,5,6,7	8^i	Q
十进制	逢十进一	0,1,2,3,4,5,6,7,8,9	10^i	D
十六进制	逢十六进一	0,1,2,3,4,5,6,7,8,9,A,B,C,D,E,F	16^i	H

1)十进制数的表示方法

十进制计数法的特点是：

①逢十进一；

②使用 10 个数字符号(0,1,2,……,9)的不同组合来表示一个十进制数；

③以后缀 D 或 d 表示十进制数(Decimal)，但该后缀可以省略。

例：

$138.5(D)=1\times10^2+3\times10^1+8\times10^0+5\times10^{-1}$

2)二进制数的表示方法

二进制计数法的特点是：

①逢二进一；

②使用 2 个数字符号(0,1)的不同组合来表示一个二进制数；

③以后缀 B 或 b 表示二进制数(Binary)。

例：

$1101.11(B)=1\times2^3+1\times2^2+0\times2^1+1\times2^0+1\times2^{-1}+1\times2^{-2}=13.75(D)$

3)八进制数的表示法

八进制计数法的特点是：

①逢八进一；

②使用 8 个数字符号(0,1,2,3,4,5,6,7)的不同组合来表示一个八进制数；

③以后缀 Q 或 q 表示八进制数(Octal)。

例：

$752.65(Q)=7\times8^2+5\times8^1+2\times8^0+6\times8^{-1}+5\times8^{-2}=7\times64+5\times8+2\times1+6\times0.125+5\times0.015625=490.828125(D)$

4)十六进制数的表示法

十六进制计数法的特点是：

①逢十六进一；

②使用 16 个数字符号(0,1,2,3……9,A,B,C,D,E,F)的不同组合来表示一个十六进制数，其中 A～F 依次表示 10～15；

③以后缀 H 或 h 表示十六进制数(Hexadecimal)。

例：

$0E5AD.BF(H)=14\times16^3+5\times16^2+10\times16^1+13\times16^0+11\times16^{-1}+15\times16^{-2}=$

58797.74609375

1.4.3　常用数制的相互转换

计算机中不同数制之间的转换是指十进制、二进制、八进制和十六进制数之间的相互转换。

1) 二、八、十六进制数转换为十进制数

对任何一个二进制数、八进制数或十六进制数，均可以按照"按位加权求和"的方法转换为十进制数。例如：

$1100110.011(B) = 1 \times 2^6 + 1 \times 2^5 + 1 \times 2^2 + 1 \times 2^1 + 1 \times 2^{-2} + 1 \times 2^{-3} = 64 + 32 + 4 + 2 + 0.25 + 0.125 = 102.375$

$235.64(Q) = 2 \times 8^2 + 3 \times 8^1 + 5 \times 8^0 + 6 \times 8^{-1} + 4 \times 8^{-2} = 128 + 24 + 5 + 0.75 + 0.0625 = 157.8125$

$BC91.FA(H) = B \times 16^3 + C \times 16^2 + 9 \times 16^1 + 1 \times 16^0 + F \times 16^{-1} + A \times 16^{-2} = 45056 + 3072 + 144 + 1 + 0.9375 + 0.0390625 = 48273.9765625$

2) 十进制数转换为二进制数、八进制数和十六进制数

(1) 十进制整数转换为 r 进制整数

$(b_n \cdots b_1 b_0)_r = a_n \times r^n + \cdots + a_1 \times r^1 + a_0 \times r^0 = (\cdots((0 + a_n) \times r + \cdots + a_2) \times r + a_1) \times r + a_0$

上式中，等号两边同除以 r，商为 $(\cdots((0 + a_n) \times r + \cdots + a_2) \times r + a_1)$，余数为 a_0；

所得商再除以 r，商为整数 $(\cdots((0 + a_n) \times r + \cdots + a_3) \times r + a_2)$，余数为 a_1；

依此类推，直到商为 0，余数为 a_n。

因此，将十进制整数转换为 r 进制整数的规则为：除以 r 取余数，直到商为 0。并且先得的余数为低位，后得的余数为高位。

(2) 十进制小数转换为 r 进制的小数

$(0.b_{-1} \cdots b_{-m})_r = a_{-1} \times r^{-1} + \cdots + a_{-m} \times r^{-m} = (a_{-1} + (a_{-2} + \cdots + (0 + a_{-m}).1/r \cdots)1/r)1/r$

上式中，等号两边乘 r，得整数部分为 a_{-1}，小数部分为 $(a_{-2} + (a_{-3} + \cdots + (0 + a_{-m}).1/r \cdots)1/r)$；

再将小数部分乘 r，得整数部分为 a_{-2}，小数部分为 $(a_{-3} + (a_{-4} + \cdots + (0 + a_{-m}).1/r \cdots)1/r)$；

依此类推，直到小数部分为 0 或转换到指定的 m 位小数（转换过程中小数部分不出现 0，即小数转换可能有无限位，此时转换到指定的 m 位即可），此时整数部分为 a_{-m}。

因此，将十进制小数转换为 r 进制小数的规则为：乘 r 取整数，直到余数为 0 或取得指定精确度的小数。并且先得的整数为小数部分的高位，后得的整数为小数部分的低位。

例 1.1　将十进制数 29.6785 转换为二进制数。

转换过程如图 1-41 所示。

转换结果为

29.6875 = 11101.1011(B)

注意：整数部分除到商为 0，小数部分乘到 0 或达到指定的精确度为止（小数部分可能永

整数部分：$(29)_{10}=(11101)_2$　　　　　小数部分：$(0.6875)_{10}=(0.1011)_2$

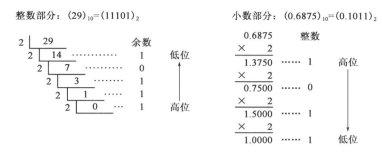

图 1-41　二进制数转换为二进制数

远不为 0)。

3)二进制数与八进制数、十六进制数的相互转换

(1)二进制数与八进制数的相互转换

3 位二进制数能表示 1 位八进制数的最大数,所以把二进制数转换为八进制数时,按"3 位并 1 位"的方法进行,即以小数点为界,将整数部分从右向左每 3 位并为 1 位八进制数字,假如不够 3 位则左边添 0;小数部分从左向右每 3 位并为 1 位八进制数字,假如不够 3 位则右边添 0。

反之,将八进制数转换为二进制数时则按"1 位拆 3 位"的方法进行,即小数点不动,每一位八进制数拆分为 3 位二进制数字,并去掉整数部分高位多余的 0,小数部分低位多余的 0。

(2)二进制数与十六进制数的相互转换

4 位二进制数能表示 1 位十六进制数的最大数,所以把二进制数转换为十六进制数时,按"4 位并 1 位"的方法进行,即以小数点为界,将整数部分从右向左每 4 位并为 1 位十六进制数字,假如不够 4 位则左边添 0;小数部分从左向右每 4 位并为 1 位十六进制数字,假如不够 4 位则右边添 0。

反之,将十六进制数转换为二进制数时则按"1 位拆 4 位"的方法进行,即小数点不动,每一位十六进制数拆分为 4 位二进制数字,并去掉整数部分高位多余的 0,小数部分低位多余的 0。

例 1.2　将二进制数$(11010111.11001)_2$转换成十六进制数。

$$11010111.11001(B)=\underset{D}{1101}\ \underset{7}{0111}\cdot\underset{C}{1100}\ \underset{8}{1000}=D7.C8(H)$$

例 1.3　将十六进制数$(D7.C8)_{16}$转换成二进制数。

$$D7.C8(H)=\underset{1101}{D}\ \underset{0111}{7}\cdot\underset{1100}{C}\ \underset{1000}{8}=11010111.11001(B)$$

1.4.4　计算机的编码

数据是指所有能输入到计算机中并被计算机识别、存储和加工处理的符号的总称。计算机中的数据分为数值型数据和非数值型数据两大类。数值型数据指数学中的代数值,具有量的含义,可以进行加、减等算术运算,如 234.12、−33.21、3/4、6688.22 等;非数值数据是不能进行算术运算的数据,没有量的含义,如字母 A,符号＋、％、$、＞、?,数字 7、汉字、图形图像、

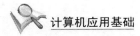

声音视频等多媒体数据。任何数据都必须转换为二进制形式存储,然后被计算机存储和处理。同样,计算机内的数据也要进行逆向转换然后才能输出。

1)数值数据在计算机中的编码

计算机中表示一个数值数据,需要考虑如下两个问题:

一是数的正负符号的表示。将数值数据的绝对值转换为二进制形式后,解决了数值数据的存放形式。由于数据有正数和负数之分,故还要考虑符号的表示,为了表示数值的符号"+"和"-",一般用数的最高位(左边第一位)作符号位,并约定 0 表示"+"号,1 表示"-"号,这样就可以将数值和符号一起进行存储和计算。这种符号被数值化的数叫做机器数,而把原来用正负号表示的二进制数叫做真值。

例如,真值为+0.1001,机器数也是 0.1001;真值为-0.1001,机器数为 1.1001。

二是小数点的表示方法。当数据含有小数部分时,还要考虑小数点的表示。在计算机中采用隐含规定小数点位置的办法确定小数的表示,包含定点小数和浮点小数两种表示法。

(1)带符号数的表示

为了简单,本部分均以整数为例进行说明,且约定用 8 位二进制表示。

如果直接利用机器数进行计算,由于符号问题,结果将会出错。

例如:-5+8=3,而-5 的机器数为 10000101,8 的机器数为 00001000,运算结果为-13,显然是错误的。

```
  10000101      -5 的机器数
+ 00001000      8 的机器数
-----------
  10001101      运算结果为-13
```

为此,计算机中存储机器数分为有符号数和无符号数,无符号数的二进制各位都是数值位,与我们前面介绍的二进制数一样,而有符号数则以补码形式存储在机器中,以保证符号位在运算中不影响运算的正确结果。下面我们介绍一下原码、反码概念,然后引入补码。

①原码。整数 X 的原码指:其符号位 0 表示正,1 表示负;其数值部分就是 X 绝对数的二进制表示。通常用[X]$_原$表示 X 的原码。例如:

[+1]$_原$=00000001   [+127]$_原$=01111111

[-1]$_原$=10000001   [-127]$_原$=11111111

在原码表示中,0 有两种表示形式,即:

[+0]$_原$=00000000   [-0]$_原$=10000000

原码表示法简单易懂,与真值转换方便。但当两个数做加法运算时,如果两数符号相同,则数值相加,符号不变,如果两数符号不同,数值部分实际上是相减,这时,必须比较两个数哪个绝对值大,才能决定运算结果的符号位及值。所以,不便于运算。

②反码。整数 X 的反码指:正数的反码与其原码相同;对于负数,其符号位为 1,其数值位是 X 的绝对值逐位取反,通常用[X]$_反$表示 X 的反码。例如:

[+1]$_反$=00000001   [+127]$_反$=01111111

[-1]$_\text{反}$＝11111110　　　　　[-127]$_\text{反}$＝10000000

在反码中表示 0 也有两种表示形式，即：

[$+0$]$_\text{反}$＝00000000　　　　　[-0]$_\text{反}$＝11111111

③补码。整数 X 的补码指：正数的补码与其原码相同；负数的补码等于其反码加 1。通常用[X]$_\text{补}$表示 X 的补码，即有：

[X]$_\text{补}$＝[X]$_\text{反}$＋1

例如，上面写出的各个负数的反码加 1，就求得相应负数的补码：

[$+1$]$_\text{补}$＝00000001　　　　　[$+127$]$_\text{补}$＝01111111
[-1]$_\text{补}$＝11111111　　　　　[-127]$_\text{补}$＝10000001

在补码表示中，0 有唯一的编码：

[$+0$]$_\text{补}$＝[-0]$_\text{补}$＝00000000

可以验证，任何一个数的补码的补码就是其原码：

[[X]$_\text{补}$]$_\text{补}$＝[X]$_\text{原}$

引入补码的概念后，可以证明，两数的补码之"和"等于两数"和"的补码。因此，在计算机中的加减法运算可以利用其补码直接做加法，最后再把结果求补码得到真值。

例如计算 25＋(-36)：

(25)＝(00011001)$_2$→补码为：00011001

(-36)＝(10100100)$_2$→补码为：11011100

00011001＋11011100＝11110101

将计算得到的补码再取补码，得到结果的原码为：10001011，其真值为-11。

在计算机中用补码表示数值后，数的加减运算都可以统一转化成补码的加法运算，不用单独处理符号，这是十分方便的。反码通常作为求补码的中间形式。但是应该注意，无论用哪种方式表示数值，当数的绝对值超过表示数的二进制位允许表示的最大值时，就会发生溢出，从而造成运算错误。

(2)定点数与浮点数

当数据含有小数时，计算机还要解决小数点的表示问题。计算机中表示小数点不占用二进制数位，而是隐含规定小数点的位置。根据小数点的位置是否固定，数的表示又分为定点数和浮点数。

①定点整数。定点整数是将小数点位置固定在数值的最右端，符号位右边的所有位表示整数的数值。例如[00011001]$_\text{原}$，实际是表示($+0011001$)$_2$。

②定点小数。定点小数是将小数点位置固定在数值的最左边，符号位右边的所有位表示小数的数值，例如[00011001]$_\text{原}$，实际是表示$+0.0011001$。

定点数可以表示纯小数和纯整数，定点整数和定点小数在计算机中的表示形式没有什么区别，小数点的位置完全靠事先隐含约定在不同的位置。

③浮点数。浮点数是指小数点位置不固定的数，它既有小数部分又有整数部分。在计算机中通常把浮点数分成阶码(也叫指数)和尾数两部分，其中阶码用二进制定点整数表示，尾数用二进制定点小数表示，阶码的长度决定数值的范围，尾数的长度决定数值的精度。为了保证不损失有效数字，通常还对尾数进行规格化处理，即保证尾数的最高位为 1，实际数值通过阶

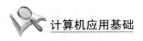

码进行调整。

例如,-1234.5678 可以表示为:

$-1.2345678\times10^{+3}$、$-12.345678\times10^{+2}$、$-123.45678\times10^{+1}$、-12345.678×10^{-1} 等多种形式,如果规格化要求是 $0.1\leqslant|$尾数$|<1$,则机器取 $-0.12345678\times10^{+4}$ 形式存放。在计算机中表示一个浮点数与此不同的是,阶码表示以 2 为底数的多少次幂。

浮点数的格式多种多样,不同机器系统可以有不同的浮点数格式。

(3)数值编码

数值数据除了可以用上述纯二进制形式的机器数(如定点数、浮点数)表示外,为了便于操作,还可以采用编码的形式表示。8421BCD 编码就是一种常用的数值编码,具体方法是:将一位十进制数字用 4 位二进制数编码来表示,以 4 位二进制数为一个整体来描述十进制的 10 个不同的符号 0~9,仍然采用"逢十进一"的原则。在这样的二进制编码中,每 4 位二进制数为一组,组内每个位置上的位权从左至右分别为 8、4、2、1。因此也称为 8421BCD 编码。

2)非数值数据在计算机中的编码

非数值数据是计算机中使用最多的数据,是人与计算机进行通信、交流的重要形式。计算机中的非数值数据主要包括西文字符(字母、数字、各种符号)和汉字字符,声音数据和图形数据等。和数值数据一样,非数值数据也要转换为二进制形式才能被计算机存储和处理,采用的方法是用二进制编码。

(1)西文字符的编码

目前广泛使用的西文字符的编码是美国国家标准协会(American National Standard Institute,ANSI)制定的美国标准信息交换码(American Standard Code for Information Interchange,ASCII),如表 1-2 所示。

ASCII 码有两个版本,标准 ASCII 码与扩展 ASCII 码。

标准 ASCII 码是用 7 位二进制数来编码,用 8 位二进制数来表示的编码方式,其最高位为 0,右边 7 位二进制位总共可以编出 $2^7=128$ 个码。每个码表示一个字符,一共可以表示 128 个符号。

扩展 ASCII 码是一个用 8 位二进制数来表示的编码方式,8 位二进制位总共可以编出 $2^8=256$ 个码。每个码表示一个字符,一共可以表示 256 个符号。除了 128 个标准 ASCII 码中的符号外,另外 128 个表示一些花纹、图案符号等。

表中没有列出的第 0~32 号及第 127 号(共 34 个)编码,是控制字符或通信专用字符,如控制符:LF(换行)、CR(回车)、FF(换页)、DEL(删除)、BEL(振铃)等;通信专用字符:SOH(文头)、EOT(文尾)、ACK(确认)等。

(2)汉字字符的编码

西文是拼音文字,所有的字均由 52 个英文大小写字母组合而成,加上数字及其他标点符号,常用的字符仅 95 种,故 7 位二进制数编码足够了。汉字与西文不同,汉字是象形文字,字数极多(现代汉字中仅常用字就有六七千个,总字数高达 5 万个),且字形复杂,每个汉字都有"音、形、义"三要素,同音字、异体字也很多,这些都给汉字的计算机处理带来很大的困难。要在计算机中处理汉字,必须解决下面几个问题:

常用 ASCII 码对照表

表 1-2

ASCII 码	键盘	ASCII 码	键盘	ASCII 码	键盘	ASCII 码	键盘
27	ESC	32	SPACE	33	!	34	"
35	#	36	$	37	%	38	&
39	'	40	(	41	)	42	*
43	+	44	,	45	—	46	.
47	/	48	0	49	1	50	2
51	3	52	4	53	5	54	6
55	7	56	8	57	9	58	:
59	;	60	<	61	=	62	>
63	?	64	@	65	A	66	B
67	C	68	D	69	E	70	F
71	G	72	H	73	I	74	J
75	K	76	L	77	M	78	N
79	O	80	P	81	Q	82	R
83	S	84	T	85	U	86	V
87	W	88	X	89	Y	90	Z
91	[	92	\	93	]	94	ˆ
95	_	96	`	97	a	98	b
99	c	100	d	101	e	102	f
103	g	104	h	105	i	106	j
107	k	108	l	109	m	110	n
111	o	112	p	113	q	114	r
115	s	116	t	117	u	118	v
119	w	120	x	121	y	122	z
123	{	124	|	125	}	126	～

①如何把结构复杂的方块汉字输入到计算机中去,这是汉字处理的关键。

②汉字在计算机内如何表示和存储,如何与西文兼容。

③如何将汉字的处理结果在外部设备上输出。

为此,必须将汉字代码化,即对汉字进行编码。对应于汉字处理过程中的输入、内部存储处理、输出这 3 个环节,每个汉字的编码都包括输入码、交换码、内部码、字形码。在计算机的汉字信息处理系统中,处理汉字时必须经过如下代码转换:

输入码→交换码→内部码→字形码

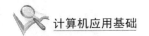

下面对这 4 种编码进行简要介绍。

①输入码。利用计算机系统中现成的西文键盘,对每个汉字编排的输入汉字的编码叫汉字的输入码。汉字输入码一般是利用键盘上的字母和数字键来描述。目前已经有许多种各有特点的汉字输入码,但真正被广大用户接受的只有十几种。按照不同的编码设计思想和规则,可以把这些众多的输入码归纳为音码、形码、音形码和数字码等。

音码。音码是一类按照汉字的读音(汉语拼音)进行编码的方法。常用的音码有标准拼音(全拼)、全拼双音、双拼双音等。拼音码使用方法简单,任何学习过拼音的人都能使用,易于推广。缺点是同音字多(或者说重码率高),需要通过选择才能输入所需汉字,对输入速度有影响,而且对那些读不出音的汉字就不能输入。拼音码特别适合那些对录入速度要求不是太高的非专业录入人员输入汉字。

形码。形码即字形码,是以汉字的字形结构为基础的输入编码。常用的形码有五笔字型、郑码、表形码等。目前被广大用户接受的字形码是五笔字型输入码。按字形方法输入汉字的优点是重码率低、速度快,只要能看见字形就能拆分输入,但这种方法需要经过专门训练、记忆字根、练习拆字,前期学习花费的时间较多,有极少数汉字拆分困难。不过,只要掌握了这种录入方法,可以达到较高的录入速度,因此,受到专业录入人员的普遍欢迎。

音形码。这是一类将汉字的字形和字音相结合的编码,也叫混合码或结合码,自然码是音形码的代表。这种编码方法兼顾了音码和形码的优点,既降低了重码率,又不需要大量的前期学习、记忆,不仅使用简单方便,而且输入汉字的速度比较快,效率也比较高。

数字码。数字编码是用等长的数字串为汉字逐一编码,以这个编号作为汉字的输入码。如电报码、区位码等都属于数字编码。这种汉字编码的编码规则简单,但难以记忆,仅适合于某些特定部门使用。

由此可以看到,由于汉字编码方法的不同,同一个汉字可以有许多种输入码(输入法)。

②汉字交换码。计算机各系统之间交换信息时也会交换汉字。由于各计算机系统所使用的汉字机内码还未形成一个统一的标准,因此,如果使用汉字机内码交换汉字信息,就可能使各计算机系统之间不认识对方的汉字机内码,从而导致信息交换失败。为了便于各个计算机系统之间能够正确地交换汉字信息,必须规定一种专门用于汉字信息交换的统一编码,这种编码称为汉字的交换码。

1981 年,我国信息产业部颁布了《国家标准信息交换用汉字编码字符集·基本集》(代号 GB 2312—80),制订了汉字交换码的标准,也称汉字交换码,或 GB 码。GB 码是双字节编码,即用两个字节为一个汉字或汉字符号编码,每个字节的最高位为“0”,可以为 $2^7 \times 2^7 = 128 \times 128 = 16384$ 个字符编码。它总共包含 6763 个常用汉字(其中一级汉字 3755 个,二级汉字 3008 个),以及 682 个西文字符、图符,总计 7445 个字符。7445 个字符按 94 行×94 列的位置组成 GB 2312—80 大码表,表中的每一行称为一个“区”,每一列称为一个“位”。一个汉字所在位置的区号和位号组合在一起就构成一个十进制的 4 位数(16 位二进制)代码,前两位数字为“区号”(01~94),后两位数字为“位号”(01~94),分别占一个字节,故 GB 码也称为“区位码”。

例如,汉字“啊”的区位码为“1601”,则表示该汉字在 16 区的 01 位,如果用十六进制数表示,则汉字“啊”的区码为“10H”,位码为“01H”,即该汉字的区位码为“1001H”。应该注意的是,在一个汉字的区位码中,区码和位码均是独立的,在将其转换为十六进制数时,不能作为整体来转换,只能将区码和位码分别转换。

③汉字机内码。汉字机内码,又称"机内码"、"内码",指计算机内部存储、处理加工和传输汉字时所用的由 0 和 1 组成的代码。

其实,汉字交换码从理论上说可以作为汉字的机内编码,但为了避免与西文字符的编码混淆(可能会把一个汉字编码看成 2 个西文字符的编码),故需要对交换码稍加修正才能作为汉字的机内编码。由于汉字交换码两个字节值的范围都与西文字符的基本 ASCII 码相冲突,因此,为了兼顾处理西文字符,则将汉字交换码的两个字节分别加上 80H(即最高位均置 1)构成。所以,机内码与区位码的关系如下:

机内码高位＝区码＋20H＋80H＝区码＋A0H

机内码低位＝位码＋20H＋80H＝位码＋A0H

其中,加上 20H 是为了避免与基本 ASCII 码中的控制码(0～20H 为非图形字符码值)冲突,加上 80H 是为了与基本 ASCII 码区别。例如,汉字"啊"的区位码为 1001H(十进制为 1601),其机内码为 B0A1H。

输入西文时,想输入哪个字符就按哪个键,西文的输入码与机内码总是一致的。输入汉字则不同了,如要输入"啊",键盘上并无"啊"这个键,假如采用的是拼音输入法,则要按 a 键,也就是说,在拼音输入法中,a 即为"啊"字的输入编码。

值得一提的是,无论采用哪种汉字输入码,存入计算机中的总是汉字的机内码,与所采用的输入法无关,即输入码与机内码之间存在着一一对应的转换关系,故任何一种输入法都需要一个相应的完成这种转换的"输入码转换模块"程序。输入码被接受后,汉字机内码应该是唯一的,与采用的键盘输入法(汉字输入码)无关。这正是汉字输入法研究的关键问题。

④汉字字形码。汉字字形码又称汉字字模,是表示汉字字形信息(结构、形状、笔画等)的编码,用以实现计算机对汉字的输出(显示、打印),字形码最常用的表示方式是点阵形式和矢量形式。

用点阵表示汉字字形时,字形码就是这个汉字字形的点阵代码。根据显示或打印质量的要求,汉字字形编码有 16×16,24×24,32×32,48×48 等不同密度的点阵编码。点数越多,显示或打印的字体就越美观,但编码占用的存储空间也越大。一个 16×16 的汉字点阵字形的字形编码需占用 16×16÷8＝32 个字节。如果是 32×32 的字形编码则占用 32×32÷8＝128 个字节。图 1-42 显示了"大"字的 16×16 字形点阵及编码。

当一个汉字需要显示或打印时,需要将汉字的机内码转换成字形编码,它们也是一一对应的。汉字的字形点阵要占用大量的存储空间,通常将所有汉字字形编码集中存放在计算机的外存中,称为"字库",不同字体(如宋体、黑体等)对应不同的字库。需要时才到字库中检索汉字并输出,为避免大量占用宝贵的内存空间,又要提高汉字的处理速度,通常将汉字字库根据常用的程度分为一级字库和二级字库,一级字库在内存,二级字库在外存。

用矢量表示汉字字形时,存储的是描述汉字字形的轮廓特征,需要输出汉字时,经过计算机计算,再将汉字字形描述信息生成所需大小和形状的汉字点阵。矢量化字形描述与最终文字显示的大小、分辨率无关,故可以产生高质量的汉字输出。Windows 中使用的 TrueType 技术就是汉字的矢量表示方式。

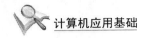

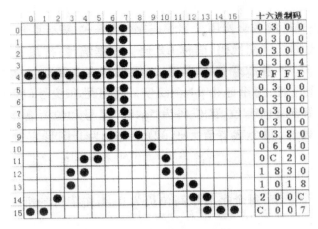

图 1-42　字形点阵及编码

点阵和矢量方式的区别在于,点阵的编码和存储简单,无需再转换就直接输出,但字形放大后会走形;矢量方式存储和编码较复杂,需要转换才能输出,但输出不同大小的汉字有相同的效果。

(3)其他汉字编码

除了 GB 2312—80 编码外,目前常用的还有 UCS 码、Unicode 码、GBK 码等。

UCS 码是国际标准化组织为全世界正在使用的各种文字(包括汉字在内)规定的统一编码方案,称为通用多八位编码字符集;Unicode 码也是一个国际编码标准,采用双字节编码统一地表示世界上的主要文字;GBK 码是 GB 3212—80 的扩展,它包含了中、日、韩全部汉字和 BIG5 码中绝大多数符号;BIG5 编码包括 13053 个汉字,所有汉字均按总笔画数、部首排列,是目前我国台湾、香港地区普遍使用的一种繁体汉字的编码;GB 18030—2000 码是信息产业部和国家质量技术监督局于 2000 年 3 月联合发布的新标准,GB 18030—2000 编码标准是在 GB 3212—80 编码标准和 GBK 编码的基础上进行扩充得到的,该标准与现有的绝大多数操作系统、中文平台在计算机内码一级兼容,能够支持现有的应用系统。

随着多媒体技术与信息处理技术的发展,目前已经出现了汉字语音输入方式和汉字手写输入方式,以及汉字印刷体自动识别输入方式,输入识别的正确率都在逐步提高,其应用前景越来越好。但无论采用什么输入方式,最终存储在计算机中的还是汉字的机内码,输出汉字时仍然采用的是汉字字形码。

(4)多媒体数据的表示

多媒体数据主要是指声音、视频和图形图像数据,对多媒体数据仍然要变换成二进制形式,计算机才能存储和处理。

①声音数据的表示。声音信号是一种连续的模拟信号,计算机对音频信号进行处理的过程是一个由模拟信号转换为数字信号的过程。主要涉及的步骤有采样、量化及编码,具体处理方法是每隔一定时间间隔对声波进行采样,得到该点的振幅值,并将获得的振幅值用一组二进制脉冲序列来表示,这个过程也叫做模数(A/D)转换;相反,需要输出声音时,又要将数字化的音频信号转化为模拟信号,即完成数模(D/A)转换。

目前比较流行使用的声音文件有以下 5 种:

WAVE 文件。这是 Microsoft 公司开发的一种声音格式文件,文件的扩展名为 WAV,该文件来源于对声波的取样和量化,然后直接以 WAV 文件保存,占用存储空间很大,多用于存储简短的声音片段。

MIDI 文件。MIDI(Musical Instrument Digital Interface)是乐器数字接口的英文缩写,它是世界上主要的电子乐器制造商建立起来的一个通用标准。利用 MIDI 演奏音乐,所占用的存储空间较小,同样 10 分钟的立体声音乐,MIDI 文件所占存储容量不到 70KB,而 WAV 格式文件却要 10MB。在实际应用中,一般用 WAV 格式文件保存解说词,用 MIDI 格式文件存放背景音乐。

MPEG 文件。MPEG(Moving Picture Experts Group)是一组音频和视频信号的压缩标准。MPEG 音频文件根据对声音压缩质量和编码复杂程度的不同可分为 3 层,分别对应的扩展名为 MP1,MP2,MP3 这 3 种格式文件,其压缩比分别为 4:1,6:1~8:1,10:1~12:1,也就是说 CD 音质的音乐,未经过压缩存储需要 10MB,而经过 MP3 压缩编码后只需要 1MB 左右的存储空间,同时其音质基本保持不变。

MP3 的流行得益于 Internet 的推波助澜,网络代替了传统唱片的传播途径,扩大了数字音乐的流行范围,加速了数字音乐的传播速度。MP3 凭借其良好的音质和高压缩比已经成为最流行的音乐格式。

MP3 格式文件在播放时需要专门的播放工具软件,目前比较流行的是 Winamp、Winplay、MusicMatch 等。

WMA 文件。WMA 的全称是 Windows Media Audio,它是微软公司推出的与 MP3 格式齐名的一种新的音频格式。由于 WMA 在压缩比和音质方面都超过了 MP3,即使在较低的采样频率下也能产生较好的音质,再加上 WMA 有微软的 Windows Media Player 做其强大的后盾,所以一经推出就赢得一片喝彩。

网上的许多音乐纷纷转向 WMA,许多播放器软件公司也纷纷开发出支持 WMA 格式的插件程序来,估计用不了多长时间,WMA 就会成为网络音频的主要格式。

②图形与图像数据的表示。在计算机中图形与图像是两个不同的概念。图形是指通过绘图软件绘制的由直线、圆、圆弧、任意曲线等组成的画面,图形文件中存放的是描述图形的指令,以矢量图形文件存储;图像是指由扫描仪、数码照相机、摄像机等设备输入的画面,数字化以后以位图形式存储。

在图形、图像处理中,可用于图形、图像文件存储的格式很多,目前比较流行的有以下 4 种:

BMP 格式文件。BMP(Bit Map Picture)是一种与格式无关的网络文件格式,是 Windows 环境中经常使用的一种位图格式。这种格式的特点是包含图像信息较丰富,几乎不进行压缩,占用存储空间大,是目前 PC 上比较流行的一种图形(图像)格式。

GIF 格式文件。GIF(Graphics Interchange Format)意思为图形交换格式,是在各种平台的各种图形处理软件均可处理的经过压缩的图形格式,是 Internet 重要的文件格式之一。

JPEG 文件。JPEG(Joint Photographic Experts Group)是利用 JPEG 方法压缩的图像格式,压缩比高,但压缩/解压算法复杂,存储和显示速度慢。同样一幅画面,用 JPEG 格式存储的文件是其他类型图形文件的 1/10~1/20。JPEG 文件已经被广泛应用于 Internet 上,目前

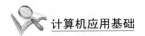

大部分数码照相机也都采用这种格式存放文件。

PNG 格式。PNG(Portable Network Graphics)是一种新兴的网络图像格式。它是目前保存最不失真的格式,它吸取了 GIF 和 JPEG 两者的优点,存储形式丰富,兼有 GIF 和 JPEG 的色彩模式。

③视频数据。动态图像包含动画与视频信息,是连续渐变的静态图像或图形序列沿时间轴更换显示,从而构成运动实感的媒体。当序列中每帧图像是由人工或计算机产生的图像时,称为动画。当序列中每帧图像是通过摄取自然景象或活动对象时,称为影像视频,或简称为视频。

动画。动画是通过 15～20 帧/s 的速度顺序地播放静止图像帧以产生运动的效果。动画中含有一系列的帧,每帧中都含有运动的物体。有时不必使物体运动,而是一帧一帧地变化颜色和背景,则会产生物体运动的效果。

视频。视频就其本质而言就是其内容随时间变化的一组图像,其速度可达 25 帧/s 或 30 帧/s。视频信号来源于电视接收机、摄像机、录像机、影碟机及可以输出连续图像信号的各种设备。按照信号处理方式,视频信号可分为模拟视频与数字视频,由于模拟视频不适合网络传输,而图像随时间和频道的衰减较大,不便于分类、检索和编辑。因此,要使计算机能够对来源于视频源的信号进行处理,必须对视频信号数字化,即进行采样、量化和编码。

1.5 计算机安全

计算机安全,是指对计算机系统的硬件、软件、数据等加以严密的保护,使之不因偶然的或恶意的原因而遭到破坏、更改、泄漏,保证计算机系统的正常运行。它包括以下 4 个方面:

①实体安全:实体安全是指计算机系统的全部硬件以及其他附属设备的安全。其中也包括对计算机机房的要求,如地理位置的选择、建筑结构的要求、防火及防盗措施等。

②软件安全:软件安全是指防止软件的非法复制、非法修改和非法执行。

③数据安全:数据安全是指防止数据的非法读出、非法更改和非法删除。

④运行安全:运行安全是指计算机系统在投入使用之后,工作人员对系统进行正常使用和维护的措施,保证系统的安全运行。

造成计算机不安全的原因是多种多样的,例如自然灾害、战争、故障、操作失误、违纪、违法、犯罪,因此必须采取综合措施才能保证安全。对于自然灾害、战争、故障、操作失误等可以通过加强可靠性等技术手段来解决,而对于违纪、违法和犯罪则必须通过政策法律、道德教育、组织管理、安全保卫和工程技术等方面的综合措施才能有效地加以解决。为了加强计算机安全,1994 年 2 月 18 日,由国务院 147 号令公布了《中华人民共和国计算机信息系统安全保护条例》,并自发布之日起施行。

1.5.1 计算机病毒的定义、特点与种类

计算机病毒(Computer Virus)是人为设计的程序,通过非法入侵而隐藏在可执行程序或数据文件中,当计算机运行时,它可以把自身精确拷贝或有修改地拷贝到其他程序体内,具有相当大的破坏性。

1）病毒的定义

计算机病毒是一种人为蓄意制造的、以破坏为目的的程序。它寄生于其他应用程序或系统的可执行部分，通过部分修改或移动别的程序，将自我复制加入其中或占据原程序的某部分并隐藏起来，到一定时候或适当条件时发作，对计算机系统起破坏作用。之所以被称为"计算机病毒"，是因为它具有生物病毒的某些特征——破坏性、传染性、寄生性和潜伏性。

2）计算机病毒特点

（1）破坏性

计算机病毒的破坏性因计算机病毒的种类不同而差别很大。有的计算机病毒仅干扰软件的运行而不破坏该软件；有的无限制地侵占系统资源，使系统无法运行；有的可以毁掉部分数据或程序，使之无法恢复；有的恶性病毒甚至可以毁坏整个系统，导致系统崩溃。据统计，全世界因计算机病毒所造成的损失每年达数百亿美元。

（2）传染性

计算机病毒具有很强的繁殖能力，能通过自我复制到内存、硬盘和 U 盘，甚至传染到所有文件中。目前 Internet 日益普及，数据共享使得不同地域的用户可以共享软件资源和硬件资源，但与此同时，计算机病毒也通过网络迅速蔓延到互联网的计算机系统。传染性即自我复制能力，是计算机病毒最根本的特征，也是病毒和正常程序的本质区别。

（3）寄生性

病毒程序一般不独立存在，而是寄生在磁盘系统区或文件中。侵入磁盘系统区的病毒称为系统型病毒，其中较常见的是引导区病毒，如"大麻"病毒、2078 病毒等。寄生于文件中的病毒称为文件型病毒，如以色列病毒（黑色星期五）等。还有一类既寄生于文件中又侵占系统区的病毒，如"幽灵"病毒、Flip 病毒等，属于混合型病毒。

（4）潜伏性

计算机病毒可以长时间地潜伏在文件中，并不立即发作。在潜伏期中，它并不影响系统的正常运行，只是悄悄地进行传播、繁殖，使更多的正常程序成为病毒的"携带者"。一旦满足触发条件，病毒发作，才显示出其巨大的破坏威力。

（5）激发性

激发的实质是一种条件控制，一个病毒程序可以按照设计者的要求，例如指定的日期、时间或特定的条件出现时在某个点上激活并发起攻击。

3）计算机病毒的类型

自从计算机病毒第一次出现以来，在病毒编写者和反病毒软件作者之间就存在着一个连续的竞争赛跑。当对已经存在的病毒开发了有效的对策时，新的病毒又开发出来了。

在 Internet 普及以前，病毒攻击的主要对象是单机环境下的计算机系统，一般通过移动存储设备传播，病毒程序大都寄生在文件内，这种传统的单机病毒现在仍然存在并威胁着计算机系统的安全。随着网络的出现和 Internet 的迅速普及，计算机病毒也呈现出新的特点，在网络环境下病毒主要通过计算机网络来传播。病毒可分为传统单机病毒和现代网络病毒两大类。

(1)传统单机病毒

根据病毒寄生方式的不同,可将传统单机病毒分为以下 4 种主要类型:

①引导型病毒:引导型病毒就是用病毒的全部或部分逻辑取代正常的外存储器(如硬盘、U 盘)的引导记录,而将正常的引导记录隐藏在外存储器的其他地方,这样只要系统读写外存储器,病毒就可能传染、激活,对系统造成破坏。例如"大麻"病毒和"小球"病毒。

②文件型病毒:文件型病毒一般感染可执行文件(如 exe、com、ovl 等文件),病毒寄生在可执行程序体内,只要程序被执行,病毒也就被激活。病毒程序会首先被执行,并将自身驻留在内存,然后设置触发条件,进行传染。

例如"CIH 病毒",该病毒主要感染 Windows 下的可执行文件,病毒会破坏计算机硬盘和改写计算机基本输入/输出系统(BIOS),导致系统、主板的破坏。

③宏病毒:宏病毒是一种寄生于文档或模板宏中的计算机病毒,一旦打开带有宏病毒的文档,病毒就会被激活,驻留在 Normal 模板上,所有自动保存的文档都会感染上这种宏病毒。如果其他用户打开了感染宏病毒的文档,病毒就会转移到其他计算机上。凡是具有写宏能力的软件都有可能感染宏病毒,如 Word 和 Excel 等办公软件。

例如"TaiwanNO. 1"宏病毒,病毒发作时会出一道连计算机都难以计算的数学乘法题目,并要求输入正确答案,一旦答错,则立即自动开启 20 个文件,并继续出下一道题目,一直到耗尽系统资源为止。

④混合型病毒:混合型病毒就是既感染可执行文件又感染磁盘引导记录的病毒,只要中毒,一开机病毒就会发作,然后通过可执行程序感染其他的程序文件。兼有文件型病毒和引导型病毒的特点,所以它的破坏性更大,传染的机会也更多。

(2)现代网络病毒

根据网络病毒破坏机制的不同,一般将其分为以下两大类:

①蠕虫病毒:1988 年 11 月,美国康奈尔大学的学生 Robert. Morris(罗伯特·莫里斯)编写的"莫里斯蠕虫"病毒蔓延,造成了数千台计算机停机,蠕虫病毒开始现身于网络。蠕虫病毒以计算机为载体,以网络为攻击对象,利用网络的通信功能将自身不断地从一个节点发送到另一个节点,并能够自动地启动病毒程序,这样不仅消耗了大量本机资源,而且大量占用了网络的带宽,导致网络堵塞,最终造成整个网络系统瘫痪。

例如"冲击波(Worm. MSBlast)",该病毒利用 Windows 远程过程调用协议(Remote Process Call,RPC)中存在的系统漏洞,向远端系统上的 RPC 系统服务所监听的端口发送攻击代码,从而达到传播的目的。感染该病毒的机器会莫名其妙地死机或重新启动,IE 浏览器不能正常地打开链接,不能进行复制粘贴操作,有时还会出现应用程序异常(如 Word 无法正常使用),上网速度变慢。

②木马病毒:特洛伊木马(Trojan Horse)原指古希腊士兵藏在木马内进入敌方城市从而攻占城市的故事。木马病毒是指在正常访问的程序、邮件附件或网页中包含了可以控制用户计算机的程序,这些隐藏的程序非法入侵并监控用户的计算机,窃取用户的账号和密码等机密信息。

木马病毒一般通过电子邮件、即时通信工具(如 MSN 和 QQ 等)、恶意网页等方式感染用户的计算机,多数都是利用了操作系统中存在的漏洞。

例如"QQ 木马",该病毒隐藏在用户的系统中,发作时寻找 QQ 窗口,给在线上的 QQ 好友发送诸如"快去看看,里面有……好东西"之类的假消息,诱惑用户点击一个网站,如果有人信以为真点击该链接的话,就会被病毒感染,然后成为毒源,继续传播。

现在有少数木马病毒加入了蠕虫病毒的功能,其破坏性更强。

例如"安哥(Backdoor.Agobot)",又叫"高波病毒",该病毒利用微软的多个安全漏洞进行攻击,最初仅仅是一种木马病毒,其变种加入了蠕虫病毒的功能,病毒发作时会造成中毒用户的计算机出现无法进行复制和粘贴等操作,无法正常使用如 Office 和 IE 浏览器等软件,并且大量消耗系统资源,使系统速度变慢甚至死机,该病毒还利用在线聊天软件开启后门,盗取用户正版软件的序列号等重要信息。

1.5.2 计算机病毒的防治

1)计算机病毒的主要传播途径

计算机病毒是一种特殊形式的计算机程序软件,与其他正常程序一样,在未被激活即未被运行时,均存放在磁记录设备或其他存储设备中,得以长期保留。一旦被激活便能四处传染。U 盘、硬盘、磁带、光盘、ROM 芯片等存储设备都可能因藏有计算机病毒而成为病毒的载体,像硬盘这种使用频率很高的存储设备,被病毒感染成为带毒硬盘的概率是很高的。虽然在绝大多数情况下没有必要为杀毒而进行低级格式化,但低级格式化却因清理了所有扇区,可彻底清除掉硬盘上隐藏的所有计算机病毒。计算机病毒的主要传染途径有:

(1)非移动介质

是指通过通常不可移动的计算机硬设备进行传染,这些设备有装在计算机内的 ROM 芯片、专用的 ASIC(Application Specific Integrated Circuits,专用集成电路)芯片、硬盘等。即使是新购置的计算机,病毒也可能已在计算机的生产过程中进入了 ASIC 芯片组,或在生产销售环节进入到 ROM 芯片或硬盘中。

(2)可移动介质

这种渠道是通过可移动式存储设备,使病毒能够进行传染。可移动式存储设备包括 U 盘、光盘、可移动式硬盘、USB 接口的存储卡等,在这些移动式存储设备中,U 盘是目前计算机之间互相传递文件使用最广泛的存储介质,因此,U 盘是目前计算机病毒的主要寄生地之一。

(3)计算机网络

人们通过计算机网络传递文件、电子邮件。计算机病毒可以附着在正常文件上,当用户从网络另一端得到一个被感染的程序并在其计算机上未加任何防护措施的情况下运行时,病毒就开始传染。目前,70%的病毒都是通过强大的互联网肆意蔓延的。

2)计算机感染病毒后的常见症状

病毒的入侵必然会干扰和破坏计算机的正常运行,从而产生种种外部现象。计算机系统被感染病毒后,常见的症状如下:

①屏幕出现异常现象或显示特殊信息。

②喇叭发出怪音、蜂鸣声或演奏音乐。

③计算机运行速度明显减慢。这是病毒在不断传播、复制,消耗系统资源所致。

④系统无法从硬盘启动,但光盘或 U 盘启动正常。

⑤系统运行时经常发生死机和重启动现象。

⑥读写磁盘时"嘎嘎"作响并且读写时间变长,有时还出现"写保护"的提示。

⑦内存空间变小,原来可运行的文件无法加载到内存。

⑧U 盘或硬盘上的可执行文件变长或变短,甚至消失。

⑨某些设备无法正常使用。

⑩键盘输入的字符与屏幕显示的字符不同。

⑪文件中无故多了一些重复或奇怪的文件,或有些文件无故消失。

⑫文件名的后缀被无故更改,或文件夹名被自动添加了后缀,且无法打开或进入。

⑬网络速度变慢或者出现一些莫名其妙的链接。

⑭电子邮箱中有来路不明的信件,这些电子邮件常带有病毒,打开后便可能激活。

3)计算机病毒的预防

计算机病毒预防是指在病毒尚未入侵或刚刚入侵时,就拦截、阻击病毒的入侵或立即报警,主要有以下 10 条预防措施:

①安装实时监控的杀毒软件或防毒卡,定期更新病毒库。

②经常安装或更新操作系统及各种应用程序的补丁程序。

③安装防火墙工具,设置相应的访问规则,过滤不安全的站点访问。

④不要随意打开来历不明的电子邮件及附件。

⑤不要随意安装来历不明的插件程序。

⑥不要随意打开陌生人传来的页面链接,谨防恶意网页中隐藏的木马病毒。

⑦对所有存储有重要数据的 U 盘,若有写保护开关,应使其置于写保护状态。

⑧不要使用不知底细的 U 盘或盗版光盘;对于外来 U 盘,必须在进行病毒检测处理后才能使用。

⑨对计算机中的重要数据要定期备份。

⑩定期对所使用的 U 盘进行病毒检测。

4)计算机病毒的清除

当发现计算机出现异常现象,应尽快确认计算机系统是否感染了病毒,如有病毒应将其彻底清除。一般有以下 3 种清除病毒的方法。

(1)使用杀毒软件

使用杀毒软件来检测和清除病毒,用户只需按照软件的提示进行操作,即可完成常见病毒的清除,简单方便。常用的杀毒软件有:360 杀毒软件、金山毒霸、瑞星杀毒软件、卡巴斯基等。

这些杀毒软件一般都具有实时监控功能,能够监控所有打开的磁盘文件、从网络上下载的文件以及收发的邮件等,当检测到计算机病毒,就能立即给出警报。对于压缩文件无需解压缩即可查杀病毒;对于已经驻留在内存中的病毒也可以清除。由于病毒的防治技术总是滞后于病毒的制作,所以并不是所有病毒都能得以立即清除。如果杀毒软件暂时还不能清除该病毒,也会将该病毒隔离起来,以后升级病毒库时将提醒用户是否继续清除该病毒。

(2)使用专杀工具

现在一些反病毒公司的网站上提供了许多病毒的专杀工具,用户可以免费下载这些查杀工具对某个特定病毒进行清除。

(3)手动清除病毒

这种清除病毒的方法要求操作者对计算机的操作相当熟练,并具有一定的计算机专业知识,利用一些工具软件找到感染病毒的文件,手动清除病毒代码。此方法不适合一般用户采用。

1.5.3 网络非法入侵的定义和手段

随着全球社会信息化的浪潮,世界各地的用户都在享受着"信息高速公路"带来的便捷,也不得不承受层出不穷且日益严重的信息安全问题带来的困扰。由于信息系统本身的脆弱性和日益复杂性,信息安全问题不断暴露,并与计算机网络的发展交相增长。信息安全问题总的来看主要归结在以下两方面:

首先是伴随着信息技术的发展,信息技术的漏洞与日俱增。网络安全问题随着信息网络基础设施的建设与因特网的迅速普及而激增,并随着信息网络技术的不断更新而愈显严重;其次是管理与技术的脱节。信息安全不仅仅是一个技术问题,在很大程度上表现为管理问题,能不能对网络实现有效的管理与控制是信息安全的根本问题之一。

1)非法入侵

计算机网络的非法入侵者就是人们常说的黑客(Hacker),以非正常方式和手段,利用系统的不安全漏洞,进入计算机网络中具有高度机密的服务器或主机,窃取机密信息,盗用系统资源。他们大都是程序员,对计算机技术和网络技术有较深入的了解,知晓系统的漏洞及其原因所在,喜欢非法闯入并以此作为一种智力挑战而沉醉其中。有些黑客仅仅是为了验证自己的能力而非法闯入,并不一定会对信息系统或网络系统产生破坏作用,但也有很多黑客非法闯入是为了窃取机密信息、盗用系统资源或出于报复心理而恶意毁坏某个信息系统等。为了尽可能地避免受到黑客的攻击,我们有必要先了解黑客常用的攻击手段和方法,然后才能有针对性地进行预防。

2)非法入侵的步骤

一般的非法入侵分为以下3个步骤:

(1)信息收集

信息收集是为了了解所要攻击目标的详细信息,黑客利用相关的网络协议或实用程序来收集,例如,用 SNMP 协议(Simple Network Management Protocol,简单网络管理协议)可查看路由器的路由表,了解目标主机内部拓扑结构的细节,用 TraceRoute 命令可获得到达目标主机所要经过的网络数和路由数,用 Ping 命令可以检测一个指定主机的位置并确定是否可到达等。

(2)探测分析系统的安全弱点

在收集到目标的相关信息以后,黑客会探测网络上的每一台主机,以寻找系统的安全漏洞或安全弱点,黑客一般会使用 Telnet、FTP 等软件向目标主机申请服务,如果目标主机有应答就说明开放了这些端口的服务。其次使用一些公开的工具软件,如 Internet 安全扫描程序 ISS(Internet Security Scanner)、网络安全分析工具 SATAN 等对整个网络或子网进行扫描,

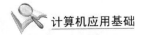

寻找系统的安全漏洞,获取攻击目标系统的非法访问权。

(3)实施攻击

在获得目标系统的非法访问权之后,黑客一般会实施以下攻击:

①试图毁掉入侵的痕迹,并在受到攻击的目标系统中建立新的安全漏洞或后门,以便在先前的攻击点被发现以后能继续访问该系统。

②在目标系统安装探测器软件,如特洛伊木马程序,用来窥探目标系统的活动,继续收集黑客感兴趣的一切信息,如账号与口令等敏感数据。

③进一步发现目标系统的信任等级,以展开对整个系统的攻击。

④如果黑客在被攻击的目标系统上获得了特许访问权,那么他就可以读取邮件,搜索和盗取私人文件,毁坏重要数据以至破坏整个网络系统,后果将不堪设想。

3)非法入侵的方式

非法入侵通常采用以下 4 种典型的攻击方式:

(1)密码破解

通常采用的攻击方式有字典攻击、假登录程序、密码探测程序等,以获取系统或用户的口令文件。

①字典攻击:是一种被动攻击,黑客先获取系统的口令文件,然后用黑客字典中的单词一个一个地进行匹配比较,计算机速度很高,这种匹配的速度也很快,而且由于大多数用户的口令采用的是人名、常见的单词或数字的组合等,所以字典攻击成功率比较高。

②假登录程序:设计一个与系统登录画面一模一样的程序并嵌入到相关的网页上,以骗取他人的账号和密码。当用户在这个假的登录程序上输入账号和密码后,该程序就会记录所输入的账号和密码。

③密码探测:在 Windows NT 系统内保存或传送的密码都经过单向散列函数(Hash)的编码处理,并存放到 SAM 数据库中。于是网上出现了一种专门用来探测 NT 密码的程序 Loph-tCrack,它能利用各种可能的密码反复模拟 NT 的编码过程,并将所编出来的密码与 SAM 数据库中的密码进行比较,如果两者相同就得到了正确的密码。

(2)IP 嗅探(Sniffing)与欺骗(Spoofing)

①嗅探:是一种被动式的攻击,又叫网络监听,就是通过改变网卡的操作模式让它接受流经该计算机的所有信息包,这样就可以截获其他计算机的数据报文或口令,监听只能针对同一物理网段上的主机,对于不在一网段的数据包会被网关过滤掉。

②欺骗:是一种主动式的攻击,即将网络上的某台计算机伪装成另一台不同的主机,目的是欺骗网络中的其他计算机误将冒名顶替者当作原始的计算机而向其发送数据或允许它修改数据。常用的欺骗方式有 IP 欺骗、路由欺骗以及 Web 欺骗等。

(3)系统漏洞

漏洞是指程序在设计、实现和操作上存在的错误。由于程序或软件的功能一般都较为复杂,程序员在设计和调试过程中总有考虑欠妥的地方,绝大部分软件在使用过程中都需要不断地改进与完善。被黑客利用最多的系统漏洞是缓冲区溢出(Buffer Overflow),因为缓冲区的大小有限,一旦往缓冲区中放入超过其大小的数据,就会产生溢出,多出来的数据可能会覆盖其他变量的值,正常情况下程序会因此出错而结束,但黑客却可以利用这样的溢出来改变程序的执行流程,转向执行事先编好的黑客程序。

（4）端口扫描

由于计算机与外界通信都必须通过某个端口才能进行,黑客可以利用一些端口扫描软件如 SATAN、IP Hacker 等对被攻击的目标计算机进行端口扫描,查看该机器的哪些端口是开放的,由此可以知道与目标计算机能进行哪些通信服务。例如邮件服务器的 25 号端口是接收用户发送的邮件,而接收邮件则与邮件服务器的 110 号端口通信;访问 Web 服务器一般都是通过其 80 号端口等。了解了目标计算机开放的端口服务以后,黑客一般会通过这些开放的端口发送特洛伊木马程序到目标计算机上,利用木马来控制被攻击的目标,例如,"冰河 V8.0"木马就是利用了系统的 2001 号端口。

1.5.4　防范网络非法入侵的方法

防范网络非法入侵的方法有数据加密、身份认证、审计等。

（1）数据加密

加密的目的是保护信息系统中的数据、文件、口令和控制信息等,同时也可以保护网上传输数据的可靠性,这样即使黑客截获了网上传输的信息包,一般也无法得到正确的信息。

（2）身份认证

通过密码或特征信息等来确认用户身份的真实性,只对确认了的用户给予相应的访问权限。

（3）建立完善的访问控制策略

系统应当设置入网访问权限、网络共享资源的访问权限、目录安全等级控制、网络端口和节点的安全控制、防火墙的安全控制等,通过各种安全控制机制的相互配合,才能最大限度地保护系统免受黑客攻击。

（4）审计

把系统中和安全有关的事件记录下来,保存在相应的日志文件中,例如记录网络上用户的注册信息,如注册来源、注册失败的次数等,记录用户访问的网络资源等各种相关信息。当遭到黑客攻击时,这些数据可以用来帮助调查黑客的来源,并作为证据来追踪黑客,也可以通过对这些数据的分析来了解黑客攻击的手段以找出应对的策略。

（5）其他安全防护措施

首先不随便从 Internet 上下载软件,不运行来历不明的软件,不随便打开陌生人发来的邮件中的附件。其次要经常运行专门的反黑客软件,可以在系统中安装具有实时检测、拦截和查找黑客攻击程序用的工具软件,经常检查用户的系统注册表和系统启动文件中的自启动程序项是否有异常,做好系统的数据备份工作,及时安装系统的补丁程序等。

1.5.5　防火墙技术简介

信息安全概念是随着时代的发展而发展的,信息安全概念、内涵以及技术都在不断地发展变化,并且随着计算机网络技术的不断发展,涌现出许多信息安全技术,主要有防火墙技术、数据加密、数字签名等,这里简单介绍防火墙技术。

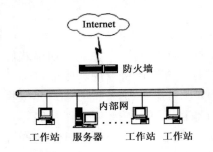

图1-43　计算机网络防火墙

1）什么是防火墙

在建筑群中，防火墙（Firewall）用来防止火灾蔓延。在计算机网络中，防火墙是设置在可信任的内部网络和不可信任的外界之间的一道屏障，用来保护计算机网络的资源和用户的声誉，使一个网络不受来自另一个网络的攻击，如图1-43所示。

防火墙是一种由软件、硬件构成的系统，用来在两个网络之间实施存取控制策略，它可以确定哪些内部服务允许外部访问，哪些外部人员被许可访问所允许的内部服务，哪些外部服务可由内部人员访问。建立防火墙后，来自和发往Internet的所有信息都必须经由防火墙出入。

2）防火墙的用途

目前，许多单位都纷纷建立与Internet相连的内部网络，使用户可以通过网络查询信息。这时，Intranet的安全性就会受到考验，因为网络上的不法分子在不断寻找网络上的漏洞，企图潜入内部网络。一旦Intranet被人攻破，一些重要的机密资料可能会被盗，网络可能会被破坏，将给网络所属单位带来难以预测的损害或损失。

在逻辑上，防火墙是一个分离器，一个限制器，也是一个分析器，可有效地监控内部网和Internet之间的任何活动，保证了内部网络的安全。作为一个中心"遏制点"，它可以将局域网的安全管理集中起来，屏蔽非法请求，防止跨权限访问并产生安全报警。具体地说，防火墙有以下4个功能：

（1）作为网络安全的屏障

防火墙由一系列的软件和硬件设备组合而成，它保护网络中有明确闭合边界的一个网块。所有进出该网块的信息，都必须经过防火墙，将发现的可疑访问拒之门外。当然，防火墙也可以防止未经允许的访问进入外部网络。因此，防火墙的屏障作用是双向的，即进行内外网络之间的隔离，包括地址数据包过滤、代理和地址转换。

（2）强化网络安全策略

防火墙能将所有安全软件（如口令、加密、身份认证、审计等）配置在防火墙上，形成以防火墙为中心的安全方案。与将网络安全问题分散到各个主机上相比，防火墙的集中安全管理更经济。例如在网络访问时，一次一密口令系统和其他的身份认证系统完全可以不必分散在各个主机上，而是集中在防火墙上。

（3）对网络存取和访问进行监控审计

如果所有的访问都经过防火墙，防火墙就能记录下这些访问并作出日志记录，同时也能提供网络使用情况的统计数据。当发生可疑动作时，防火墙能进行适当的报警，并提供网络是否受到监测和攻击的详细信息。

（4）防止攻击性故障蔓延和内部信息的泄露

防火墙也能够将网络中一个网块（也称网段）与另一个网块隔开，从而限制了局部重点或敏感网络安全问题对全局网络造成的影响。此外，隐私是内部网络非常关心的问题，一个内部网络中不引人注意的细节可能包含了有关安全的线索而引起外部攻击者的兴趣,甚至因此而暴露了内部网络的某些安全漏洞。使用防火墙就可以隐蔽那些透漏内部细节的服务如 Finger、DNS 等。

3)防火墙的局限

(1)防火墙可能留有漏洞

防火墙应当是不可渗透或绕过的。实际上,防火墙往往会留有漏洞。如果内部网络中有一个未加限制的端口,内部网络用户就可以(用向 ISP 购买等方式)通过 SLIP(Serial Line Internet Protocol,串行链路网际协议)或 PPP(Pointer-to-Pointer Protocol,点到点协议)与 ISP 直接连接,从而绕过防火墙。

由于防火墙依赖于口令,所以防火墙不能防范黑客对口令的攻击,所以美国马里兰州一家计算机安全咨询机构负责人诺尔·马切特说:"防火墙不过是一道较矮的篱笆墙。"黑客像耗子一样,能从这道篱笆墙上的窟窿中出入。这些窟窿常常是人们无意中留下来的,甚至包括一些对安全性有清醒认识的公司。

(2)防火墙不能防止内部出卖性攻击或内部误操作

当内部人员将敏感数据或文件拷贝在 U 盘等移动存储设备上提供给外部攻击者时,防火墙是无能为力的。此外,防火墙也不能防范黑客伪装成管理人员或新职工,以骗取没有防范心理的用户的口令或假用他们的临时访问权限实施攻击。

(3)防火墙不能防止数据驱动式的攻击

有些数据表面上看起来无害,可是当它们被邮寄或拷贝到内部网的主机中后,就可能会发起攻击,或为其他入侵准备好条件。这种攻击就称为数据驱动式攻击。防火墙无法防御这类攻击。

(4)不能防范全部的威胁

防火墙被用来防范已知的威胁,一个很好的防火墙设计方案可以防范某些新的威胁,但没有一个防火墙能自动防御所有的新的威胁。

(5)防火墙不能防范病毒

防火墙不能防范从网络上传染来的病毒,也不能消除计算机已存在的病毒。无论防火墙多么安全,用户都需要一套防毒软件来防范病毒。

1.5.6 计算机及网络职业道德规范

1)计算机网络道德的现状与问题

随着 Internet 更大范围的普及,网络文化已经融入了人们的生活。作为一种技术手段,Internet 本身是中性的,用它可以做好事,也可能用它做坏事。

任何事物都有它的两面性,Internet 也是一样,它的负面影响也越来越引起人们的关注。

(1)滥用网络

网络极具诱惑力,有些人很可能利用上班时间在网上听歌、看电影、看小说、玩游戏,甚至是购物、网上炒股。还有一些人喜欢浏览网上的信息,工作时间不知不觉在网上"挂"了好几个小时,其工作效率当然会因此大打折扣。

（2）网络充斥大量不健康的信息

由于网络的无国界性，不同国家、不同社会的信息一齐汇入互联网，一些严重违反我国公民道德标准的宣传暴力、色情甚至是反动的网站遍布互联网。如果群众的道德觉悟不高，则很容易受到伤害，并可能产生危害社会安全的不良反应。

（3）网络犯罪

网络犯罪主要包括，严重违反我国《互联网管理条例》的行为，如利用网络窃取他人财务的犯罪行为、利用网络破坏他人网络系统的行为等。一个单位如果遭到网络犯罪分子的袭击，轻者系统瘫痪，重者会遭受巨大的经济、政治等方面的损失。另外，网络犯罪还会给使用网络的单位带来许多法律纠纷。某人上网时做出了不道德甚至是犯法的事，一旦被追究，往往最容易查到的就是该人的上网地址，如果这个人是利用单位的网络进行的犯罪行为，这将使单位陷入尴尬的境地。目前许多网站都拥有追踪访问者来源，分辨访问者所在单位的能力。世界各国的网络犯罪给使用网络的单位敲响了警钟。如何防止自己的员工利用单位的网络进行网络犯罪，如何教育员工安全操作，杜绝他人的网络犯罪侵害单位的网络安全及信息安全，这些问题应引起使用网络的单位的足够重视。

（4）网络病毒

病毒在网络中的传播危害性更大，它可以引起企业网络瘫痪，重要数据丢失会给单位造成重大损失。这看似是使用网络中的防范病毒的技术问题，但是网络中病毒的传播与单位员工和单位管理人员的社会道德观念是分不开的。一方面，有些人处于各种目的制造和传播病毒；另一方面，广大的用户在使用盗版软件、收发来历不明的电子邮件及日常工作中的拷贝文件都有可能传播和扩散病毒。值得注意的是，有些员工使用企业的计算机与使用自己的电脑，对病毒的防范意识往往有明显的不同。

（5）窃取、使用他人的信息成果

互联网为人类带来了方便和快捷，同时也为网络知识产权的道德规范埋下了众多的隐患。一方面，我国无论是管理者还是普通的公民在信息技术知识产权方面的保护意识还不够。另一方面许多人在信息技术（软件、信息产品等）侵权问题中扮演了不道德的角色，使用盗版软件、随意拷贝他人网站的信息技术资料。

（6）制造信息垃圾

互联网可以说是信息的海洋，随着网络的发展，许多有用的或无用的信息经常被人们成百上千次地复制、传播。

2）计算机网络道德建设

计算机网络的发展为人类的道德进步提供了难得的机遇，与此同时，也引发了许多前所未有的网络道德规范问题。加强网络道德建设，确立与社会进步要求相适应的网络道德和规范体系，尤为重要和紧迫。

（1）建立自主型道德

传统社会由于时空限制，交往面狭窄，在一定的意义上是一个"熟人社会"。依靠熟人（朋友、亲戚、邻里、同事等）的监督，慑于道德他律手段的强大力量，传统道德相对得到较好的维护，人们的道德意识较为强烈，道德行为相对严谨。然而网络社会更多的是"非熟人社会"，在这个以因特网技术为基础的，需要更少人干预、过问、管理控制的网络道德环境下，要求人们的道德行为有更高的自律性,自我约束和自我控制。网络道德是一种自主型的道德。鉴于网络社会的特殊性,更加要求网络主体具有较高的道德素质。这时,道德已从约束人们的力量提升到人们自觉寻求解决人类问题的一种重要手段,是人们为提升人格所追求的一种理想境界。因此网络主体能否成为真正的道德主体,是建立自主型道德的首要任务,也是网络道德建设的核心内容。

(2)确定网络道德原则

网络社会的特点决定了网络道德的首要原则是平等。网络社会不像现实社会,人们的社会地位、拥有的财富、所受的教育和出身等诸多因素影响着一个人的学习和生活。无论其在现实社会中的情况如何,而在网络交往中,他们都是平等的。对于网络的资源,每个网络用户都拥有大致相同的权利。一定的网络,它的最高带宽是一定的,任何人网络传递的速度都无法超过带宽的限制。网络上普通的信息一般任何人都可以进行检索浏览,没有人可以享受特权。从这个角度说,网络社会比现实社会更有条件实现人类的最终平等。所以,网络道德的确定原则应该满足平等、自由和共享的原则。

(3)明确网络用户行为规范

可以说,遵守一般的、普遍的网络道德,是当代世界各国从事信息网络工作和活动的基本"游戏规则",是信息网络社会的社会公德。为维护每个网民的合法权益,大家必须用网络公共道德和行为规范约束自己,由此而产生了网络文化。

①网络礼仪。网络礼仪的主要内容有:使用电子邮件时应遵循的规则;上网浏览时应遵守的规则;网络聊天时应该遵守的规则;网络游戏时应该遵守的规则;尊重软件知识产权。

网络礼仪的基本原则是:自由和自律。

②行为守则。在网上交流,不同的交流方式有不同的行为规范,主要交流方式有:"一对一"方式(如 E-mail)、"一对多"方式(如电子新闻)、"信息服务提供"方式(如 WWW、FTP)。不同的交流方式有不同的行为规范。

"一对一"方式交流行为规范:不发送垃圾邮件;不发送涉及机密内容的电子邮件;转发别人的电子邮件时,不随意改动原文的内容;不给陌生人发送电子邮件,也不要接收陌生人的电子邮件;不在网上进行人身攻击,不讨论敏感的话题;不运行通过电子邮件收到的软件程序。

"一对多"方式交流行为规范:将一组中全体组员的意见与该组中个别人的言论区别开来;注意通信内容与该组目的的一致性,如不在学术讨论组内发布商业广告;注意区分"全体"和"个别";与个别人的交流意见不要随意在组内进行传播,只有在讨论出结论后,再将结果摘要发布给全组。

以信息服务提供方式交流行为准则:要使用户意识到,信息内容可能是开放的,也可能针对特定的用户群。因此,不能未经许可就进入非开放的信息服务器,或使用别人的服务器作为自己信息传送的中转站,要遵守信息服务器管理员的各项规定。

3)软件知识产权

计算机软件(是指计算机程序及其有关文档)的研制和开发需要耗费大量的人力、物力和财力,是脑力劳动的创造性产物,是研制者智慧的结晶。为了保护计算机软件研制者的合法权益,增强知识产权和软件保护意识,我国政府于 1991 年 6 月颁布了《计算机软件保护条例》,并于同年的 10 月 1 日起开始实施。这是我国首次将计算机软件版权列入法律保护的范围。

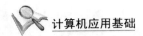

《计算机软件保护条例》第十条指出："计算机软件的著作权属于软件开发者。与一般著作权一样，软件著作权包括了人身权和财产权。人身权是指发表权、开发者身份权；财产权是指使用权、许可权和转让权。"第三条说明了"软件开发者"这一用语的含义："指实际组织、进行开发工作，提供工作条件以完成软件开发，并对软件承担责任的法人或者非法人单位；依靠自己具有的条件完成软件开发，并对软件承担责任的公民"。

《计算机软件保护条例》第三十条指出下述情况属于侵权行为：

①未经软件著作权人同意发表其软件作品。

②将他人开发的软件当作自己的作品发表。

③未经合作者同意，将与他人合作开发的软件当作自己单独完成的作品发表。

④在他人开发的软件上署名或者涂改他人开发的软件上的署名。

⑤未经软件著作权人或者其合法受让者的同意，修改、翻译、注释其软件作品。

⑥未经软件著作权人或者其合法受让者的同意，复制或者部分复制其软件作品。

⑦未经软件著作权人或者其合法受让者的同意，向公众发行、展示其软件的复制品。

⑧未经软件著作权人或者其合法受让者的同意，向任何第三方办理其软件的许可使用或者转让事宜。

用户如果有上述侵权行为，将按其情节轻重"承担停止侵害、消除影响、公开赔礼道歉、赔偿损失等民事责任，并可以由国家软件著作权行政管理部门给予没收非法所得、罚款等行政处罚。"违法行为特别严重者，还将承担刑事责任。

实训与练习题

 实训　中英文输入练习

【实训内容】

练习使用金山打字通等打字训练软件，在掌握打字的基本指法基础上，进行强化训练，力争达到每分钟录入 45 个英文单词，或 50 个汉字。

【实训要求】

(1)打字的坐姿：坐姿端正，腰背挺直，两脚平放，肩部放松，上臂自然下垂，前臂与键盘成水平线，将屏幕调整到适当位置，视线投注到屏幕上。

(2)预备状态：双手轻触(悬停)在基准键上，不击键时或击键完成后，双手都自然停留或"回归"到基准键上。

(3)一定要按规范的指法分区击键，使击键的速度由慢到快，最终实现眼睛不看键盘，只看文稿，也能熟练、快速、准确地击键，即"盲打"。

 练习题

一、单项选择题

1.个人计算机属于(　　)。

　A.微型计算机　　　B.小型计算机　　　C.中型计算机　　　D.小巨型计算机

2.CPU 能直接访问的存储器是(　　)。

A. U 盘　　　　　　　B. 光盘　　　　　　　C. 内存　　　　　　　D. 硬盘

3. 机器指令是由二进制代码表示的,它能被计算机(　　　)。

　　A. 编译后执行　　　B. 解释后执行　　　C. 汇编后执行　　　D. 直接执行

4. 构成计算机物理实体的部件被称为(　　　)。

　　A. 计算机系统　　　B. 计算机硬件　　　C. 计算机软件　　　D. 计算机程序

5. 二进制数的运算法则是(　　　)。

　　A. 除二取余　　　　B. 乘二取整　　　　C. 逢二进一　　　　D. 逢十进一

6. 在计算机中,字节的英文名字是(　　　)。

　　A. bit　　　　　　　B. Byte　　　　　　　C. bou　　　　　　　D. baud

7. 在计算机内存中,每个存储单元都有一个唯一的编号,称为(　　　)。

　　A. 编号　　　　　　B. 容量　　　　　　　C. 字节　　　　　　　D. 地址

8. 汉字系统的汉字字库里存放的是汉字的(　　　)。

　　A. 国标码　　　　　B. 外码　　　　　　　C. 字模　　　　　　　D. 内码

9. 一个完整的计算机系统应该包括(　　　)。

　　A. 主机、键盘和显示器　　　　　　　　　B. 系统软件和应用软件

　　C. 运算器、控制器和存储器　　　　　　　D. 硬件系统和软件系统

10. 通常说的 1KB 是指(　　　)。

　　A. 1000 个字节　　　B. 1024 个字节　　　C. 1000 个二进制位　　D. 1024 个二进制位

11. 你认为最能反映计算机主要功能的是(　　　)。

　　A. 计算机可以代替人的脑力劳动　　　　　B. 计算机可以存储大量信息

　　C. 计算机是一种信息处理机　　　　　　　D. 计算机可以实现高速度计算

12. 十进制数 58 的二进制形式是(　　　)。

　　A. 111001　　　　　B. 111010　　　　　　C. 000111　　　　　　D. 011001

13. 我们通常所说的"裸机"是指(　　　)。

　　A. 只装备有操作系统的计算机　　　　　　B. 不带输入输出设备的计算机

　　C. 未装备任何软件的计算机　　　　　　　D. 计算机主机暴露在外

14. 计算机内存中的只读存储器简称为(　　　)。

　　A. EMS　　　　　　B. RAM　　　　　　　C. XMS　　　　　　　D. ROM

15. 二进制数 11110010 的补码形式是(　　　)。

　　A. 二进制　　　　　B. 字符　　　　　　　C. 十进制　　　　　　D. 图形

16. 在计算机系统层次结构图中,操作系统应该处于第(　　　)层。

　　A. 1　　　　　　　　B. 2　　　　　　　　　C. 3　　　　　　　　　D. 4

17. ASCII 码是一种表示(　　　)数据的编码。

　　A. 数值　　　　　　B. 图片　　　　　　　C. 字符　　　　　　　D. 声音

18. 在下列存储器中,存取速度最快的是(　　　)。

　　A. U 盘　　　　　　B. 光盘　　　　　　　C. 硬盘　　　　　　　D. 内存

19. 学校的学籍管理程序属于(　　　)。

　　A. 工具软件　　　　B. 系统程序　　　　　C. 应用程序　　　　　D. 文字处理软件

20. 从用户的角度看,操作系统是( )的接口。
    A. 主机和外设　　　　　　　　　　　B. 计算机和用户
    C. 软件和硬件　　　　　　　　　　　D. 源程序和目标程序

21. 在计算机系统中,指挥和协调计算机工作的主要部件是( )。
    A. 存储器　　　　　B. 控制器　　　　　C. 运算器　　　　　D. 寄存器

22. 操作系统是计算机系统中最重要的( )之一。
    A. 系统软件　　　　B. 应用软件　　　　C. 硬件　　　　　　D. 工具软件

23. 下列数据中最小的是( )。
    A. $(11010001)_2$　　B. $(1111111)_2$　　C. $(60)_{10}$　　D. $(40)_{16}$

24. 已知字母"F"的 ASCII 码是 46H,则字母"A"的 ASCII 码是( )。
    A. 41H　　　　　　B. 26H　　　　　　C. 98H　　　　　　D. 34H

25. 下列关于计算机病毒的叙述中,有错误的一条是( )。
    A. 计算机病毒是一个标记或一个命令
    B. 计算机病毒是人为制造的一种程序
    C. 计算机病毒是一种通过磁盘、网络等媒介传播、扩散、并能传染其他程序的程序
    D. 计算机病毒是能够实现自身复制,并借助一定的媒体存在的具有潜伏性、传染性和
       破坏性的程序

26. 为防止计算机病毒的传播,在读取外来 U 盘上的数据或软件前应该( )。
    A. 先检查硬盘有无计算机病毒,然后再用
    B. 把 U 盘置于写保护下(只允许读,不允许写),然后再用
    C. 先用查毒软件检查该软盘有无计算机病毒,然后再用
    D. 事先不必做任何工作就可用

27. 下面列出的四项中,不属于计算机病毒特征的是( )。
    A. 免疫性　　　　　B. 潜伏性　　　　　C. 激发性　　　　　D. 传播性

28. 计算机发现病毒后最彻底的消除方式是( )。
    A. 用查毒软件处理　　　　　　　　　B. 删除磁盘文件
    C. 用杀毒药水处理　　　　　　　　　D. 格式化磁盘

29. 为了防御网络监听,最常用的方法是( )。
    A. 采用物理传输(非网络)　　　　　　B. 信息加密
    C. 无线网　　　　　　　　　　　　　D. 微生物

30. 通常应将不再写入数据的软盘或 U 盘( ),以防止病毒的传染。
    A. 不用　　　　　　B. 加上写保护　　　C. 不加写保护　　　D. 随便用

31. 下列叙述中,不正确的是( )。
    A. "黑客"是指黑色的病毒　　　　　　B. 计算机病毒是一种破坏程序
    C. CIH 是一种病毒　　　　　　　　　D. 防火墙是一种被动式防卫软件技术

32. 抵御电子邮箱非法入侵的措施中,不正确的是( )。
    A. 不用生日做密码　　　　　　　　　B. 不要使用少于 5 位的密码
    C. 不要使用纯数字做密码　　　　　　D. 自己做邮件服务器

33.计算机犯罪中的犯罪行为实施者是(　　)。

    A.计算机硬件　　　B.计算机软件　　　　C.操作者　　　　　　D.微生物

34.网络礼仪的基本原则是(　　)。

    A.自由和自律　　　B.自由和纪律　　　　C.自由和平等　　　　D.自由

35.微型计算机的主机是指(　　)。

    A.CPU 和运算器　　　　　　　　　　B.CPU 和控制器

    C.CPU 和存储器　　　　　　　　　　D.CPU 和输入、输出设备

36.对于扫描仪,以下说法正确的有(　　)。

    A.是输入设备　　　　　　　　　　　B.是输出设备

    C.是输入输出设备　　　　　　　　　D.不是输入也不是输出设备

37.如果微机运行中突然断电,丢失数据的存储器是(　　)。

    A.ROM　　　　　　B.RAM　　　　　　C.CD-ROM　　　　D.磁盘

38.下面关于总线的叙述中,正确的是(　　)。

    A.总线是连接计算机各部件的一根公共信号线

    B.总线是计算机中传送信息的公共通路

    C.微机的总线包括数据总线、控制总线和局部总线

    D.在微机中,所有设备都可以直接连接在总线上

39.U 盘的写保护口作用是(　　)

    A.防止病毒感染　　　　　　　　　　B.防止数据写入

    C.防止数据读出　　　　　　　　　　D.防止读出和写入

二、多项选择题

1.下列关于计算机病毒的叙述中,错误的是(　　)。

    A.计算机病毒只感染 exe 或 com 文件

    B.计算机病毒可以通过读写软盘、光盘或 Internet 网络进行传播

    C.计算机病毒是可以通过电力网进行传播的

    D.计算机病毒是由于软盘片表面不清洁而造成的

2.下列叙述中,错误的是(　　)。

    A.反病毒软件通常滞后于计算机新病毒的出现

    B.反病毒软件总是超前于病毒的出现,它可以查、杀任何种类的病毒

    C.感染过计算机病毒的计算机具有对该病毒的免疫性

    D.计算机病毒是一种芯片

3.下列叙述中,正确的是(　　)。

    A.计算机附近应避免磁场干扰

    B.计算机要经常使用,不要长期闲置

    C.计算机用几个小时后,应关机休息一会儿

    D.为了延长计算机的寿命,应当避免频繁开关计算机

4.网络信息系统不安全因素包括(　　)。

    A.自然灾害威胁　　B.操作失误　　　　C.蓄意破坏　　　　D.散布谣言

5.下面各项中,(　　)是防火墙的功能。

　A. 作为网络安全的屏障　　　　　　　B. 防止攻击性故障蔓延和内部信息的泄露

　C.对网络存取和访问进行监控审计　　D. 强化网络安全策略

三、判断题

1.所有的十进制小数都能准确地被转换为有限位的二进制小数。　　　　　　　（　　）

2.无论汉字的输入方式如何,对同一个汉字来说,它的内部编码是相同的。　　（　　）

3.外码是为了将汉字通过键盘输入计算机而设计的代码。　　　　　　　　　　（　　）

4.高级语言就是 C 语言。　　　　　　　　　　　　　　　　　　　　　　　　（　　）

5.存储在磁盘上的程序必须装入内存才能运行。　　　　　　　　　　　　　　（　　）

6.计算机病毒只是对软件进行破坏,而对硬件不会破坏。　　　　　　　　　　（　　）

7.CIH 病毒是一种良性病毒。　　　　　　　　　　　　　　　　　　　　　　（　　）

8.病毒攻击主程序总会留下痕迹,绝对不留下任何痕迹的病毒是不存在的。　　（　　）

9.若一台微机感染了病毒,只要删除所有带毒文件,就能消除所有病毒。　　　（　　）

10.发现木马,首先要在计算机的后台关掉其程序的运行。　　　　　　　　　　（　　）

11.一旦中了 IE 窗口炸弹马上按下主机面板上的 Reset 键,重启计算机。　　（　　）

12.用户权限是设置在网络信息系统中信息安全的第一道防线。　　　　　　　（　　）

13.在网络传输信息时,在任何中介站点都可以拦截、读取、修改、破坏信息。　（　　）

14.复合型防火墙是内部网与外部网的隔离点,起着监视和隔绝应用层通信流的作用,同时也常结合过滤器的功能。　　　　　　　　　　　　　　　　　　　　　　　（　　）

15.对 U 盘进行全面的格式化也不一定能消除 U 盘上的计算机病毒。　　　　（　　）

16.电子计算机就是微型计算机。　　　　　　　　　　　　　　　　　　　　（　　）

17.硬盘通常安装在微型计算机的主机箱中,所以硬盘属于内存。　　　　　　（　　）

18.CPU 不能直接运行存放在外存储器中的程序。　　　　　　　　　　　　　（　　）

19.正确的开机顺序是:先开外部设备,后开主机。　　　　　　　　　　　　　（　　）

20.容量、磁道、格式化和扇区都是和磁盘相关的术语。　　　　　　　　　　（　　）

四、填空题

1.将十进制整数转换为二进制整数的方法是_____。

2.1GB 等于_____ KB。

3.计算机能按照人们用计算机语言编制的_____进行工作。

4.计算机中的数据分为数值数据和非数值数据。所有数据在计算机内部均以_____形式表示。

5.在 24×24 点阵的汉字字库中,存储每个汉字的字型码所需字节是_____。

6.网络安全的关键是网络中的_____安全。

7.计算机病毒是一段可执行代码,它不单独存在,经常是附属在_____的起、末端,或磁盘引导区、分配表等存储器件中。

8.当前抗病毒的软、硬件都是根据_____的行为特征研制出来的,只能对付已知病毒和它的同类。

9.防火墙技术从原理上可以分为＿＿＿＿＿＿技术和＿＿＿＿＿＿技术。

10.我国于 1991 年首次在《＿＿＿＿＿＿》中把计算机软件作为一种知识产权列入法律保护的范畴。

11.信息安全是指保护信息的＿＿＿＿＿＿、＿＿＿＿＿＿和＿＿＿＿＿＿,防止非法修改、删除、使用、窃取数据信息。

12.在微机的软件系统分类中,Word 属于＿＿＿＿＿＿软件。

13.在微型计算机中,指挥和协调所有设备正常工作的部件是＿＿＿＿＿＿。

14.微机中有一块非常重要的电路板,CPU、内存条、输入/输出设备接口及多种电子元件都安装在此电路板上,此电路板被称为＿＿＿＿＿＿。

15.目前常用的存储器容量单位有 KB、MB、GB 和 TB,其进率都是＿＿＿＿＿＿。

五、简答题

1.什么是计算机硬件系统? 计算机软件系统?

2.若内存的大小为 256MB,则它有多少个字节?

3.为什么分内存和外存? 二者的主要区别是什么?

4.什么是 ASCII 码?

5.简述汉字输入码、内码、字模的意义。

6.什么是计算机安全? 计算机安全内容的层次有哪些方面?

7.什么是计算机病毒? 它有哪些特征?

8.发现自己的计算机感染上病毒以后应当如何处理?

9.什么是网络黑客? 黑客入侵的目的主要有哪些?

10.黑客有哪些常见的攻击手段? 如何防范黑客?

11.防火墙技术如何保障网络安全? 防火墙的局限是什么?

12.鼠标有哪几种基本操作?

13.常用的打印机有哪几类?

14.微型计算机中常用的输入/输出设备有哪些?

15.微型计算机中常用的外部存储器有哪些?

16.简述微型计算机硬件的安装步骤。

17.硬盘有哪些主要参数?

18.简述操作系统的功能,你所了解的操作系统有哪些?

19.说说你使用的微机的硬件配置和软件配置。

第2章 中文 Windows XP 的应用

Windows XP 是目前微软公司系列产品中生命持续时间最长、市场占有率最高、性能非常优秀的一款产品。XP 是 Experience 的缩写,意思是"体验"。它是在 Windows 2000 内核的基础上开发的 32 位操作系统,集成了 Windows 2000 的安全性、可靠性和强大的管理功能以及 Windows 98/Me 的即插即用功能、更加便于操作的用户界面等各种先进功能,性能更加稳定。

Windows XP 目前主要有两个版本,即针对家庭用户的 Windows XP Home Edition 和针对商业用户的 Windows XP Professional。这两个版本区别不大,家庭版只是在专业版的基础上减去一些家庭用户用不到的功能和工具。因此对普通用户来说,两个版本学习使用起来丝毫感觉不到差别。本章主要介绍中文 Windows XP Professional,以下简称为 Windows XP。通过本章的学习,读者将掌握 Windows XP 的基本知识及应用。

2.1 Windows XP 基本知识

2.1.1 Windows 操作系统概述

Windows 是美国微软公司推出的系列操作系统的代号,它是目前世界上应用最广泛的操作系统。迄今为止,微软公司已推出了 Windows 3.X、Windows 95、Windows 98、Windows NT、Windows 2000、Windows Me、Windows XP 以及 Windows 7 等多个版本,以适应计算机性能的不断提高。每一个版本都是对前一个版本的更新和完善,都具有比前一个版本更新的特性和更强大的功能。计算机和操作系统不断变化升级的目的,就是为了使计算机更强大,操作更简单。因此,初学者不必担心"我还没有学会 Windows 98"。你可以直接去学 Windows XP 或 Windows 7,它们比 Windows 98 更容易使用。

2.1.2 Windows XP 的启动与退出

1)Windows XP 的启动

启动 Windows XP 的含义是把 Windows XP 的启动程序从硬盘装入常驻内存,把计算机硬件系统和软件系统交给 Windows 控制和管理。

如果计算机已经成功安装了 Windows XP,只需按下主机上电源开关,Windows XP 即可自动启动。如果计算机上同时安装有多个系统,系统将显示一个操作系统选择菜单,用户可以使用键盘上的上、下方向键来选择 Windows XP,然后按"回车键"。系统正常启动后,屏幕上将显示如图 2-1 所示的 Windows XP 的登录画面。

此时,单击相应的用户名图标后,输入与该用户名对应的密码,按"回车键"即可进入 Windows XP 系统,这一过程称为"登录"。

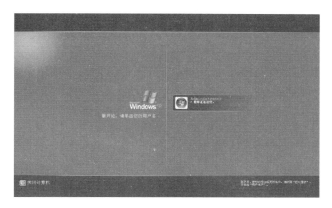

图 2-1 Windows XP 的登录画面

2）注销与切换 Windows XP 用户

Windows XP 在多个用户间共享一台计算机比以前更加容易。每个使用该计算机的用户都可以通过个性化设置和私人文件创建独立的密码保护账户。

单击【开始】按钮，在弹出的开始菜单中选择【注销】命令后，将出现如图 2-2 所示的【注销 Windows】对话框，在该对话框中可选择【切换用户】或者【注销】，执行切换或注销用户操作。

【切换用户】：在不关闭当前登录用户的情况下而切换到另一个用户，用户可以不关闭正在运行的程序，而当再次返回原来的用户时系统会保留原来的状态。

【注销】：保存设置并关闭当前登录用户，用户不必重新启动计算机就可以实现多用户登录。

3）退出 Windows XP

使用完 Windows XP 后，请注意按正确的操作方法将其正常关闭，否则可能会丢失计算机中的某些未保存的文件或正在运行的程序，严重时甚至影响到下一次开机的正常启动。正常关闭 Windows XP 的操作方法是：

①保存所有已打开的文件，关闭所有打开的程序和窗口；

②单击【开始】按钮，在弹出的菜单中选择【关闭计算机】命令，然后在弹出的如图 2-3 所示的【关闭计算机】对话框中可选择【待机】、【关闭】、【重新启动】以执行相应的操作。

图 2-2 "注销 Windows"对话框

图 2-3 Windows XP 关闭对话框

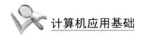

【待机】:选择此项后,当前处于运行状态的数据保存在内存中,机器只对内存供电,而硬盘、屏幕和 CPU 等部件则停止供电,计算机进入低功耗状态。当用户要再次使用计算机时,则因主板而异,有些主板通过移动鼠标或碰触键盘即可弹出登录界面,而有些主板则要轻按电源开关键才能弹出登录界面。用户登录后即恢复到原来的工作状态。

【关闭】:选择此项后,系统将关闭所有的应用程序,保存设置退出,并且会自动关闭电源。用户不再使用计算机时选择该项可以安全关机。

【重新启动】:选择此项后,先关闭系统,然后重新启动计算机。

2.2　Windows XP 的基本操作

2.2.1　鼠标的基本操作

在 Windows 操作系统中,虽然大多数操作仍可以用键盘完成,但是主要使用鼠标来完成各种操作,这是 Windows 操作系统的一大特点。鼠标就像用户在屏幕上的一只手,要熟练使用计算机,就必须先练好这只手。

鼠标控制着屏幕上的一个指针光标( )。当鼠标移动时,指针光标就会随着鼠标的移动在屏幕上移动。鼠标的基本操作有 5 种,可以实现不同的功能。

1)指向

移动鼠标,将鼠标指针停留到某一对象上。一般用于激活对象或显示工具的提示信息。

2)单击

将鼠标指针指向某一对象,然后将鼠标左键按下、松开。用于选择某个对象或某个选项、按钮、菜单命令等。

3)双击

将鼠标指针指向某一对象,然后连续两次按下鼠标的左键,注意两次动作的时间间隔要短。用于启动程序或打开窗口。

4)右击

将鼠标指针指向某一对象,然后将鼠标右键按下、松开。通常用于弹出对象常用命令的快捷菜单。

5)拖动

将鼠标指向某一对象,然后按下鼠标左键不放,并移动鼠标到另一个位置后再释放鼠标左键。一般用于将某个对象从一个位置移动到另一个位置。

要熟练使用鼠标,除掌握正确的操作方法外,准确辨识鼠标指针的形状也非常关键。当用户进行不同的工作或系统处于不同的运行状态时,鼠标指针将会随之变为不同的形状,这一点对于初学者来说,一定要时刻注意和体会。Windows XP 为鼠标形状设置了多种方案,用户可以通过控制面板设置或定义自己喜欢的鼠标图案方案,表 2-1 列出了默认方案中 9 种常见的鼠标形状及它们代表的含义。

常见鼠标指针形状及含义   表 2-1

指 针 形 状	代表的含义
	鼠标指针的基本选择形状
	系统正在执行操作,要求用户等待
	选择帮助的对象
	编辑光标,此时单击鼠标,可以输入文本
	手写状态
	禁用标志,表示当前操作不能执行
	链接选择,此时单击鼠标,将出现进一步的信息
	出现在窗口边框上,此时拖动鼠标可改变窗口大小
	此时可用键盘上的方向键移动对象(窗口)

2.2.2 桌面管理

启动计算机进入 Windows XP 操作系统后,屏幕上显示的操作界面就称之为"桌面"。如图 2-4 所示。桌面就像办公桌一样非常直观,它是用户和计算机进行交流的窗口,Windows XP 的所有操作都可以从桌面开始。

图 2-4　Windows XP 桌面

Windows XP 的桌面上非常简洁,主要包括桌面背景、快捷图标、【开始】按钮和任务栏 4 部分内容。

屏幕上主体部分显示的图像称为桌面背景,它的主要作用是使屏幕看起来美观。用户可以将自己喜欢的图片设置为桌面背景,也可以去掉桌面背景保持简洁的桌面风格。

1)美化 Windows XP 桌面

一个美丽的桌面,不仅可以体现用户的个性,还可以给人以美的享受。在 Windows XP 桌面的空白区域单击鼠标右键,从弹出的快捷菜单中选择【属性】命令,打开【显示 属性】对话框,如图 2-5 所示。在这里,用户可以对系统桌面随心所欲地进行设置和美化。

【显示 属性】对话框中包含五个选项卡:【主题】、【桌面】、【屏幕保护程序】、【外观】和【设

置】,可分别用来设置显示的不同属性。下面重点介绍常用的 3 个标签:【桌面】、【屏幕保护程序】、【设置】。

图 2-5 【显示 属性】之【桌面】选项卡

（1）设置桌面背景

很多用户都不大喜欢 Windows 默认的桌面背景,都希望自己的桌面更漂亮、更有个性。Windows XP 为用户提供了很多漂亮的桌面背景,你可以从中选择一个;如果你对 Windows XP 提供的背景都不满意,还可以使用保存在计算机里的图片,如自己的照片、某个明星的照片或旅游拍摄的风景照等做背景。具体操作步骤如下:

①在桌面任意空白处,右击鼠标,在弹出的快捷菜单中选择【属性】命令,或单击【开始】菜单按钮,选择【控制面板】命令,在弹出的【控制面板】对话框中,双击【显示】图标,打开【显示 属性】对话框,选择【桌面】选项卡,如图 2-5 所示。

②在【背景】列表框中,单击选中某个背景文件的名字,在上方预览窗口中可以看到背景图片的效果。如果你喜欢该背景,请单击【确定】或【应用】按钮。Windows XP 的桌面背景随即变成你刚才选中的图片。

③如果你对 Windows XP 提供的背景都不满意,请单击【桌面】选项卡中的【浏览】按钮,打开如图 2-6 所示【浏览】对话框。

④从"图片收藏"文件夹或其他文件夹中选择想要作为桌面背景的图片文件,单击【打开】,返回【桌面】选项卡。

⑤单击【位置】下拉列表框右边的下拉按钮,选择图片的放置方式,是"居中"、"平铺"还是"拉伸"。"居中"表示在桌面上只显示一幅图片并保持它的原始尺寸大小,处于桌面的正中间;"平铺"表示以这幅图片为单元,一张一张拼接起来平铺到桌面上。"拉伸"表示在桌面上只显示一张图片并将它拉伸成与桌面尺寸一样的大小。

⑥单击【颜色】下拉列表框右边的向下箭头按钮,可以从调色板中选择一种颜色做背景色。

图 2-6 【浏览】对话框

⑦单击【确定】或【应用】按钮，所选择的图片或背景色就成了桌面背景。

（2）设置屏幕保护程序

对于显示器来说，如果在工作过程中屏幕内容长期不变，将会降低显示器的寿命，并可能会造成屏幕的损伤。因此，当人们长时间不用计算机时，应该让计算机显示较暗或活动的画面。屏幕保护程序正是因此而设计的。只要设置了屏幕保护，一旦在指定时间内计算机没有接到指令（键盘或鼠标输入），系统就会启动屏幕保护程序。按键盘上的任何一个键或移动一下鼠标，即可结束屏幕保护程序，屏幕恢复到"屏幕保护"前的桌面状态。

设置屏幕保护程序的步骤如下：

①在【显示 属性】对话框中单击【屏幕保护程序】选项卡，如图 2-7 所示。

②单击【屏幕保护程序】下拉列表的下拉按钮，从中选择一个屏幕保护程序，在该选项卡的显示器中即可看到该屏幕保护程序的显示效果。单击【设置】按钮，可对该屏幕保护程序进行进一步设置。单击【预览】按钮，可预览该屏幕保护程序的全屏显示效果。

③单击【等待】输入框右边的上、下箭头按钮，或直接输入数字，可改变等待时间。等待时间是指系统多久没有接到任何输入指令（键盘或鼠标）自动进入屏幕保护程序的时间。

④单击【确定】或【应用】按钮，屏幕保护设置完成。

（3）调整屏幕分辨率和显示质量

屏幕分辨率是指屏幕的水平和垂直方向最多能显示像素点数，用水平显示的像素数乘以垂直扫描线数来表示。常见的屏幕分辨率有 800×600、1024×768、1280×1024、1400×900等。分辨率越高，在屏幕中显示的内容就越多，所显示的对象就越小；反之，分辨率越低，显示的内容就越少，所显示的对象就越大。显示质量主要是指显示器能显示的颜色质量，有 16 色、256 色、16 位增强色、24 位真彩色、32 位真彩色等。

计算机使用的分辨率越高、色彩越多，对系统和硬件的要求就越高。计算机的显示器和显卡，决定了屏幕上所能显示的颜色位数和最大分辨率，显卡所支持的颜色位数越高，显示的画面质量越好。具体选择何种分辨率和颜色显示模式，主要取决于计算机的硬件配置和用户的工作需求。

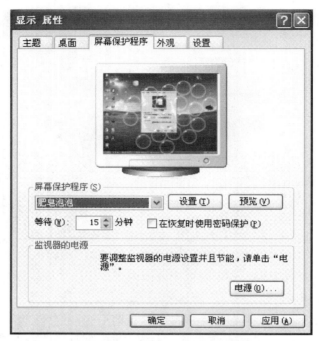

图 2-7 【显示 属性】之【屏幕保护程序】选项卡

调整屏幕分辨率和颜色质量的操作步骤如下：

①在【显示 属性】对话框中单击【设置】选项卡，如图 2-8 所示。

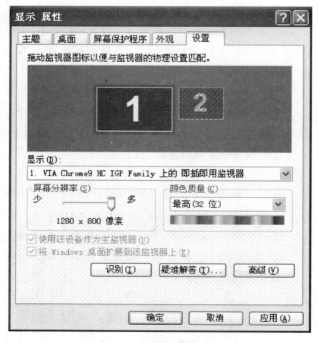

图 2-8 【显示 属性】之【设置】选项卡

②在【屏幕分辨率】选项中,拖动小滑块来调整分辨率。在【颜色质量】下拉列表框中选择颜色位数。

③设置完成后,单击【确定】或【应用】按钮,完成屏幕分辨率和颜色质量的调整。

2)桌面图标

(1)图标说明

桌面上排列的小型图像称为图标。它包含图形、说明文字两部分,图片为它的标示,文字标示它的名称或功能。它的主要作用就是能够快速打开某个文件、文件夹或应用程序。可以将其看作是到达计算机上存储文件和程序的大门。在 Windows XP 中,所有的文件、文件夹都用图标的形式标示。用鼠标双击某个图标,可以打开该图标对应的文件或程序。桌面上常见的图标的功能如下。

①【我的文档】:它是一个文件夹,使用它可存储文档、图片和其他文件(包括保存的 Web页),它是系统默认的文档保存位置,每位登录到该台计算机的用户均拥有各自唯一的【我的文档】文件夹。这样,使用同一台计算机的其他用户就无法访问用户存储在【我的文档】文件夹中的文件。

②【我的电脑】:用于管理计算机中所有的资源。用户通过该图标可以实现对计算机硬盘、文件、文件夹的管理。

③【网上邻居】:用于创建和设置网络连接。通过【网上邻居】可以访问其他计算机上的资源。【网上邻居】顾名思义指的是网络意义上的邻居。一个局域网由许多台计算机相互连接而组成,在这个局域网中每台计算机与其他任意一台联网的计算机之间都可以称为是【网上邻居】。通过【网上邻居】用户可以查看工作组中的计算机、网络位置等。

④【Internet Explorer】:国际互联网浏览器,用于浏览互联网上的信息,通过双击该图标可以访问网络资源。

⑤【回收站】:也是一个文件夹,用于暂时存储已删除的文件、文件夹或 Web 页。

(2)创建桌面快捷图标

快捷图标是对系统各种资源的链接,在桌面上放置一些快捷图标,是用户可以方便、快捷地访问系统资源,这些资源包括程序、文档、文件夹、驱动器等。在 Windows XP 中为了保持桌面整洁,把大量的操作命令都放置在"开始"菜单中,使打开"开始"菜单的层次增多,操作不便。下面以"附件"菜单中的【计算器】命令为例,介绍如何把"开始"菜单中的程序添加到桌面快捷图标。

①单击【开始】菜单按钮,移动鼠标依次移到【所有程序】|【附件】|【计算器】命令上。

②按下鼠标右键,在弹出的快捷菜单中,依次选中【发送到】|【桌面快捷方式】命令,单击鼠标左键,即可在桌面上建立【计算器】的快捷图标。

(3)排列桌面图标

当用户创建了很多桌面图标后,为了保持桌面的整齐,并且能够快速地找到某个桌面图标,可以用鼠标把图标拖放到桌面的任何地方,也可以在桌面上的任意空白区域,单击鼠标右键,在弹出的快捷菜单中,选择【排列图标】命令,弹出如图 2-9 所示的子菜单。桌面上的图标即可按名称、大小、日期、类型、修改时间等进行排列。

①【名称】:按图标名称开头的字母或拼音顺序排列。

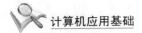

②【大小】:按图标所代表文件大小(字节数)的顺序来排列。

③【类型】:按图标所代表文件的类型来排列。

④【修改时间】:按图标所代表文件的最后一次修改时间来排列。

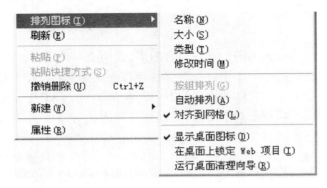

图 2-9 【排列图标】命令

(4)删除桌面图标

当桌面的图标不再使用而需要删除时,用户可在桌面上选中该图标,然后按下键盘上的【Delete】键,或者右击桌面上的图标,从弹出的快捷菜单中选择【删除】命令。此时,系统会弹出如图 2-10 所示的对话框,询问用户是否确实要删除所选内容并移入回收站,单击【是】,删除生效;单击【否】或单击对话框的关闭按钮⊠,此次操作取消。

图 2-10 【确认文件删除】对话框

注意:删除快捷图标,并不意味着删除了该文件或程序,只是删除了某种链接。

3)任务栏

桌面底部的长条区域称为任务栏,它的最左端是【开始】菜单按钮,接着是快速启动栏,最右端是数字时钟等图标,中间大部分区域是窗口按钮栏。Windows XP 任务栏如图 2-11 所示。

图 2-11 Windows XP 任务栏

【开始】菜单:是运行应用程序的入口,提供对常用程序和公用系统区域(例如,我的电脑、控制面板、搜索等)的快速访问。

快速启动栏:是一个文件夹,存放着一些小的图标形式的按钮,单击这些按钮可以快速启动相应的应用程序,一般情况下,它包括【Internet Explorer】、【我的电脑】和【显示桌面】等按钮。

　　窗口按钮栏：用于显示已经打开的窗口或已经启用的应用程序按钮。每启动一个程序或打开一个窗口，任务栏上会出现相应的有立体感的按钮，表明当前程序或窗口正在使用，桌面前台的当前程序窗口，其按钮是向下凹陷的且颜色稍深，当把程序窗口最小化后，按钮则是向上凸起的且颜色稍浅，以方便用户观察。关闭该窗口或程序后，该按钮即消失。当按钮太多而堆集时，Windows XP 会通过合并按钮使任务栏保持整洁。例如，表示独立的多个 Word 文档窗口的按钮将自动组合成一个 Word 文档窗口按钮。单击该按钮可以从组合的菜单中选择所需的 Word 文档窗口。

　　语言栏：用户可通过语言栏选择所需的输入法，单击任务栏上的语言图标"EN"、键盘图标"⌨"或其他输入法的图标，将弹出输入法选择菜单。语言栏可以最小化以按钮的形式在任务栏上显示，也可以独立于任务栏之外。

　　注意：根据操作系统和软件安装与配置的不同，在任务栏上显示的图标也不尽相同，也可以根据自己的喜好设置任务栏。

　　(1)设置任务栏属性

　　默认状态下，任务栏总是显示在屏幕上。这样不但要占用屏幕的一部分区域，有时还会覆盖某些应用程序的部分界面，无法看到完整的信息，因而有时需要改变任务栏的显示属性。

　　改变任务栏显示属性的操作方法是：右击任务栏上任一空白区域，从弹出的快捷菜单选择【属性】命令，弹出如图 2-12 所示的【任务栏和「开始」菜单属性】对话框，在此对话框中可以自定义任务栏外观及通知区域。

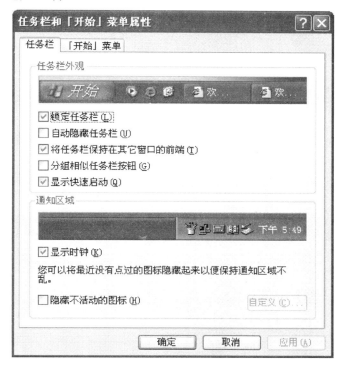

图 2-12　任务栏和「开始」菜单属性

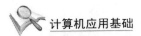

选中【锁定任务栏】复选框,将任务栏锁定在桌面上的当前位置,这样任务栏就不会被移动到其他位置。

选中【自动隐藏任务栏】复选框,当用户把鼠标移动到任务栏以外的区域时,任务栏将自动隐藏,在屏幕的底部看不见任务栏;当用户需要使用任务栏时,把鼠标移动到任务栏原先所在的区域时,任务栏就会重新出现。

选中【分组相似任务栏按钮】复选框,用同一程序打开的文件将显示在任务栏的同一区域中,如果任务栏上的按钮太多太拥挤,按钮的宽度非常窄的时候,同一程序的按钮将会折叠成一个按钮,单击此按钮可以访问所需的文档,右击此按钮从弹出的快捷菜单中选择【关闭组】命令,可以关闭其中所有的文档。

选中【显示快速启动】复选框,在【开始】按钮的右边会出现"快速启动栏",单击其中的某一图标,即可快速启动相应的程序。这是一个可自定义的工具栏,您可以在此添加需要经常使用的程序按钮,当然也可以删除。

注意:用鼠标右键单击快速启动栏的空白处,在弹出的快捷菜单中选择【打开文件夹】,即打开快速启动文件夹,在这里可以方便地增加、删除快速启动按钮。

(2)改变任务栏的位置

默认状态下,任务栏位于桌面的底部,根据用户的需要和喜好,可以把它移动到桌面的顶部、左侧、右侧。在移动时,首先确定任务栏处于"非锁定"状态,然后在任务栏上的空白部分按下鼠标左键,将鼠标指针拖动到桌面上要放置任务栏的位置后,释放鼠标即可。

(3)改变任务栏的大小

当用户启动的应用程序很多或打开的文件夹很多时,任务栏上每个窗口的最小化按钮图标就会变得很窄,无法看到其完整的名字,从而无法准确地找到需要打开的窗口。虽然 Windows XP 采用"任务栏按钮分组"功能,使相似功能的按钮分组排列在任务栏中,使每个功能按钮都能显示完整的名字,但是却无法同时显示多个所有的按钮。用户可以通过改变任务栏的大小,加宽任务栏,是所有的按钮都平铺显示在任务栏中,这样用户可以一目了然地找到想要打开的窗口按钮。

要改变任务栏的大小,首先也要确定任务栏处于非锁定状态,然后将鼠标指针悬停在任务栏的边缘或任务栏上的某一工具栏的边缘,当显示鼠标指针变为双箭头形状时,按下鼠标左键不放并拖动到合适位置后,释放鼠标按钮,完成改变任务栏大小的操作。

4)【开始】菜单

桌面的左下角有一个【开始】按钮。它是整个桌面的核心,Windows XP 对计算机的所有管理功能都可以通过这个按钮里包含的各种程序来实现,比如快速查找所需的文件或文件夹、注销用户和关闭计算机等。

(1)改变【开始】菜单风格

在桌面上单击【开始】按钮，或者在键盘上按下 Windows 徽标键，可以打开【开始】菜单,Windows XP 提供了两种开始菜单界面供用户选择,一种是默认的开始菜单,如图2-13所示;另一种是经典开始菜单,如图 2-14 所示。

这两种开始菜单的切换可以通过【任务栏和「开始」菜单属性】对话框来设置。具体操作如下:

图 2-13 默认【开始】菜单

图 2-14 经典【开始】菜单

用鼠标右键单击任务栏上的空白处或【开始】,在弹出的快捷菜单中选择【属性】命令,打开【任务栏和「开始」菜单属性】对话框,如图 2-11 所示。在【「开始」菜单】选项卡中可以单击【「开始」菜单】或【经典「开始」菜单】来切换不同的菜单显示风格。

单击【经典「开始」菜单】选项后面的【自定义】按钮,弹出【自定义经典「开始」菜单】对话框,如图 2-15 所示。您还可以对经典模式菜单中的程序项目进行添加、删除和重新排列等操作,以便使【开始】菜单更符合日常工作需要和操作习惯。

同样,如果您想设计属于自己的、富有个性的默认【开始】菜单,请选择【「开始」菜单】选项,然后单击其后面的【自定义】按钮,屏幕上弹出【自定义「开始」菜单】对话框,如图 2-16 所示。您可以在【常规】和【高级】两个选项卡中进行相关的设置和操作,以满足工作的需要和操作习惯。相关操作请参看有关资料。

（2）开始菜单说明

下面对 Windows XP 默认开始菜单加以说明,对经典开始菜单不再赘述。如图 2-13 是 Windows XP 的默认【开始】菜单,此菜单大致可以分为四部分:

【开始】菜单顶端是用户账户的名称,表明当前使用者的身份,由一张小图片和登录的用户名称组成,用户名取决于登录的用户,图标可以通过【控制面板】|【用户账户】命令更改。

【开始】菜单左侧包含的是程序列表,该列表分为两个部分:顶部的"固定列表"和底部的"最常用程序列表",这两部分由一条直线分隔。

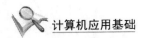

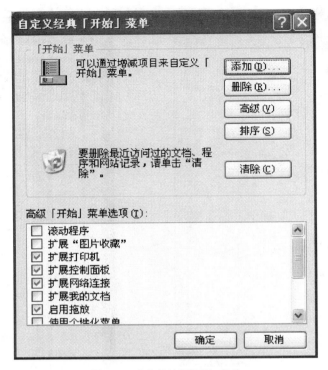

图 2-15　自定义经典「开始」菜单

图 2-16　【自定义「开始」菜单】对话框

"固定列表"列出用户常用程序项,只要用户不有意改动它,里面的程序项目是固定不变的。一般默认的程序项为浏览器和电子邮件程序。用户若要在此列表中添加某程序项,可以用鼠标右键单击该程序的图标(在桌面上,在快速启动栏中,在「开始」菜单的任何位置),在弹出的快捷菜单中选择【附加到「开始」菜单】命令,即将该程序项添加到固定列表中;若要删除某程序项,只需在该列表中用鼠标右键单击该程序项,在弹出的快捷菜单中选择【从列表中删除】命令,即可以从固定列表中清除该程序项。

"最常用程序列表"跟踪程序使用的频率,并按最常用到最少使用的顺序显示这些程序,因而这里面的程序项目是经常变动的。在列表中用鼠标右键单击某程序项,在弹出的快捷菜单中单击【从列表中删除】,可将该程序项从此列表中删除,但是用户不能手动排列此列表中项目的顺序。该列表中可以列出的程序项目数用户可以根据自己的需要,在图 2-16 所示的【自定义「开始」菜单】对话框中设置。

最常用程序列表的底部是"所有程序"菜单,该菜单显示计算机系统中安装的全部应用程序。有些应用程序选项右边有一个三角形标记,如"附件",将鼠标指针指向这类选项时,会自动弹出下一级菜单,称之为级联菜单或级联子菜单,如图 2-17 所示。

图 2-17　级联菜单

【开始】菜单右侧显示了指向的特定文件夹的相关命令,例如【我的文档】、【图片收藏】、【我的音乐】、【我的电脑】、【搜索】、【控制面板】等。通过这些命令用户可以实现对计算机的操作与管理。

在【开始】菜单最下方是计算机控制菜单区域,包括【注销】和【关闭计算机】两个命令,利用这两个命令用户可以进行注销用户和关闭计算机的操作。

表 2-2 列出了【开始】菜单中各命令项的功能。

【开始】菜单中各命令项的功能　　　　　　　　　　　　　　　表 2-2

菜单项命令	功　　能
我的文档	用于存储和打开文本文件、表格、演示文档以及其他类型的文档
我最近的文档	列出最近打开过的文件列表,单击该列表中某个文件可将其打开

续上表

菜单项命令	功　能
图片收藏	用于存储和查看数字图片及图形文件
我的音乐	用于存储和播放音乐及其他音频文件
我的电脑	用于访问磁盘驱动器、照相机、打印机、扫描仪及其他连接到计算机的硬件
网上邻居	提供其他计算机上的文件夹和文件的访问权限和有关信息
控制面板	用于自定义计算机的外观和功能、添加或删除程序、设置网络连接和管理用户账户等
设定程序访问和默认值	用于制定某些动作的默认程序，诸如制定 Web 浏览、编辑图片、发送电子邮件、播放音乐和视频等活动所使用的默认程序
网络连接	用于连接到其他计算机、网络和 Internet
打印机和传真	显示安装的打印机和打印传真机，并帮助您添加新的打印机
帮助和支持	用于浏览和搜索有关使用 Windows 和计算机的帮助主题
搜索	用于使用高级选项功能搜索计算机
运行	用于运行程序或打开文件夹

2.2.3 窗口及其操作

Windows 的中文含义为"窗口"，Windows 操作系统正是以窗口的形式囊括了形形色色的功能。无论是 Windows 操作系统本身自带的应用小程序，例如"写字板"、"画图"等，还是当今流行的各种应用软件，无不以窗口的形式展现在用户面前，提供用户一个与计算机交互式操作的图形化界面。用户在窗口中几乎可以进行任何操作，以完成各种任务，如管理计算机资源，创建、编辑、保存文件等，对窗口本身也可以进行打开、关闭、移动等操作。

1）窗口的组成

在 Windows XP 中，所有系统窗口及在窗口环境下运行的应用程序外观基本一致，包括边框、标题栏、控制菜单图标、菜单栏、工具栏、地址栏、工作区域等。下面以【我的电脑】窗口为例介绍窗口，如图 2-18 所示。

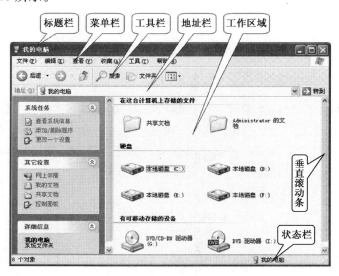

图 2-18 【我的电脑】窗口组成示例

（1）标题栏

即窗口顶部的水平长条。最左边是控制菜单图标,单击该图标可以打开系统控制菜单,系统控制菜单中一般包括窗口移动、调整窗口大小,并可执行关闭窗口的操作。控制菜单右边是标题,用于显示当前窗口的名称,如"我的电脑"。标题栏右边有 3 个按钮,分别是【最小化】、【最大化】(或【还原】)和【关闭】按钮。

（2）菜单栏

即窗口标题栏下面紧挨着的就是菜单栏,一般包括【文件】菜单、【编辑】菜单、【帮助】菜单等。单击选择某个菜单后会弹出下拉式菜单。利用菜单栏,可以很方便地选择各种命令,进行各项操作。

（3）工具栏

即菜单栏下面的含有快捷工具按钮的长条栏。可以根据需要将常用的工具栏显示在窗口中,用户在使用时可直接从上面选择各种工具按钮完成与菜单命令一样的操作。窗口中的工具栏不需要显示时,可以单击【查看】|【工具栏】,在弹出的级联菜单中将不需要显示的工具栏取消;当然也可以用同样的方法增加工具栏。

（4）地址栏

即工具栏下面的长条栏。使用地址栏无需关闭当前文件夹窗口就能导航到不同的文件夹,还可以运行指定程序或打开指定文件。

（5）工作区域

即窗口内部区域成为工作区域或工作空间。在【我的电脑】窗口中,工作区被分成了两部分,左半部分为常用任务列表、其他位置、详细信息等,右半部分内容为显示区,用于显示驱动器、文件夹、文件有关信息等。

（6）滚动条

即当窗口工作区容纳不下要显示的所有内容时,工作区的右侧或底部就会出现滚动条,分别被称为垂直滚动条和水平滚动条。每个滚动条两端都有滚动箭头,两个箭头之间有一个滚动快。

（7）状态栏

即状态栏位于窗口的底部,用来显示当前工作区内的基本信息或操作状态信息。

2）窗口的基本操作

窗口的基本操作主要包括移动窗口、改变窗口大小、切换窗口以及最大化、最小化、还原和关闭窗口。下面介绍具体的操作方法。

（1）打开窗口

当需要打开一个窗口时,可以通过下面两种方式实现。

①选中要打开的窗口图标并双击。

②在选中的图标上右击,在弹出的快捷菜单中选择【打开】命令。

（2）移动窗口

用户在打开一个窗口后,可以通过鼠标来移动窗口,也可以通过鼠标和键盘的配合来移动窗口,条件是窗口处于非最大化状态(窗口没有撑满整个屏幕)。

①将鼠标指向标题栏,按下鼠标左键不放,拖动窗口到目标位置,松开鼠标按钮即可。

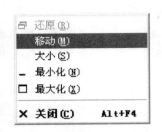

图 2-19 【控制菜单】和标题栏快捷菜单命令

②单击【控制菜单】按钮或在标题栏上右击,在弹出的菜单中选择【移动】命令,如图 2-19 所示,鼠标指针随即改变为四个箭头的形状✛,此时按下键盘的上、下、左、右光标移动键可移动窗口位置,按"回车"键结束。应用此方法可以精确地移动窗口。

注意:当窗口处于最大化状态时,不能进行移动的操作。

(3)改变窗口大小

窗口不但可以移动到桌面上的任何位置,而且还可以改变其大小,将其调整到合适的尺寸,条件仍然是窗口处于非最大化状态。

①将鼠标移到窗口的边框或窗口的边角,当鼠标指针变成双向箭头↕、↔、↗、↘时,按住鼠标左键,拖动鼠标,即可改变窗口大小。

②单击【控制菜单】按钮或在标题栏上右击,在弹出的菜单中选择【大小】命令,如图 2-18 所示。鼠标指针随即改变为四个箭头的形状✛,此时按键盘的上、下、左、右光标移动键可调整窗口大小,按"回车"键结束。应用此方法可以精确改变窗口的大小。

注意:当窗口处于最大化状态时,不能进行改变大小的操作。

(4)最小化、最大化、还原窗口

在窗口标题栏的右端有 3 个按钮,分别是【最小化】、【最大化】(或【还原】)、【关闭】按钮,它们各自的作用如下:

【最小化】:单击最小化按钮▬,窗口将缩小为任务栏上的图标按钮。若要将最小化的窗口还原成原来的大小,单击它在任务栏上的按钮即可。

【最大化】:单击最大化按钮▣,窗口将以全屏方式显示。同时,最大化按钮变成还原按钮。

【还原】:最大化窗口以后,单击还原按钮▣,可将窗口还原为原来的大小。

注意:最大化和还原窗口之间的切换还可以通过双击标题栏来实现。

单击快速启动栏上的显示桌面按钮▣,可以最小化所有打开的窗口及对话框,屏幕显示为桌面。

(5)关闭窗口

用户完成对窗口的操作后可以通过下面几种方法关闭窗口。

①直接在标题栏单击关闭按钮▣。

②右击窗口在任务栏上的按钮或右击窗口的标题栏或单击【控制菜单】按钮,在弹出的快捷菜单中选择【关闭】命令,如图 2-19 所示。

③双击【控制菜单】按钮。

④同时按下键盘上的〈Alt+F4〉组合键。

(6)切换窗口

多窗口操作是 Windows XP 的一个重要特性,系统允许用户同时打开多个窗口,并可以在多个窗口之间进行切换。但是在同一时刻只能有一个窗口处于激活状态,该窗口称为活动窗口(或当前窗口),其标题栏以深色背景显示,并且置于其他窗口之上。在多个窗口之间进行切换,可以用鼠标进行操作也可以用键盘进行操作。

用鼠标切换窗口可用下面两种方法:

①用鼠标单击任务栏上该窗口的图标按钮。

②直接单击想要激活窗口的任意位置。

用键盘切换窗口的方法如下:

①先按住 Alt 键后,按下 Tab 键将出现如图 2-20 所示的窗口,此时再反复按下 Tab 键,可将墨绿色的方框移动到想要打开的窗口图标上,松开 Alt 键后,选择的窗口就会立即弹出。

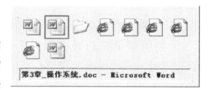

图 2-20 窗口切换对话框

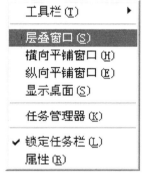

图 2-21 任务栏快捷菜单

②先按住 Alt 键后,反复按下 Esc 键来选择所要打开的窗口,但是它只能改变激活窗口的顺序,不能使最小化窗口放大,故多用于切换已打开的窗口。

(7)排列窗口

对打开的多个窗口,需要全部进行显示时,就涉及窗口的排列问题。Windows XP 中提供了 3 种排列的方式,分别是层叠窗口、横向平铺窗口和纵向平铺窗口。

窗口排列按以下步骤操作:右击任务栏的空白区域,弹出任务栏快捷菜单,如图 2-21 所示。在该快捷菜单上选择【层叠窗口】、【横向平铺窗口】或【纵向平铺窗口】即可。

2.2.4 菜单及其操作

1)菜单的分类

菜单是操作系统或应用软件所提供的操作功能的一种最主要的表现形式。在 Windows 操作系统中,常用的菜单有【开始】菜单、控制菜单、快捷菜单和命令菜单 4 种类型。

①【开始】菜单:桌面左下角有一个【开始】按钮,单击该按钮可以弹出【开始】菜单,该菜单包括 Windows 系统的大部分应用程序。

②控制菜单:是指单击窗口最左上角的控制按钮后弹出的菜单,它提供了还原、移动、大小、最大化、最小化、关闭窗口等功能。每个窗口都有一个控制菜单。

③快捷菜单:是指用鼠标右键单击某一对象(如图标、按钮、桌面等)或区域等而弹出的菜单。快捷菜单中的功能都是与当前操作对象密切相关的,其功能与当前操作状态和位置有关。

④命令菜单:是指窗口菜单栏下的各个功能项组成的菜单,如【文件】、【编辑】、【帮助】等。Windows 系统的每个窗口均有菜单栏,它几乎包括了该应用程序的所有功能。单击菜单栏中的某菜单将会弹出一个下拉式菜单,一个下拉菜单含有多个相关操作的菜单命令。

2)菜单的基本操作

对于 Windows 系统及应用程序所提供的各种菜单,不管是控制菜单、快捷菜单或命令菜单,用户都可使用鼠标或键盘对其进行相应的操作。鼠标操作具有灵活、简单、方便,基本不用

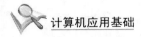

记忆的特点,建议尽量使用鼠标进行操作。

(1)打开菜单

鼠标进行操作时,单击【开始】按钮可打开【开始】菜单;单击窗口左上角的控制图标可打开【控制菜单】;用鼠标右键单击某一对象可打开快捷菜单;单击菜单栏上的各个菜单名可打开命令菜单。

对于窗口中的菜单,也可以使用键盘进行操作,方法如下:

①使用菜单栏打开菜单栏中的菜单方法是:通过按〈Alt＋字母〉(菜单名中带下划线的字母)组合键。例如,在菜单名【编辑(E)】中,带下划线的字母是 E,这时通过〈Alt＋E〉组合键可以打开【编辑】菜单,如图 2-22 所示。

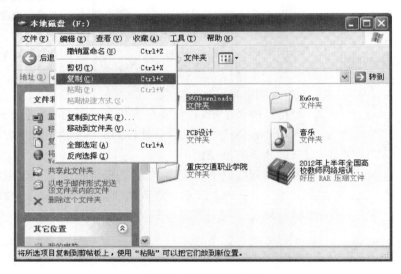

图 2-22 【编辑】下拉菜单

②打开下拉菜单后,直接通过带下划线的字母可操作相应的功能。例如菜单命令【复制(C)】中带下划线的字母是 C,因此,在打开【编辑】菜单状态下,按"C"键即可选择【复制】命令,完成所选择对象复制到剪贴板的操作。

③打开菜单后,通过键盘上的方向键【↑】和【↓】来上下移动菜单命令上的深色亮条,当选定所需的菜单命令后,按【Enter】键实现操作。

④当菜单命令旁有组合键(快捷键)提示时,若记住后,可以不需要打开菜单,直接通过组合键可实现相应的操作。例如【复制(C)】菜单命令的快捷键是〈Ctrl＋C〉,因此,通过〈Ctrl＋C〉组合键即可完成复制命令的操作。

(2)取消菜单

如果打开一个菜单后,又不想操作,可以单击该菜单以外的任何位置或按 ESC 键,即可取消该菜单,重新进行其他的操作。如果打开一个菜单后,想取消此菜单并想打开另一个菜单,只需把鼠标指向菜单栏的另一菜单名即可。

(3)菜单的有关约定

不管是 Windows 系统窗口菜单,还是应用程序窗口菜单,其各个功能项的表示有一些特定的含义。

①右端带省略号(…),表示执行该菜单命令后,将弹出一个对话框,要求用户输入某种信息或改变某种设置,如图2-23 中的菜单项。

②右端带箭头(▶),表示该菜单项还有下一级菜单,当鼠标指向该选项时,就会自动弹出下一级子菜单,如图 2-24 所示的菜单项【排列图标】。

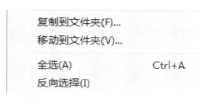

图 2-23　菜单示例之一

③呈灰色显示的菜单,表示该菜单项目前不能使用,原因是执行这个菜单项的条件不够,如图 2-25 中的菜单项【剪切】、【复制】、【粘贴】等命令此时均处于不可用状态。

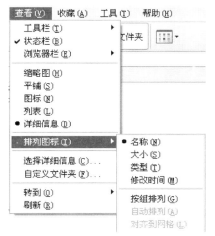

图 2-24　菜单示例之二

图 2-25　菜单示例之三

④左侧带选中标记的菜单项是以选中和去掉选中进行切换的。Windows XP 中选中标记常见的有✓或 ⚫。✓的作用像开关,有✓时表示该项正在起作用,无✓时表示不起作用,如图 2-24 中的菜单项【状态栏】。⚫指一组菜单命令中,它们之间的功能是互斥的,只能执行一种操作,只有带⚫的命令是当前有效的。如图 2-24 所示【排列图标】的级联菜单中有【名称】、【大小】、【类型】、【修改时间】4 个命令,只能选择一个命令并使之有效,原来选择的排列方式就失效,此时对排列起作用的是【名称】。

⑤名字后面的字母和组合键。紧跟菜单名后的括号中的单个字母是当菜单被打开时,可通过键盘键入该字母执行该菜单命令的操作。菜单后面的组合键是在菜单没有打开时执行该菜单命令操作的快捷键。

(4)工具栏的使用

在 Windows 系统中,大多数应用程序都提供有丰富的工具栏。工具栏是菜单中相应命令的快捷图标按钮,使用时只需单击工具栏上的命令按钮即可执行相关的命令。

当用户不知道工具栏上某按钮的功能时,可用鼠标指针指向该按钮,停留片刻则自动显示其功能名称。如果某个按钮是一个分割按钮,如“U ▾”。单击该按钮的主要部分会执行一个命令,而单击“U”右侧的下拉按钮则会打开一个有更多选项的菜单。

如果要改变工具栏的位置,将鼠标指针指向工具栏最左端突出的竖线位置或者其标题栏

（一般悬浮在工作区的工具栏才会出现标题栏），当鼠标指针变为十字移动箭头形状【✛】时，按住左键不放拖动到目的位置，释放鼠标即可。

2.2.5　对话框及其操作

1）对话框介绍

对话框，顾名思义，主要用于人与计算机系统之间的对话。例如，如果你想打开一个文件，就必须通过对话框"告诉"计算机你想打开哪个文件；如果你想改变一下任务栏的显示模式，也必须通过对话框"告诉"计算机，你希望任务栏是"自动隐藏"还是"总在前面"等。在 Windows 系统中，对话框的形态有很多种，复杂程度也各不相同，下面以【文件夹选项】对话框为例进行说明。

双击桌面上【我的电脑】打开【我的电脑】窗口，单击下拉菜单【工具】|【文件夹选项】，如图 2-26 所示。打开【文件夹选项】对话框，如图 2-27 所示。

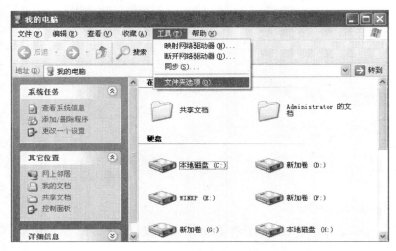

图 2-26　【我的电脑】窗口

从图 2-26【我的电脑】窗口和图 2-27【文件夹选项】对话框可以看出，对话框与窗口有些类似，顶部为标题栏。但对话框中没有菜单栏，对话框的大小也是固定的，不能像窗口那样随意缩放。对话框的主要组成元素有：

（1）标题栏

标题栏在对话框的顶部，其左端是对话框的名称，右端一般是关闭按钮和帮助按钮。

（2）选项卡

当两组以上功能的对话框合并在一起形成一个多功能对话框时就会出现选项卡（也叫"标签"）。如图 2-27 所示的对话框，有四个选项卡【常规】、【查看】、【文件类型】、【脱机文件】，单击选项卡名可进行选项卡的切换。

（3）命令按钮

命令按钮常用来确定输入项或打开一个辅助的对话框，常见的命令按钮有：

①【确定】：确认对话框中的设置并关闭对话框。

②【取消】：取消用户当前在对话框中对设置的更改并关闭对话框。

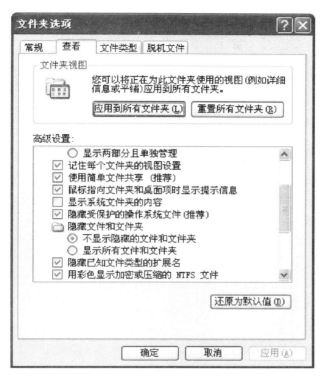

图 2-27　【文件夹选项】对话框

③【应用】：使对话框中的设置生效。视不同的对话框，可能关闭或不关闭。

（4）列表框

列出当前状态下的相关内容供用户查看并选择，当有显示不完的内容时，用户可通过滚动条或下拉箭头（按钮）在列表框中查看列表内容，然后选择需要的项目。

（5）复选框

复选框是一个正方形的框□，一个或多个同时出现。可以选中其中的一个或同时选中多个，也可以一个都不选。当复选框中出现标记☑时，表示该选项将被使用；标记为□，表示该选项将不起作用。

（6）单选框

单选框是圆形图框○，通常以成组的形式出现，各选项之间互斥，在一组单选框中，每次只能选中其中的一个，且必须选择一个，选中的单选框为◉。

（7）文本框

用于输入或选择当前操作所需的文本信息。在文本框中单击鼠标左键后，出现编辑光标【|】，此时可以直接从键盘输入内容。

2）对话框的移动和关闭

这两个操作与窗口对应的操作一样，用鼠标左键单击标题栏，并拖动鼠标即可将对话框移动到屏幕的任何地方；单击标题栏右上端的关闭按钮⊠，就可关闭对话框。如果你想保存本次对话框中的输入和修改，请单击【确定】按钮退出对话框；否则，请单击【取消】按钮退出对话框。

2.3　文件资源管理

计算机系统中的大部分数据都是以文件的形式存储在磁盘上,操作系统的主要功能之一就是帮助用户管理好自己的数据文件。使用 Windows XP 的【资源管理器】和【我的电脑】,用户能够很方便地对文件资源进行管理。

2.3.1　文件、文件夹及文件存储的基本概念

1)文件和文件夹

文件是操作系统存取磁盘信息的基本单位。一个文件是一组相关信息的集合,文件中可以存放文本、图像和数据等信息。每个文件都有一个唯一的名字,称为文件名,操作系统正是通过文件名对文件进行管理。

文件夹又称目录,主要用于对计算机系统中的文件进行分类和汇总,以便更有效的管理。文件夹中还可以包含文件和文件夹,用户可以把同类的文件放置在同一个文件夹中,再把同类的文件夹放置在一个更大的文件夹中。就像我们日常生活中的纸质文件管理一样,通过不同的文件夹对文件进行分类和汇总。

2)文件和文件夹的命名规则

文件的名称包括主文件名和扩展名两部分。主文件名可以使用英文或汉字,扩展名表示这个文件的类型。命名应该通俗易懂,即通常我们所说的"顾名思义",同时必须遵守以下规则:

①文件名的格式:主文件名.［扩展名］。

②文件允许使用长文件名,最多可以包含 255 个字符。

③文件名可以使用中文、数字、英文字母、空格等字符;操作系统一般不区分大小写英文字母,如 AA. TXT 和 aa. txt 是同一个文件名。

④文件名中不能包含下列字符之一:\/: * ?"<>|。

⑤文件的扩展名常用来标识文件的类型。扩展名与主文件名之间用"."分隔。文件名中可使用多个间隔符,即文件名中允许出现多个".",最后一个"."后的字符为文件的扩展名。

⑥当搜索文件时,可以使用通配符" * "或"?"。" * "匹配任意长度的任意字符,"?"匹配一个任意字符。如查找文件名为"YY * "的文件,系统将搜索所有文件名以"YY"开头的文件;如查找文件名为"YY?"的文件,系统将搜索以"YY"开头,并且只有 3 个字母的文件。

⑦同一文件夹内的文件名不能相同,不同文件夹内的文件名可以相同。

文件夹一般没有扩展名,其命名规则和文件名的命名规则一样。

3)文件类型

文件的扩展名一般可用来表示文件的类型,不同类型的文件其扩展名一般也不相同。Windows XP 文件一般分为程序文件与数据文件。程序文件是由操作系统负责解释执行的文件,数据文件则包含了文本、图形、图像与数值等数据信息。

(1)程序文件

由可执行的代码组成。如果查看程序文件,用户只能看到一些无法识别的怪字符。程序文件的扩展名一般为 com 和 exe,双击这些程序文件名,大部分情况下即可启动或执行相应的

程序。

（2）文本文件

通常由汉字、字母和数字组成。一般情况下，其扩展名为 txt。值得注意的是，有的文件虽然不是文本文件，但是可以用文本编辑器进行编辑。

（3）图像文件

通常由图片信息组成。图像文件的格式有很多种，不同格式的图像文件其扩展名不同，比较常见的有 bmp、jpg、gif、tif 等。一般，Windows XP 中的画图应用程序创建的图像文件是位图文件，扩展名是 bmp。

（4）多媒体文件

主要指数字形式的声音和影像文件。多媒体文件还可以细分成很多类型，不同类型的多媒体文件，其扩展名不同，如 wav、cda、mid、avi、mpg 等等。

（5）字体文件

Windows XP 中有各种不同的字体，其文件各自存放在 Windows 文件夹下的 FONTS 文件夹中。如 tif 表示 TrueType 字体文件，fon 则表示位图字体文件。

（6）数据文件

一般包含有数字、名字、地址和其他由数据库和电子表格等程序创建的信息。由不同应用程序创建的数据文件，其扩展名不同，如 mdb、dbf、xls 等。

综上所述，可以发现文件的扩展名可以帮助用户识别文件的类型，也可以帮助计算机将文件分类，并标识这一类扩展名的文件用什么程序去打开。

值得注意的是，大多数文件在存储时，应用程序会自动给文件加上默认的扩展名。当然，用户也可以特定指出文件的扩展名。为了帮助用户更好地辨认文件的类型，表 2-3 中列出了 Windows XP 中常用的文件扩展名。

Windows XP 中常用的文件扩展名　　　　　　　　　　　　表 2-3

扩 展 名	文 件 类 型	扩 展 名	文 件 类 型
avi	影像文件	mp3（mid、wav）	不同压缩方式的声音文件
bak	备份文件	tif	一种常用的扫描图形格式文件
bmp	位图文件	txt	文本文件
doc	Word 文档文件	xls	Excel 的电子表格文件
dot	Word 模板文件	ppt	PowerPoint 文档文件
gif	一种图形或动画压缩格式文件，可用于 Web 页中	pot	PowerPoint 模板文件
hlp	Windows 的帮助文件	mdb	Access 数据库文件
htm（html）	静态 Web 页格式文件	com/exe	可执行程序文件
jpg	一种常用的图形文件		

注意：

①文件扩展名并非是一个文件的必要构成部分。任何一个文件可以有或没有扩展名。对

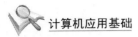

于打开文件操作,没有扩展名的文件需要选择程序去打开它,有扩展名的文件会自动用设置好的程序(如有)去尝试打开,文件扩展名是一个常规文件名的组成部分,但一个文件的文件名可以没有扩展名。

②文件扩展名也可以与该文件的类型无关。文件扩展名可以人为设定,扩展名为 txt 的文件有可能是一张图片,同样,扩展名为 mp3 的文件,依然可能是一个视频。

4)文件的存储结构

在 Windows 操作系统中,文件的存储结构采用的都是层级结构。Windows XP 的文件存储结构由五层组成。

(1)文件

文件存储结构的最底层。文件最初是在内存中建立的,然后按用户指定的文件名存储到硬盘(或其他外存储器)上。每个文件在硬盘上都有其固定的位置,我们称之为文件的路径,也就是指引系统找到指定文件所要走的路线。路径包括存储文件的驱动器、文件夹或多层子文件夹,中间由路径分隔符"\"分隔,格式为:

〈盘符〉\〈文件夹 1〉\〈文件夹 2〉\〈…〉\文件名. 扩展名

例如"C:\Program Files\Microsoft Office\Winword. exe"就是文件 Winword. exe 的路径,即该文件的完整标识。

(2)文件夹

用来管理文件。文件夹可以嵌套,也就是说文件夹内还可以再包含文件夹。只要存储空间不受限制,一个文件夹中可以放置任意多个文件。一个逻辑驱动器,格式化后,即可以存放文件,此时文件存放的位置称为根目录或根文件夹,是最上层的文件夹,但放置的文件个数根据文件系统的不同,一般都有限制,如常见的存储卡采用的 FAT 文件系统的根目录最多能存放 254 个文件。

(3)驱动器

用来管理文件及文件夹。驱动器一般用后面带有冒号(:)的大写字母标识。在计算机中有多个外部存储器,如 U 盘、硬盘、光盘等,分别用 C:、D:、E:……等字母进行标识。由于历史的原因,硬盘、光盘和 U 盘的标识从 C:开始,可以是 C:、D:、E:、F:等,光盘驱动器通常是最末的一个标号,U 盘在插入后分配一个当前可用的字母标识。

(4)与驱动器并列的有"控制面板"、"共享文档"和用户的个人文件夹

"共享文档"文件夹中包含"共享图片"和"共享音乐"文件夹,用于放置同一台计算机上其他用户共享的图片和音乐。Windows XP 为计算机的每一个用户创建一个个人文件夹,通常采用用户名来标示。

(5)我的电脑

包含所有的驱动器、"控制面板"、共享文档和所有用户的个人文档。与"我的电脑"并列的有"网上邻居",用来管理网络上其他计算机中共享的文件资源;回收站,用来管理从本机和网络上其他计算机中删除的文件资源;"我的文档"即为当前用户的个人文件夹。

(6)资源管理器

是计算机资源管理的最高层。它包含了计算机中所有的存储资源,如我的电脑、网上邻居、回收站等。如图 2-28 所示,是 Windows 资源管理器窗口,窗口的左侧我们可以看到其目录层次结构。

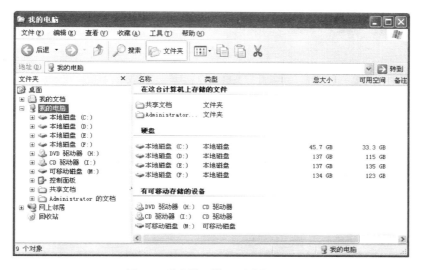

图 2-28　资源管理器——"我的电脑"

2.3.2　资源管理器

　　上面提到,资源管理器是 Windows XP 资源管理的最高层,主要负责系统文件资源管理,用于显示计算机上的文件、文件夹和驱动器的分层结构,同时显示了映射到计算机上的驱动器标识的所有网络驱动器名称。使用 Windows 资源管理器,可以快速便捷地复制、移动、重新命名以及搜索文件和文件夹。其功能十分类似于"我的电脑",区别之处在于它的窗口左侧是"文件夹"窗格,该窗格中以目录树的形式显示了计算机中的所有资源项目,并在右窗格中显示所选项目的详细内容,这样用户就可免去在多个窗口之间来回切换。

　　1)资源管理器的启动

　　可用下面两种方法启动资源管理器:

　　①依次单击【开始】|【所有程序】|【附件】|【Windows 资源管理器】。

　　②用鼠标右键单击任务栏的【开始】按钮、【我的电脑】或任何一个文件夹,在弹出的快捷菜单中选择【资源管理器】。

　　注意:用不同方法打开的资源管理器窗口,其右侧窗格中显示的当前内容是不一样的。例如,在"我的电脑"上打开的资源管理器窗口,打开之后显示的当前内容是"我的电脑"里的内容,如图 2-28 所示;在"我的文档"上打开的资源管理器窗口,打开之后显示的当前内容是"我的文档"里的内容,如图 2-29 所示。

　　【资源管理器】窗口是一个普通的应用程序窗口,它除了有一般窗口的通用组件外,还将窗口工作区分成以下两个部分:左窗格显示为系统的树状结构,表示计算机资源的结构组织,从"桌面"图标开始,计算机所有的资源都组织在其下,例如"我的电脑"、"我的文档"、"Internet Explorer"、"网上邻居"和"回收站"等;右窗格用于显示左窗格中选定的对象所包含的内容。左窗格和右窗格之间有一分隔条。整个窗口底部为状态栏。

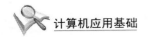

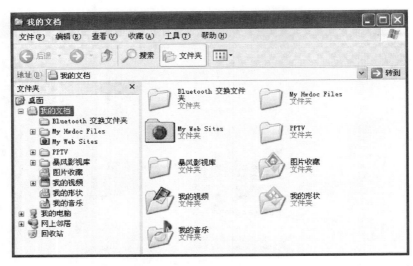

图 2-29　资源管理器——"我的文档"

2)资源管理器的窗口功能

（1）工具栏

工具栏里包含了一些标准按钮，通过单击这些按钮可以完成一些常用的功能。虽然也可以通过选择相应的菜单命令来完成这些功能，但大多数用户往往更倾向于使用工具按钮。标准按钮的功能如表 2-4 所示。

标准按钮的功能　　　　　　　　　　　　　　　　　　　　　　　表 2-4

按 钮 名 称	功　　　能
后退	可返回前一操作的位置
前进	相对后退而言，返回后退操作前的位置
向上	将当前的位置设定到上一级文件夹中
搜索	打开"搜索助理"工具栏，用于搜索文件和文件夹等
文件夹	用于显示或关闭左窗格的文件夹树
查看	决定右窗格的显示方式。显示方式为缩略图、平铺、幻灯片、图标、列表和详细资料六种方式之一

（2）移动分隔条

移动分隔条可以改变左、右窗格的大小，操作方法是把鼠标指针移动到分隔条上，当指针形状变成左右箭头"↔"的时候，按下鼠标左键，拖动分隔条到合适的位置，释放鼠标左键即可。

（3）浏览文件夹中的内容

当在左窗格中选定一个文件夹时，右窗格中就显示该文件夹中所包含的文件和子文件夹，如果一个文件夹包含有下一层子文件夹，则在左窗格中该文件夹的左边有一个方框，其中包含一个加号"＋"或一个减号"－"。

单击文件夹左边"＋"号时，就会展开该文件夹，并且"＋"号变成"－"号，表明该文件夹已经展开，单击"－"号，可折叠已展开的内容，并将"－"号变成"＋"号。也可以使用双击文件夹图标或文件夹名，展开或折叠一层文件夹。

（4）文件和文件夹的显示方式

在默认设置下，Windows XP 不会显示哪些已知文件类型的文件扩展名，而是用不同的图标表示其文件的类型。在文件夹中查看文件时，Windows XP 提供了几种方法来整理和识别文件。打开一个文件夹时，可以在【查看】菜单中选择【缩略图】、【平铺】、【幻灯片】、【图标】、【列表】和【详细资料】视图命令选项之一。并且在【缩略图】、【平铺】、【图标】和【详细信息】视图方式下还可以使用【按组排列】的方式显示。它们的区别见表 2-5。

查看视图说明

表 2-5

命　　令	显　示　方　式
按组排列	通过文件的任何细节(如名称、大小、类型或更改日期)对文件进行分组。【按组排列】可用于【缩略图】、【平铺】、【图标】和【详细信息】视图方式
缩略图	显示图片文件的缩略图，并且将文件夹所包含的图像显示在文件夹图标上，因而可以快速识别该图片文件和文件夹的内容。完整的文件名或文件夹名将显示在缩略图的下方
平铺	以图标显示文件和文件夹。这种图标比“图标”视图中的图标要大，并且将所选的分类信息显示在文件或文件夹名下方
幻灯片	可在图片文件夹中使用。图片以单行缩略图形式显示，可以通过使用左右箭头按钮滚动图片。单击一幅图片时，该图片显示的图像要比其他图片大。双击该图片，可对图片进行编辑、打印或保存图像到其他文件夹中的操作
图标	以图标显示文件和文件夹。文件名显示在图标下方，但是不显示分类信息。在这种视图中，可以分组显示文件和文件夹
列表	以文件或文件夹名列表显示文件夹内容，其内容前面为小图标。当文件夹中包含很多文件，并且想在列表中快速查找一个文件名时，这种视图非常有用。在这种视图中可以分类文件和文件夹，但是无法按组排列文件
详细资料	列出已打开文件夹的内容并提供有关文件的详细信息，包括文件名、类型、大小和修改日期。在“详细信息”视图中，可以按组排列文件

（5）文件和文件夹的排列

在 Windows 资源管理器中可以对文件和文件夹进行排列，排列的目的是便于查找文件和文件夹。排列文件和文件夹的操作方法是：选择【查看】|【排列图标】，然后在级联菜单中根据需要选择按【名称】、【大小】、【类型】、【修改时间】、【按组排列】、【自动排列】和【对齐到网格】等七种排列方法之一进行排列。

另外值得注意的是桌面作为特殊的文件夹，在桌面上单击鼠标右键，选择【排列图标】命令，在级联菜单中见到的排列选项除了以上的几种排列方式以外，另外增加了【显示桌面图标】、【在桌面上锁定 Web 项目】及【运行桌面清理向导】的命令项。它们的区别见表 2-6。

文件排列方式说明

表 2-6

命　　令	排　列　方　式
名称	按图标名称的字母顺序排列图标
大小	按文件大小顺序排列图标。如果图标是某个程序的快捷方式，文件大小指的是快捷方式文件的大小

命 令	排 列 方 式
类型	按图标类型顺序排列图标。例如,如果在您的桌面上有几个 PowerPoint 图标,它们将排列在一起
修改时间	按快捷方式最后所做修改的时间排列图标
自动排列	图标在屏幕上从左边以列排列
对齐到网格	在屏幕上由不可视的网格将图标固定在指派的位置。网格使图标相互对齐
显示桌面图标	隐藏或显示所有桌面图标。当此命令被选中时,桌面图标都显示在桌面上
在桌面上锁定 Web 项目	用于防止移动桌面上的 Web 项目或调整 Web 项目的大小
运行桌面清理向导	用于删除不使用的桌面图标

(6)文件夹选项的设置

在 Windows 资源管理器窗口中,依次单击菜单列表【工具】|【文件夹选项】,即可打开【文件夹选项】对话框,如图 2-30 所示。在该对话框中共有 4 个选项卡:【常规】、【查看】、【文件类型】和【脱机文件】,在这里主要介绍【查看】选项卡,该选项卡主要用于控制计算机上文件和文件夹的显示方式。选项卡分为【文件夹视图】和【高级设置】两部分。

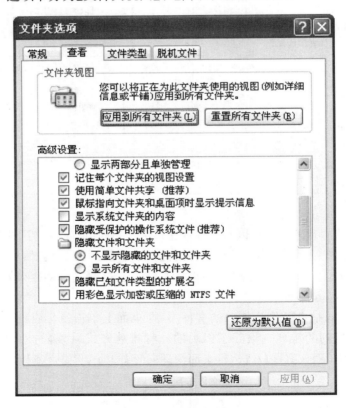

图 2-30 【查看】选项卡

【文件夹视图】:在此选项组中有两个按钮,它们分别可以使所有的文件夹的外观保持一致。单击【应用到所有文件夹】按钮可以使计算机上的所有文件夹与当前文件夹有类似的配置。单击【重置所有文件夹】按钮,系统将重新设置所有文件夹(除工具栏和 Web 视图外)为默认的视图设置。

【高级设置】:有两组单选按钮,其余的均为复选框。

在【文件和文件夹】列表中分别为以下几种显示方式:

【记住每个文件夹的视图设置】复选框:选中该复选框,表示在当前文件夹窗口中所做的所有设置都会被保存;在下次打开文件夹时所有设置都将被保留。

【鼠标指向文件夹和桌面项时显示提示信息】复选框:在弹出的文件夹窗口中,当用户用鼠标指针指向某一个文件夹时,在窗口中显示出所选文件夹的说明文字。

【隐藏受保护的操作系统文件(推荐)】复选框:指定系统文件不显示在该文件夹的文件列表中。如果要防止系统文件被意外更改或删除,则可以选择该项。

【隐藏文件和文件夹】列表是两个单选按钮,其中:

【不显示隐藏的文件和文件夹】单选按钮:指定属性为隐藏的文件或文件夹不显示在文件夹的文件列表中。

【显示所有文件和文件夹】单选按钮:指定所有的文件或文件夹(包括隐藏和系统文件)都显示在文件夹的文件列表中。

【隐藏已知文件类型的扩展名】复选框:对于 Windows XP 中的有些文件,用户可以从图标上看出其文件类型。选中该复选框,系统会隐藏此类文件的扩展名,这样在修改文件名时就不会影响扩展名,文件夹窗口的图标排列也将更整齐,

【在标题栏显示完整路径】复选框:表示每次打开文件夹时,在窗口的标题栏上显示当前文件夹的完整路径。

2.3.3 管理文件和文件夹

当你在计算机上安装 Windows XP 系统时,硬盘上就创建了各种各样的文件夹,用来保存所有的系统文件;当你在 Windows XP 系统下安装一个应用程序时,该程序也会创建许多文件夹。对于这些程序的文件夹,除非你确实想了解 Windows XP 或某个应用程序是如何工作的,否则最好别去修改或删除它们,以免系统出现这样或那样的故障。在这里,我们所关心的、所要管理的是那些用户自己创建和需要保持的文件及文件夹。

管理文件及文件夹,包括创建新文件夹,为文件及文件夹重命名,以及移动、复制、删除、恢复文件、文件夹等操作。在 Windows XP 中,用户既可以在"我的电脑"窗口,也可以在资源管理器窗口完成文件和文件夹的创建、移动、复制、删除和恢复等操作。"我的电脑"和资源管理器采用基本相同的文件管理办法,但通过资源管理器操作更简单一些,它可同时显示文件夹列表和文件列表,能够帮助用户快速定位文件。下面,我们以资源管理器为例来介绍具体的操作办法。在桌面上右击【我的电脑】,在弹出的快捷菜单中选择【资源管理器】,打开资源管理器窗口,如图 2-28 所示。

1)创建新文件和文件夹

创建新文件和文件夹的具体操作方法如下:

①选定位置:在资源管理器左窗格中选定欲创建新文件夹所在的位置,即驱动器与路径。

②新建文件夹有如下两种方法:

方法一:选择【文件】|【新建】|【文件夹】命令。

方法二:在资源管理器右窗格中右击目标文件夹所在的空白区域,在弹出的对话框中,选择【新建】|【文件夹】命令。

③输入新文件夹的名称,按【Enter】键或用鼠标单击其他任何地方,即完成创建新文件夹的操作。

创建新文件的操作与创建新文件夹的操作基本相同,创建中可以在列表中选择文件类型,如公文包、bmp 图像、Microsoft Word 文档、文本文档等。创建时所选的文件类型不同,双击打开此文件时打开的程序也不同。

2)选定文件和文件夹

在移动、复制、删除、恢复、重命名一个或多个文件、文件夹之前,首先必须进行选定操作的对象,然后选择执行操作的命令。例如,要删除文件或文件夹,必须先选定所要删除的文件或文件夹,然后选择【文件】|【删除】命令或按【Delete】键。

(1)选定单个文件或文件夹

在资源管理器右窗格中,单击所要选定的文件或文件夹即可。选定后,被选定的文件或文件夹的图标呈深蓝色。

(2)选定多个连续的文件或文件夹

方法一:在资源管理器右窗格中,单击所要选定连续区域的第一个文件或文件夹,然后按住【Shift】键不放,再单击连续区域中最后一个待要选定的文件或文件夹。

方法二:在资源管理器右窗格中,在连续区域的空白边角处按下鼠标左键,拖曳到该连续区域的对角后,释放鼠标即可,该矩形区域的文件或文件夹全部被选中。

(3)选择多个不连续的文件或文件夹

在资源管理器右窗格中,单击要选定的第一个文件或文件夹,然后按住【Ctrl】键不放,再分别单击待选定的剩余的每一个文件或文件夹,这样就可以选择任意多个不连续的文件或文件夹了。按住【Ctrl】不放,再次单击其中的某个文件或文件夹,即可取消对该文件或文件夹的选择,表示该文件或文件夹不再是所选内容的一部分。

如果要处理的文件或文件夹很多,则可以综合利用【Ctrl】键和【编辑】菜单下的【全部选定】或【反向选择】命令。单击【全部选定】或按下组合键〈Ctrl＋A〉,文件列表中所有的文件或文件夹将全部被选中,再按住【Ctrl】不放,用鼠标单击其中某些文件或文件夹,将其中不需要处理的文件或文件夹释放;当文件列表中需要处理的文件或文件夹数超过不需要处理的文件或文件夹数时,则可先选中不需要处理的文件或文件夹,然后单击【反向选择】,可使未被选择的文件或文件夹全部选定。

3)移动和复制文件或文件夹

(1)剪贴板

在管理文件时,有时需要将某个文件或文件夹移动或复制到其他的地方方便使用,这时就需要用到移动或复制命令。移动文件或文件夹就是将文件或文件夹放到其他地方,执行该命令后,原位置的文件或文件夹将消失,出现在目标位置;复制文件或文件夹就是将文件或文件夹复制一份,放到其他地方,执行该命令后,原位置和目标位置均有该文件或文件夹。

在 Windows XP 中,有一个临时存放移动或复制信息的地方,称为剪贴板,它是内存中的一个临时存储区,是应用程序内部和应用程序之间交换信息的场所。剪贴板可存放文字、图形、图像、声音、文件、文件夹等信息,其工作过程是:将选定的内容或对象通过【复制】或【剪切】到剪贴板中暂时存放,当需要时【粘贴】到目标位置。

使用剪贴板时,用户不能直接感觉到它的存在,可选择【开始】|【运行】命令,在运行对话框中输入【clipbrd】,打开【剪贴板查看程序】窗口,可以看到剪切和复制的内容。

在 Windows 的应用程序中,几乎都有一个【编辑】菜单,该菜单中一般都有【剪切】、【复制】、【粘贴】三个命令,它们是使用剪贴板的三项基本操作。

①【剪切】:是将要移动的内容或对象的相关信息剪切到剪贴板上,源内容或源对象在执行完"粘贴"操作后被删除。

②【复制】:是将要复制的内容或对象的相关信息复制到剪贴板上,源内容或源对象在执行完"粘贴"操作后仍存在。

③【粘贴】:是将剪贴板上的内容或信息所描述的对象粘贴到目标文档、目标应用程序或目标文件夹中。

在一般的应用程序窗口中也都有【剪切】、【复制】、【粘贴】工具按钮。使用它们能更方便、更快捷地完成剪切、复制和粘贴操作。这三个操作还可以分别通过〈Ctrl＋X〉、〈Ctrl＋C〉、〈Ctrl＋V〉三个快捷键完成。

④复制当前屏幕、活动窗口及对话框。

在 Windows 系统中,可以把整个屏幕、活动窗口或活动对话框的内容作为图形方式复制到剪贴板中,称为屏幕硬拷贝。

屏幕硬拷贝的方法是:先用鼠标将屏幕、活动窗口或活动对话框调整到所需的状态,使用键盘上的【Print Screen】键,则将整个屏幕的静态内容作为一个图形复制到剪贴板中;使用〈Alt＋Print Screen〉键,则将当前的活动窗口或活动对话框的静态内容作为一个图形复制到剪贴板中,然后可以粘贴到需要的文档中或通过附件中的【画图】工具生成一个图形文件。

(2)文件或文件夹的移动和复制

移动和复制文件或文件夹有两种方法,一种是用命令的方法,另一种是用鼠标直接拖动的方法。

利用命令方式移动或复制文件或和文件夹,具体操作方法如下:

①选定:选定需要移动或复制的文件或文件夹(可以称之为源文件或源文件夹)。

②将选定的文件或文件夹剪切或复制到剪贴板。

方法一:在菜单栏依次单击【编辑】|【剪切】(移动操作)或【复制】(复制操作)命令。

方法二:在选定文件或文件夹图标上方右击,在弹出的快捷菜单中选择【剪切】或【复制】命令。

方法三:单击工具栏上的【剪切】按钮或【复制】按钮。

方法四:按下键盘上的组合键〈Ctrl＋X〉或〈Ctrl＋C〉。

③定位:在资源管理器左窗口,选择移动或复制操作的目标驱动器或文件夹。

④粘贴:把剪贴板中的文件或文件夹(以信息的形式存在)移动或复制到目标驱动器或目标文件夹中。操作方法如下:

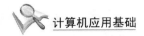

方法一：在菜单栏依次单击【编辑】|【粘贴】命令。

方法二：在目标驱动器或目标文件夹工作区的空白区域上右击，在弹出的快捷菜单中选择【粘贴】命令。

方法三：单击工具栏上的【粘贴】按钮。

方法四：按下键盘上的组合键〈Ctrl＋V〉。

利用鼠标拖动来移动或复制文件和文件夹，操作方法如下：

方法一：

①选择要移动或复制的文件或文件夹。

②将鼠标指针指向所选择的文件或文件夹，按住鼠标左键将选定的文件或文件夹拖动到目标文件夹中，但拖动时要视下面四种目标位置的不同情况进行不同的操作：

目标位置与源位置为不同的驱动器，移动时要按住【Shift】键进行拖动。

目标位置与源位置为同一驱动器，移动时可以直接拖动。

目标位置与源位置为同一驱动器，复制时要按住【Ctrl】键再进行拖动。

目标位置与源位置为不同驱动器，复制时可直接拖动。

方法二：

①选择要移动或复制的文件或文件夹。

②用鼠标右键将选定的文件或文件夹拖动到目标文件夹后，释放鼠标，屏幕显示如图2-31所示对话框，在该对话框中，根据需要选择【移动到当前位置】或【复制到当前位置】即可。

注意：执行复制操作拖动鼠标左键时，鼠标箭头上会增加一个【＋】号即；执行移动操作拖动鼠标左键时，鼠标箭头上没有【＋】号即。

4）发送文件或文件夹

在 Windows XP 中还可以直接把文件或文件夹发送到 U 盘、我的文档或邮件接收者等地方。具体操作方法如下：

①选定要发送的文件或文件夹。

②在菜单栏依次选择【文件】|【发送到】；或在选定的文件上单击鼠标右键，在弹出的快捷菜单中，选择【发送到】。

③选择发送到的目标位置，如图 2-32 所示。注意，这里的目标位置有部分是动态的，与当前连接到计算机上的移动存储设备有关。

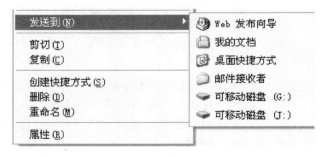

图 2-31　移动或复制文件对话框　　　　　　　图 2-32　发送文件或文件夹图例

注意：发送到【我的文档】实质是复制，发送到【邮件接收者】实质上是作为电子邮件的附件发送，发送到【桌面快捷方式】是在桌面创建快捷方式图标而不是复制。

5）重命名文件或文件夹

重命名文件或文件夹就是给文件或文件夹一个新的名称，使其更符合用户的要求。具体操作如下：

①选定：在资源管理器右窗格中选定需要重命名的文件或文件夹。

②选择重命名操作：

方法一：在菜单栏依次选择【文件】|【重命名】命令。

方法二：右击选定的文件或文件夹，在弹出的菜单中，选择【重命名】命令。

方法三：单击两次文件或文件夹的名称。

方法四：按键盘上的【F2】键。

③这样文件或文件夹的名称将处于编辑状态，直接键入新名称后，按【Enter】键即可。

6）删除文件或文件夹

系统在运行过程中，经常会产生一些临时的、没用的文件；用户在使用 Windows XP 的过程中，也会经常创建和保存许多没用的或过时的文件。为充分利用计算机的硬盘空间，就需要定期删除这些垃圾文件。具体操作方法如下：

①选定：选定需要删除的文件或文件夹。

②执行删除操作。

方法一：在菜单栏依次选择【文件】|【删除】命令。

方法二：右击所选的文件或文件夹，在弹出的快捷菜单中，选择【删除】命令。

方法三：直接按键盘上的【Delete】键。

方法四：直接将选定的文件或文件夹，拖动到回收站图标上方。

③确认删除：在弹出的如图 2-33 所示的【确认文件删除】的对话框中选择【是】按钮，所选文件或文件夹被放入回收站。若选【否】按钮，则取消刚才的删除操作。

图 2-33　【确认文件删除】对话框

7）恢复已删除的文件或文件夹及回收站的使用

当删除一个文件或文件夹后，如果还没有执行其他操作，可以选择【编辑】|【撤消删除】命令，或按组合键〈Ctrl+Z〉，将刚刚删除的文件或文件夹恢复到原来的存储位置。

如果删除硬盘上的文件或文件夹后，又执行了其他的操作，这时要恢复被删除的文件或文件夹，就需要在【回收站】中进行。其操作方法如下：

①双击桌面上的【回收站】图标或单击资源管理器中的【回收站】文件夹，打开回收站窗口，

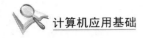

如图 2-34 所示。

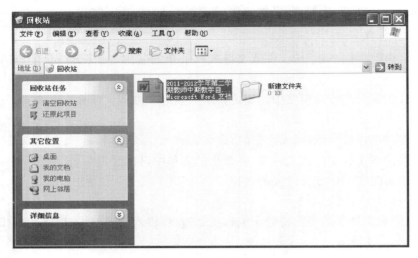

图 2-34 "回收站"窗口

②从回收站窗口中选择需要恢复的文件或文件夹,然后选择【文件】|【还原】命令,或者鼠标右击要还原的文件,在弹出的快捷菜单中选择【还原】命令,还可以在回收站任务窗格中选择【还原此项目】操作,即可在原存储位置恢复所选文件或文件夹。

注意:回收站中只能保存计算机安装的固定硬盘中被删除的文件或文件夹,因此回收站也只能恢复从硬盘中被删除的文件或文件夹,不能恢复 U 盘、移动硬盘等移动存储设备上被删除的文件或文件夹。

8)回收站

在删除 Windows XP 中的文件或文件夹时,回收站提供了一个安全岛,当从硬盘中删除任意项目时,Windows XP 都会将其暂存放在回收站中,当回收站存放项目超出容量限制以后,Windows XP 将自动删除那些最早进入回收站的文件或文件夹,以存放最近删除的文件或文件夹。

【回收站】一般为保存它的硬盘的百分之十,你可以在桌面上右击其图标,从弹出的快捷菜单中选择【属性】,查看【回收站】的大小,如图 2-35 所示。用户可以在此调整【回收站】所占硬盘空间的百分比,如果你的硬盘空间较大,并想尽可能多地恢复以前删除的文件,就可以把这个比值调大一点。如果你的计算机上有多个硬盘或多个逻辑分区,Windows XP 会为每个硬盘或硬盘分区分配一个回收站。选中"独立配置驱动器"选项,可以对计算机各个硬盘驱动器的"回收站"空间大小单独进行设置。

回收站中保存了上一次清空以后被删除的文件或文件夹,它们会占用一部分硬盘空间,一般应定期将回收站中不需要保留的文件或文件夹清除或将回收站清空。

清除回收站中文件或文件夹和清空回收站操作步骤如下:

①双击回收站图标,打开如图 2-34 所示的回收站窗口。

②如果要清除回收站中部分文件或文件夹,则应先选择要清除的文件或文件夹,然后选择【文件】|【删除】命令,在出现的确认提示框中选择【是】按钮。如果要清除回收站中所有文件或文件夹,则应选择【文件】|【清空回收站】命令,或者在回收站任务窗格中执行【清空回收站】操

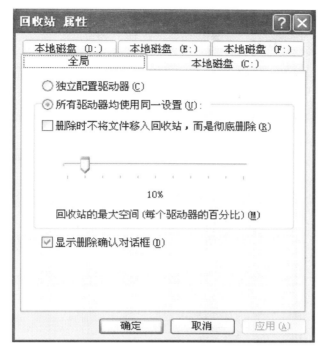

图 2-35　【回收站属性】对话框

作,还可以用鼠标右键单击回收站右窗格中的空白区域,在弹出的快捷菜单中选择【清空回收站】命令。

注意:从 U 盘或网络上删除的文件或文件夹将永久性地被删除,而不被送到回收站。若用键盘组合键〈Shift＋Delete〉删除的文件或文件夹也是彻底的删除,而不是把它们放入回收站,因而也不能利用回收站恢复用此方式删除的文件或文件夹。

9)撤消操作

在进行文件的复制、移动、重命名、删除等操作时,有时可能出现错误操作,这就需要立即将错误的操作撤消。

撤消错误操作方法是:选择【编辑】|【撤消】命令。

通常状态下【撤消】选项处于灰色未被激活状态,只有在进行文件或文件夹的某项操作后,才将被激活,而且随着操作的不同,显示不同的命令形式。比如,删除某一文件夹以后,【撤消】选项变成【撤消删除】,单击此选项可以撤消前面删除的文件或文件夹。当【撤消】命令有效时,组合键〈Ctrl＋Z〉可以代替【编辑】菜单中的【撤消】命令。

10)查看文件特性和修改文件属性

在 Windows 资源管理器中,用户可以方便地查看文件和文件夹的属性,并且对它们进行修改。

文件或文件夹包含 3 种属性:只读、隐藏和存档。若将文件或文件夹设置为"只读"属性,则该文件或文件夹不允许更改和删除;若将文件或文件夹设置为"隐藏"属性,则该文件或文件夹在常规显示中将不可见;若将文件或文件夹设置为"存档"属性,则表示该文件或文件夹已存

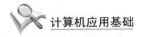

档,有些程序用此选项来确定哪些文件需做备份。

查看或修改文件或文件夹属性的操作步骤如下:

①选择要查看或修改属性的文件或文件夹。

②选择【文件】|【属性】命令,或者右击文件或文件夹图标,在弹出的快捷菜单中选择【属性】命令,弹出如图 2-36 所示的文件属性对话框。

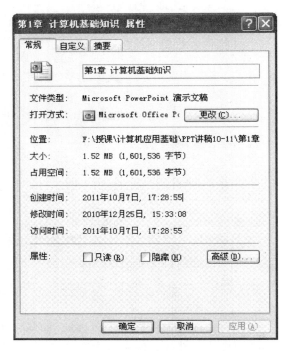

图 2-36 【文件属性】对话框

③在【常规】选项卡中,可看到被选定的文件的信息:文件名、文件类型、所在的文件夹、大小、创建时间、最近一次修改时间、最近一次访问时间及文件属性等。

④在【属性】域中用两个复选框,供用户选择属性。可以为被选择文件设置属性或去掉某属性,设置为该属性时,该属性前的方框内为"√"号;去掉该属性时,再次单击该属性前的方框,去掉"√"号即可。若需要设置存档等属性,需要单击【高级】按钮,在出现的如图 2-37 高级属性对话框中进行设置。

⑤修改了文件属性后,若选择【应用】按钮,不关闭对话框就可使所作的修改有效,若选择【确定】按钮,则关闭对话框才保存修改的属性。

注意:在 Windows XP 中,不仅可以给文件设置属性,也可以给文件夹设置属性,设置文件夹属性与设置文件属性方法相同。

11)查找文件或文件夹

当要查找一个文件或文件夹时,可以选择【开始】|【搜索】命令,或使用【Windows 资源管理器】、【我的电脑】窗口中的【搜索】工具按钮 🔍搜索。然后设置搜索条件,具体操作方法如下:

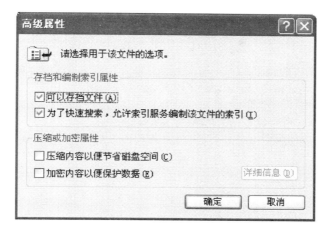

图 2-37　【高级属性】对话框

①选择【开始】|【搜索】命令,屏幕上将弹出图 2-38 所示【搜索结果】窗口,在"您要查找什么?"任务窗格中单击【所有文件和文件夹】命令后,屏幕上将弹出如图 2-39 所示的【搜索结果】窗口。

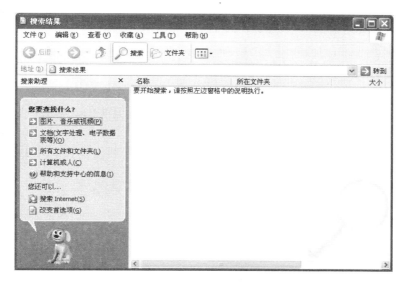

图 2-38　【搜索结果】窗口示例一

②在图 2-39 所示的窗口中【全部或部分文件名】的文本框中输入待查找的文件或文件夹的名称,在【文件中的一个字或词组】文本框中输入该文件或文件夹中包含的文字。

③在【在这里寻找】的下拉列表框中选择要搜索的范围。

④单击【搜索】按钮,系统将会把指定磁盘、指定文件夹中的文件夹和文件查找出来,查到后,将在【搜索结果】窗口的右窗格中显示这些文件或文件夹的名称、所在文件夹、大小,类型及修改日期与时间,若要停止搜索,可单击【停止】按钮。

⑤在【搜索】结果窗口的右窗格中,双击搜索后显示的文件或文件夹,可以打开该文件或文

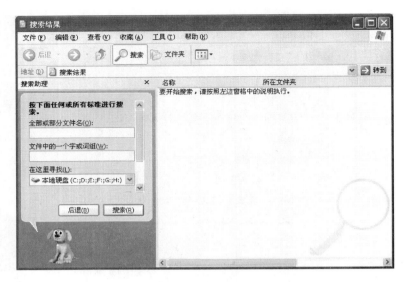

图 2-39 【搜索结果】窗口示例二

件夹,并且可以通过【搜索结果】窗口中的【文件】菜单对查到的文件或文件夹进行文件的打开、打印、发送、删除、重命名等操作。也可通过【编辑】菜单对其进行剪切、复制等操作。

注意:

①在【全部或部分文件名】的文本框中,可以指定文件的全名,也可以输入名称的一部分,还可以使用通配符【?】和【＊】。

【＊】:代表任意多个任意字符。例如:对于要查找的文件,键入字符串"＊.doc",表明要查找扩展名为 doc 的所有文件。键入字符串"a＊",则查找以 a 开头的所有文件。键入字符串"a＊.doc",查找以 a 开头并且文件扩展名为 doc 的所有文件。

【?】:代表单个任意字符。例如:当键入"a?.doc"时,表明要查找以 a 开头、第二个字符任意、主文件名只有两个字符、扩展名为 doc 的所有文件。

②查找时,如果不知道文件名或想细化搜索条件,可在"文件中的一个字或词组"框中输入待查找的文件中所包含的字或词组。

③如果对所查的信息一无所知或者要进一步缩小搜索范围,可以在"搜索选项"中进一步选择"文件修改时间"、"大小"和"更多高级选项"等附加的搜索条件。

2.3.4 磁盘的管理与维护

1)格式化磁盘

格式化操作会删除磁盘上的所有数据,并重新创建文件分配表。格式化还可以检查磁盘上是否有坏的扇区,并将坏扇区标识出来,以后存放数据时会绕过这些坏扇区。一般新的硬盘都没有格式化,在安装 Windows XP 等操作系统时必须先对其进行分区并格式化,而用户在日常使用中基本上不需要对硬盘进行格式化,只需要对 U 盘、移动硬盘等进行格式化。

格式化磁盘操作的具体操作步骤为:

①将要格式化的 U 盘或移动硬盘插入 USB 接口中。

②双击桌面上的【我的电脑】图标,打开【我的电脑】窗口。

③选择要格式化的磁盘或 U 盘驱动器。

④右击相应的驱动器图标,在弹出的快捷菜单中选择【格式化】命令,或选择【文件】|【格式化】命令,将弹出如图 2-40 所示的格式化对话框。

⑤在【文件系统】列表中选择要格式化的文件系统,一般 U 盘选择【FAT】,硬盘选择【NTFS】。

⑥在【格式化选项】域中勾选或不勾选【快速格式化】复选框。

注意:快速格式化仅重建磁盘上的文件系统,删除磁盘上的所有文件,但不对磁盘上的坏扇区扫描。只有对已经格式化过,而且确认没有损伤的磁盘才能选择此项。不能对一个从未进行过格式化的磁盘选择快速格式化,也不要对有坏扇区的磁盘选择快速格式化。

⑦如果要给磁盘加卷标,可以在【卷标】框中键入所需要描述的文字。

⑧设置好其他参数后,单击【开始】按钮,屏幕上出现一个警告对话框,如图 2-41 所示。

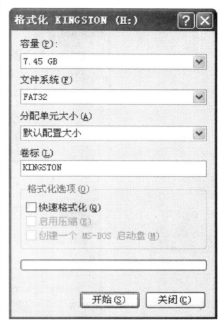

图 2-40 【格式化】对话框

图 2-41 "警告"对话框

⑨单击【确定】按钮,开始进行格式化。格式化完成后,弹出格式化完成对话框,单击【确定】按钮,完成格式化操作,返回【格式化】对话框,单击【关闭】按钮,结束操作。

2)磁盘维护

(1)磁盘清理

磁盘清理的目的是释放硬盘上的空间。在进行磁盘清理时,磁盘清理程序扫描硬盘驱动器,并列出那些可以删除的文件。如已下载的程序文件、回收站里的文件、Internet 临时文件及其他临时文件。删除这些文件并不影响系统的正常运行。

磁盘清理的操作步骤是:

①选择【开始】|【所有程序】|【附件】|【系统工具】|【磁盘清理】命令,打开如图 2-42 所示的【选择驱动器】对话框,在其中的驱动器列表框中选择要清理的磁盘,单击【确定】按钮,系统开始对选定的磁盘进行扫描,并弹出对话框显示扫描过程,扫描结束后弹出如图 2-43 所示的【磁盘清理】对话框。

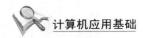

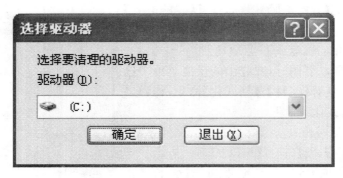

图 2-42 【选择驱动器】对话框

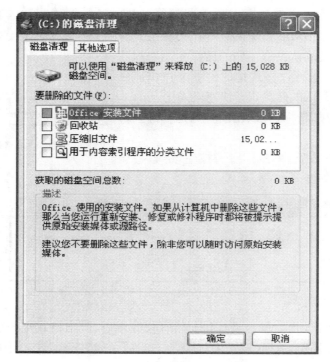

图 2-43 【磁盘清理】对话框

②在【磁盘清理】对话框中选择【磁盘清理】标签，从【要删除的文件】列表框中选择要清理（删除）的文件，单击【确定】。若要删除 Windows XP 不使用的组件或不需要的应用软件，选择【其他选项】标签选项，进行清理操作。

(2)磁盘碎片的整理

计算机系统在长时间的使用之后，由于反复删除、安装应用程序等操作，磁盘可能会被分割成许多"碎片"，用户会感觉计算机的运行速度越来越慢。可以通过系统提供的"磁盘碎片整理"功能，改善磁盘的性能。磁盘碎片整理的操作方法如下：

①选择【开始】|【所有程序】|【附件】|【系统工具】|【磁盘碎片整理程序】命令，打开如图2-44所示的【磁盘碎片整理程序】窗口。

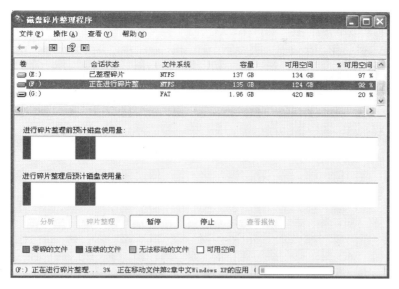

图 2-44 【磁盘碎片整理程序】窗口

②在【磁盘碎片整理程序】窗口中选择要整理的驱动器,单击【碎片整理】按钮,系统开始分析磁盘碎片和整理碎片(若碎片比例过低,将建议不整理),操作结束后,屏幕上出现如图 2-45 所示的【碎片整理完毕】对话框。若不需要查看碎片情况,则单击【关闭】按钮即可。

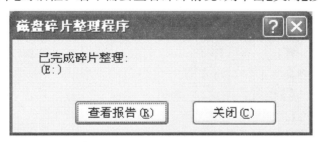

图 2-45 碎片整理完毕对话框

若需要查看分析报告,则单击【查看报告】按钮,打开【分析报告】对话框,对磁盘整理情况进行分析。

③分析完成后,【分析显示】区用不同颜色的小块表示不同的磁盘整理的状态,其中红色小块表示带有磁盘碎片的文件,蓝色小块表示是连续的文件(即没有碎片),白色小块表示是磁盘的自由空间,绿色小块表示此处是系统文件(不能整理和移动)。

2.4 系统资源管理

随着计算机功能的越来越强大,系统使用的设备也越来越多,如何有效地管理好这些设备是 Windows XP 的又一重要任务。Windows XP 为用户提供了一个强大的系统资源管理工具——控制面板。通过“控制面板”,用户可以轻松地完成诸如添加新硬件、添加或删除程序、管理系统硬件、安装和管理打印机、进行用户和计算机安全管理等操作,按照自己的方式对计算机的键盘、鼠标、显示器、声音和音频设备等进行各种设置,使之适应自身的需要。

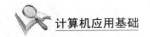

2.4.1　控制面板的启动

"控制面板"是整个计算机系统的功能控制和系统配置中心,在 Windows XP 中,绝大部分系统任务,都可以从"控制面板"开始。打开控制面板,常用的有两种方法:

①在【开始】菜单中选择【控制面板】命令,即可打开【控制面板】窗口,如图 2-46 所示。

②双击桌面上【我的电脑】,在【我的电脑】窗口左侧的【其他位置】窗格中选择【控制面板】链接。

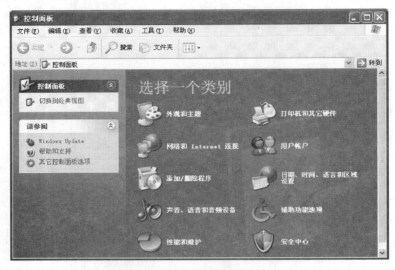

图 2-46　【控制面板】分类视图窗口

中文 Windows XP 的【控制面板】窗口,与以前版本的【控制面板】窗口有所不同,如果您想切换到以前版本的【控制面板】窗口,请在图 2-46 窗口中,左边窗格中单击【切换到经典视图】链接,即可打开【控制面板】经典视图窗口,如图 2-47 所示。再次单击图 2-47 所示窗口中的【切换到分类视图】命令,【控制面板】窗口随即恢复到如图 2-46 所示状态。

图 2-47　"控制面板经典视图"窗口

首次打开【控制面板】时,将看到如图 2-46 所示的【控制面板】分类视图,其中只有最常用的项目,这些项目按照分类进行组织。要初步了解【控制面板】中某一项目的详细信息,可用鼠标指针指向该图标或类别名称,然后阅读其下显示的文本。要打开某个项目,请单击该项目图标或类别名,如果打开【控制面板】时没有看到所需的项目,请单击【切换到经典视图】,经典视图比分类视图要详细些。要在经典视图中打开某个项目,可以双击该项目的图标。

2.4.2　鼠标和键盘的设置

1)键盘环境设置

利用键盘的属性设置功能,可以对键盘输入的手感、灵敏度、按键的延缓时间重复速度等进行设置。调整键盘的方法如下:

依次单击【开始】|【控制面板】,若控制面板是分类视图,则单击【打印机和其他硬件】选项,在打开的【打印机和其他硬件】窗口中,单击【键盘】图标。若是控制面板经典视图,直接双击【键盘】图标,弹出如图 2-48 所示【键盘 属性】对话框。

图 2-48　【键盘 属性】对话框

该对话框中有【速度】和【硬件】两个选项卡,这里只对【速度】选项卡加以说明。单击【速度】选项卡,在【字符重复】选项中,拖动【重复延迟】滑块,可调整在键盘上按住一某个键不释放,重复输入两个字符所经过的时间;拖动【重复率】滑块,可调整输入重复字符的速率(快慢)。在【光标闪烁频率】选项中,拖动滑块,可设置光标的闪烁速度,用户可以观察光标闪烁频率是否合适。

2)鼠标环境设置

按照打开【键盘 属性】对话框的方法可打开【鼠标 属性】对话框,如图 2-49 所示。在该对

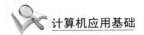

话框中,可以完成一般鼠标属性的设置,包括按右手习惯还是左手习惯使用鼠标,双击间隔时间的调整,在不同状态下的指针图案,鼠标指针的移动速度等。

图 2-49 【鼠标 属性】对话框

(1)设置鼠标键

鼠标键选项卡如图 2-49 所示。

①【鼠标键配置】:鼠标键是指鼠标上的左右按键,两个按键的功能是不同的。对于习惯使用右手的大多数用户,经常使用鼠标左键,左键为主要按键,我们称之为"右手习惯";若选中【切换主要和次要的按钮】复选框,则右键为主要按键,这一般适合于"左撇子",我们称之为"左手习惯"。在一般情况下,除非特殊说明,鼠标的单击、右击等操作都是指"右手习惯"。

②【双击速度】:一般情况下,通过单击选择一个项目,而通过双击打开一个项目。在【双击速度】选项中拖动滑块可调整鼠标的双击速度,也即调整两次单击之间的时间间隔。如果对鼠标的使用比较生疏,将滑块拖动至左侧,双击就更容易些。通过双击该选项组中的"文件夹图标"可测试双击速度。

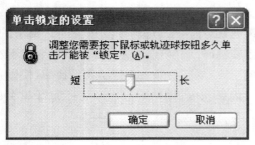

图 2-50 【单击锁定的设置】对话框

③【单击锁定】:在该选项中,若选中【启用单击锁定】复选框,则可以在移动项目时不用一直按着鼠标键就可以实现拖动,达到目标位置后,再单击一次鼠标可释放鼠标。【启用单击锁定】被选中后,可单击【设置】按钮,在弹出的【单击锁定的设置】对话框中可调整实现单击锁定需要按鼠标键或轨迹球按钮的时间,如图 2-50 所示。

（2）设置鼠标指针的显示样式

在【鼠标 属性】对话框中，选择【指针】选项卡，可以更改鼠标指针的外观，如图 2-51 所示。

图 2-51　鼠标指针设置

①在【方案】下拉列表框中系统提供了多种鼠标指针的显示方案，用户可以选择一种自己喜欢的鼠标指针方案，例如【三维青铜色（系统方案）】。

②在【自定义】列表框中，显示了该方案中鼠标指针在各种状态下的显示样式，若用户对某种样式不满意，可选中它，单击【浏览】按钮，打开【浏览】对话框，如图 2-52 所示。在该对话框中选择一种喜欢的指针样式，在【预览】框中可以看到具体的样式，单击【打开】按钮，即可将所选的样式应用到所选指针方案中。

③如果希望指针带阴影，可同时选中【启用指针阴影】复选框。如果希望使用鼠标设置的系统默认值，可单击【使用默认值】按钮。

④设置完毕，单击【应用】按钮，使设置生效。

（3）设置鼠标的移动

在【鼠标 属性】对话框中，单击【指针选项】选项卡，如图 2-53 所示。

①在【移动】选项中，用鼠标拖动滑块，可调整鼠标指针的移动速度。

②在【取默认按钮】选项中，选中【自动将指针移动到对话框中的默认按钮】复选框，则在打开对话框时，鼠标指针会自动放在默认按钮上。

③在【可见性】选项区域中，若选中【显示指针轨迹】复选框，则在移动鼠标指针时会显示指针的移动轨迹，拖动滑块可调整轨迹的长短；若选中【在打字时隐藏指针】复选框，则在输入文字时将隐藏鼠标指针；若选中【当按 Ctrl 键时显示指针的位置】复选框，则按【Ctrl】键时会以同心圆的方式显示指针的位置。

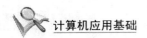

图 2-52　【浏览】对话框

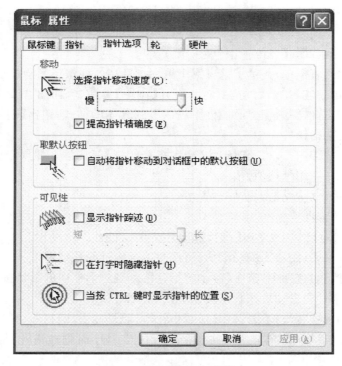

图 2-53　鼠标"指针选项"设置

④设置完毕,单击【应用】按钮,使设置生效。

2.4.3 应用程序管理

计算机上只装有操作系统是不能满足用户的需求的,还要安装一系列的应用软件。Windows XP 提供的【添加或删除程序】工具,使用户能够更好地管理安装在计算机上的应用程序和组件。

单击【开始】|【控制面板】,若是控制面板分类视图,单击【添加或删除程序】选项;若是控制面板经典视图,直接双击【添加或删除程序】图标。打开【添加或删除程序】窗口,如图 2-54 所示。

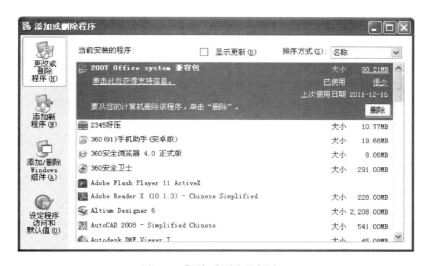

图 2-54 【添加或删除程序】窗口

1)添加新程序

单击【添加新程序】按钮,将会出现如图 2-55 所示的界面。选择要添加的应用程序位置,

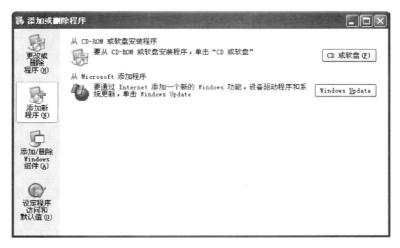

图 2-55 添加新程序界面

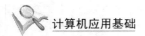

若在光盘上或 U 盘上，则单击【CD 或软盘】按钮，弹出对话框提示插入光盘或软盘（可事先插入光盘或 U 盘），插入存储盘后，单击【下一步】按钮，系统会自动搜索光盘或 U 盘上的安装程序，搜索到之后单击对话上的【完成】按钮，便开始安装应用程序。

若想从 Internet 上添加 Windows 功能、安装设备驱动器和进行系统更新，则单击【Windows Update】。

另外，也可以通过双击软件提供商提供的扩展名为 exe 和 msi 的可执行安装程序，按照安装提示向导完成安装新程序的任务。这类安装软件的常用的名称一般为：Setup. exe、Install. exe、Setup. msi、Install. msi 等。

2)更改或删除程序

若用户在计算机中安装了很多应用程序，经过一段时间的应用后，想要删除某些应用程序，不能直接通过删除应用程序目录来删除一个应用程序，可以使用程序本身自带的卸载命令，如果应用程序本身没有提供删除（卸载）功能，可使用 Windows XP 提供的【添加或删除程序】工具进行删除。

单击【更改或删除程序】按钮，将会出现图 2-54 所示的界面，在【当前安装的程序】列表中，列出了当前计算机中安装的程序，选择要更改或删除的应用程序，单击【删除】按钮，弹出如图 2-56 所示对话框，确认是否删除所选应用程序，若要删除，单击【是】命令按钮，系统便开始删除该程序的过程。

图 2-56　是否删除应用程序

2.4.4　用户管理

Windows XP 中允许多用户登录，不同的用户可以使用同一台计算机而进行个性化的设置，各用户在使用公共系统资源的同时，可以设置富有个性的工作空间，而且互不干扰，确保计算机系统的安全。

1)认识多用户类型

为了保障系统安全与用户的隐私，Windows XP 的用户账户可以划分用户的权限。

"计算机管理员"类型的账户可以存取所有文件（用户加密的除外）、安装程序、更改系统设置、添加与删除账户；"受限"类型的账户却无法做到这些但依旧可以执行程序，进行一般的计算机操作。

在安装过程中第一次启动 Windows XP 时所建立的账户都属于"计算机管理员"类型。另外还有一种"来宾账户"类型，其账户名为 Guest，其权限比"受限"账户还要小，来宾账户无法安装软件或硬件,无法更改来宾账户类型,但可以访问已经安装在计算机上的程序,可以更改来宾账户图片,考虑到安全性,一般不开启 Guest 账户。

　　2)创建账户

　　鼠标依次单击【开始】|【控制面板】,若是控制面板分类视图,则单击【用户账户】选项。若是控制面板经典视图,直接双击【用户账户】图标。打开如图 2-57 所示的【用户账户】窗口。

图 2-57　【用户账户】窗口

　　在【用户账户】窗口中,单击【创建一个新账户】,打开如图 2-58 所示的窗口。

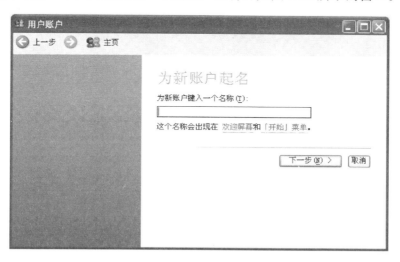

图 2-58　为新账户起名

　　输入新用户账户的名称,单击【下一步】按钮,弹出【挑选一个账户类型】窗口,如图 2-59所示。

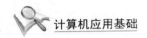

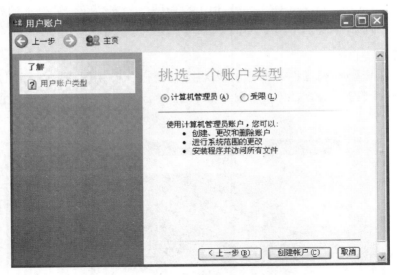

图 2-59　选择账户类型

　　选择指派给新用户的账户类型,单击【计算机管理员】或【受限】,然后单击【创建账户】即可。

　　3)管理账户

　　账户创建完成后,还可以对账户进行管理,如更改名称、创建密码、更改密码、更改图片、更改账户类型、删除账户等。

　　在如图 2-57 所示【用户账户】设置窗口中,单击【更改账户】或单击要更改的账户图标,弹出如图 2-60 所示的窗口。

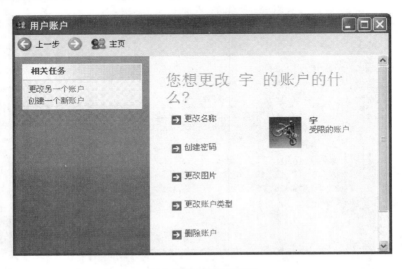

图 2-60　账户管理窗口

　　单击相应的选项就可完成相应的任务。下面以创建密码为例,单击【创建密码】选项,打开如图 2-61 所示的窗口。

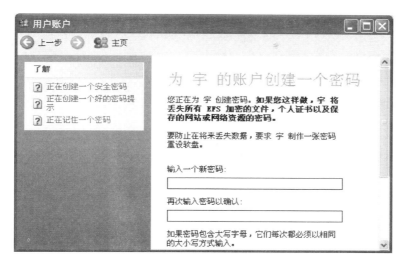

图 2-61　创建密码窗口

按图 2-61 的提示输入密码即可。注意：密码要遵循设计密码的一般规范，譬如遵循长度的要求、字母和数字组合的要求、不能包含用户名、不使用普通单词的要求等。

2.4.5　日期和时间的调整

如果系统时间和日期不正确，需要把它们调整过来，调整方法如下：

双击任务栏上的数字时钟；或者选择【开始】|【控制面板】，若是控制面板分类视图，则单击【日期、时间、语言和区域设置】选项，在打开的【日期、时间、语言和区域设置】窗口中，单击【日期和时间】。若是控制面板经典视图，直接双击【日期和时间】图标。打开如图 2-62 所示的【日期和时间 属性】对话框。

图 2-62　【日期和时间 属性】对话框

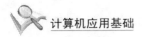

在日期选项组的月份下拉列表框中选取月份;在年份文本框中输入相应的数字或按增减按钮,可调整年份数值;在日历列表框中直接选择相应的日期,系统以蓝色反白显示选择的日期;在时间文本框中可输入或调节准确的时间。

设置完成后单击【确定】或【应用】按钮。

2.5 汉字输入方法

输入法即输入文字的方法。对中文用户来说输入法分为英文输入法和中文输入法。Windows XP 默认的输入法是英文输入法,如果要输入汉字,则需借助中文输入法。常用的中文输入法有全拼输入法、双拼输入法、智能 ABC 输入法、微软拼音输入法、紫光拼音输入法、搜狗拼音输入法、郑码输入法、五笔字型输入法等。

2.5.1 输入法的切换

输入法之间的切换很简单,单击【任务栏】右侧的输入法图标,在弹出的菜单中选择相应的输入法即可,如图 2-63 所示。

按〈Ctrl+Shift〉组合键可在英文及各种中文输入法之间进行切换,按〈Ctrl+Space〉键可在选定的中文输入法和英文输入法之间进行切换。

2.5.2 汉字输入法状态的设置

切换至所需的输入法后,会在桌面上弹出该输入法的状态条(英文输入法除外)。不同的输入法,其对应的状态条也不尽相同,但其中英文切换、全半角切换等常规操作大致相同。下面以搜狗拼音输入法为例进行介绍,选择该输入法后弹出状态条如图 2-64 所示。

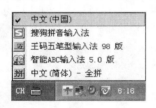

图 2-63 选择输入法

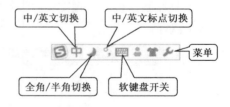

图 2-64 输入法状态条

下面介绍输入法状态条中各图标的含义。

(1)【中/英文切换】按钮中

单击该按钮可在中、英文输入法状态之间进行切换。该按钮显示为中时,表示当前为中文输入状态;显示为英时,则表示当前为英文输入状态。

对于搜狗输入法,中、英文状态之间的切换也可以按【Shift】键。

(2)【全角/半角切换】按钮

单击该按钮可切换全、半角输入状态。当显示为时,表示当前处于半角输入状态;当显示为●时,表示当前处于全角输入状态。

注意:在全角状态下输入的字母、字符和数字均占一个汉字的位置;在半角状态下输入的字母、字符和数字则只占半个汉字的位置。

（3）【中/英文标点切换】按钮 。。

单击该按钮可在中、英文标点输入状态之间进行切换。当显示为 。 时，表示当前处于中文标点输入状态；当显示为 。 时，表示当前处于英文标点输入状态。

（4）【软键盘开/关切换】按钮 🖮

单击该按钮，弹出【特殊符号】和【软键盘】菜单，如图 2-65 所示。

图 2-65　软键盘开/关切换

①选择【特殊符号】命令，则打开【搜狗拼音输入法快捷输入】对话框，如图 2-66 所示。如果在该对话框左侧列表中选择【特殊符号】，并在其右侧的列表中选择相应的符号类别，如【标点符号】、【数字序号】…【特殊符号】等，则在右侧列表中即显示相应的符号，鼠标单击要输入的符号即可在插入点插入该符号。

图 2-66　搜狗输入法快捷输入

②选择【软键盘】命令，则弹出如图 2-67 所示的"软键盘"。

图 2-67　输入法软键盘

③右击软键盘按钮 🖮，则弹出【特殊符号】快捷菜单，如图 2-68 所示。单击相应"特性符号类别"，如【希腊字母】，则打开"希腊字母"软键盘，如图 2-69 所示。

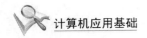

图 2-68　"特殊符号"快捷菜单

图 2-69　"希腊字母"软键盘

（5）【菜单】按钮🔧

单击即可打开输入法菜单，如图 2-70 所示。通过菜单，可以进行【设置属性】、【更换皮肤】、输入【表情＆符号】等操作。

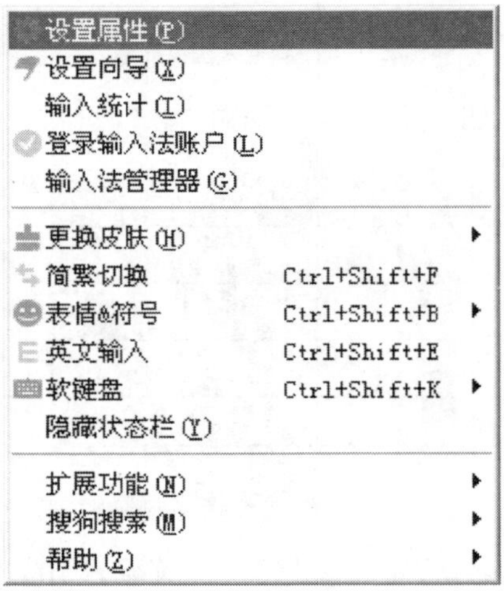

设置属性(P)	
设置向导(X)	
输入统计(I)	
登录输入法账户(L)	
输入法管理器(G)	
更换皮肤(H)	▶
简繁切换	Ctrl+Shift+F
表情&符号	Ctrl+Shift+B
英文输入	Ctrl+Shift+E
软键盘	Ctrl+Shift+K
隐藏状态栏(Y)	
扩展功能(N)	▶
搜狗搜索(M)	▶
帮助(Z)	▶

图 2-70　【菜单】列表

2.5.3　输入法的删除与安装

1）删除不需要的输入法

Windows XP 自带了多种输入法，在安装系统后自动显示在输入法菜单中。通常情况下，每个用户都只用一种或两种输入法，对于不常用的输入法，可将其删除。下面以删除微软拼音输入法 2003 为例介绍如何删除输入法，具体操作如下：

①在语言栏上单击鼠标右键，在弹出的快捷菜单中选择【设置】命令，弹出【文字服务和输入语言】对话框，如图 2-71 所示。

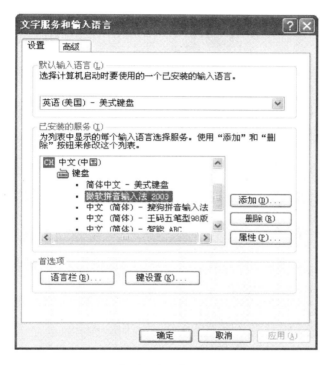

图 2-71　【文字服务和输入语言】对话框

②在【已安装服务】列表中，选中"微软拼音输入法 2003"，单击【删除】按钮。

③单击【确定】按钮关闭该对话框，再次单击输入法图标，可以看出在弹出的菜单中已没有了"微软拼音输入法 2003"。

2）添加输入法

若需要使用已删除的输入法，可以再将其添加到输入法列表中，添加输入法的方法也非常简单。下面以添加已删除的"微软拼音输入法 2003"为例介绍添加输入法的方法，具体操作如下：

①在语言栏上单击鼠标右键，在弹出的快捷菜单中选择【设置】命令，弹出【文字服务和输入语言】对话框，如图 2-71 所示。

②在该对话框中单击【添加】按钮，弹出【添加输入语言】对话框，如图 2-72 所示。

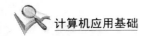

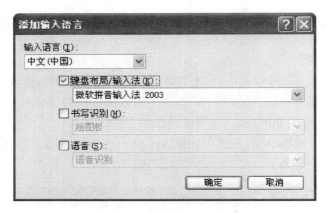

图 2-72 【添加输入语言】对话框

③在该对话框中选中【键盘布局/输入法】前面的方框☑,在其下拉列表中选择"微软拼音输入法 2003",然后单击【确定】按钮。

④返回【文字服务和输入语言】对话框,在该对话框的【已安装服务】下拉列表中即可查看到新添加的输入法,单击【确定】按钮关闭对话框即可。

注意:如果添加的不是 Windows XP 自带的输入法,则需要先下载或购买输入法安装软件,再进行安装。

实训与练习题

 实训 2-1　Windows XP 基本操作

【实训内容】

1.鼠标的基本操作及菜单的选取

(1)双击桌面上的【我的电脑】图标,打开【我的电脑】窗口。

(2)单击 C 盘的图标,则 C 盘的图标呈反色显示状态,表示被选定。

(3)在 D 盘的图标上单击鼠标右键,在弹出的快捷菜单中选择【属性】命令,打开属性对话框,了解该窗口的各项内容。单击关闭按钮⊠,关闭该对话框。

(4)执行【查看】|【列表】命令,观察执行命令后图标的变化情况。

(5)执行【查看】|【排列图标】|【自动排列】菜单命令。观察执行命令操作后图标的排列情况。

2.窗口的基本操作

(1)改变窗口的大小:在窗口处于非最大化状态时,将鼠标指针移到窗口的角上或边上,当鼠标指针呈双向箭头形状时,按下鼠标左键后拖动鼠标,当窗口大小适当时,释放鼠标左键。

(2)移动窗口位置:在窗口处于非最大化状态时,将鼠标指针移到窗口的标题栏上,按下鼠标左键,拖动窗口到屏幕的其他地方,然后释放鼠标左键。

(3)单击标题栏右侧最大化按钮▢,使窗口最大化。再单击还原按钮▢,使窗口还原。单击最小化按钮▬,使窗口最小化为任务栏上的一个按钮,再单击任务栏上该按钮,则窗口还原;单击关闭按钮⊠,关闭窗口。

（4）用鼠标右键单击桌面上【我的电脑】图标,在弹出的快捷菜单中选择【打开】命令,打开【我的电脑】应用程序窗口。

（5）用鼠标左键双击【回收站】图标,打开【回收站】窗口。再双击【我的文档】图标,打开【我的文档】窗口,观察到当前活动窗口为【我的文档】窗口。

（6）切换活动窗口:单击【我的电脑】窗口可见的部分,则【我的电脑】切换为当前窗口。

（7）按照上述方法,切换【回收站】窗口为当前活动窗口。

3. 对话框的基本操作

（1）切换【我的电脑】窗口为当前活动窗口。在【我的电脑】窗口中执行【工具】|【文件夹选项】菜单命令,打开【文件夹选项】对话框。

（2）在【常规】选项卡中的【浏览文件夹】选项组中选取【在不同窗口中打开不同的文件夹】。

（3）单击【查看】选项卡标签,切换到【查看】选项卡中,在【高级设置】中利用滚动条滚动显示内容,并将【显示所有文件及文件夹】、【隐藏已知文件类型的扩展名】选项选定。

（4）关闭所有窗口。

4. 美化 Windows XP 桌面

（1）在桌面空白处单击鼠右键,弹出快捷菜单。

（2）选择【属性】命令,打开【显示 属性】对话框。

（3）在【主题】选项卡中的【主题】列表框中选择一项如:"Windows 经典"作为主题,单击【应用】按钮,观察桌面背景以及窗口的变换。

（4）在【桌面】选项卡中的【背景】列表框中选择一项如:"Home"作为背景图片,单击【应用】按钮,观察桌面背景的变换。

（5）在【屏幕保护程序】选项卡中的【屏幕保护程序】列表框中选择一项如:"三维飞行物"作为屏幕保护程序,单击【预览】按钮,观察屏幕保护程序的效果。

（6）单击【确定】按钮,退出【显示 属性】对话框。

5. 桌面快捷图标的创建、删除与排列

（1）利用【开始】菜单在桌面上建立【Word】的快捷方式。

操作步骤:单击【开始】,指向【程序】|【Microsoft office】,右击【Microsoft Word】,快捷菜单中单击【发送到】|【桌面快捷方式】,即可在桌面上创建。

（2）删除桌面上已经建立的"Microsoft Word"图标。

提示:右击"Microsoft Word"图标,快捷菜单中选择【删除】命令,在提示对话框中,选择【是】,即可把"Microsoft Word"图标放入回收站。

（3）排列桌面图标。

操作步骤:在桌面空白处单击鼠标右键,在弹出的快捷菜单中执行【排列图标】|【名称】命令,观察桌面图标的排列变化;按照上述方式,再选取其他的排列方式,再观察桌面图标的排列变化。

6. 利用任务栏切换窗口、排列窗口

（1）在桌面上双击【我的电脑】图标打开【我的电脑】窗口;在【我的文档】图标上双击打开【我的文档】窗口;再在【回收站】图标上单击鼠标右键,在弹出的快捷菜单中选择【打开】,打开【回收站】窗口。此时当前活动窗口为【回收站】窗口。

(2)在任务栏上单击【我的电脑】窗口对应的按钮,则当前活动窗口切换为【我的电脑】窗口。

(3)在任务栏上单击【我的文档】窗口对应的按钮,则【我的文档】窗口切换为当前活动窗口。

(4)在任务栏的空白处单击鼠标右键,在弹出的快捷菜单中,执行【层叠窗口】命令,观察桌面窗口的排列情况。再按上述方法分别选择【横向平铺窗口】和【纵向平铺窗口】命令项,观察桌面窗口的排列情况。

7. 任务栏的设置

(1)将任务栏移到桌面(屏幕)的上、下、左、右边缘,再将任务栏移回原处。

操作步骤:将鼠标指针指向任务栏的空白处,用"拖曳"操作将任务栏移到指定的位置。

(2)将任务栏变宽或变窄。

操作步骤:将鼠标指针指向任务栏的上边缘。当指针变为双向箭头↕时,拖拽它即可更改任务栏的宽度。

(3)取消任务栏上的时钟并设置任务栏为自动隐藏。

操作步骤:右击任务栏上的空白区域,在快捷菜单选择【属性】命令,打开【任务栏和「开始」菜单属性"】对话框。在【任务栏】选项卡中,单击对应的复选框,即标记或取消"√"。

(4)在任务栏上显示或隐藏"快速启动"工具栏、调整工具栏大小。

操作步骤:右击任务栏上的空白区域,指向快捷菜单中的选择【工具栏】|【快速启动】,取消或标记文字提示前的"√"。通过指向任务栏上工具栏左边的垂直线,鼠标指针变成←→,按下鼠标左键不放,然后左右拖动,可以调整工具栏的大小,或将它移动到任务栏上的其他位置。

(5)添加或删除【我的电脑】图标到任务栏的快速启动区。

操作步骤:用鼠标拖动桌面上【我的电脑】图标,至任务栏的快速启动区,然后释放鼠标,即可将【我的电脑】图标添加到快速启动区,单击该按钮,则可快速打开【我的电脑】窗口。

用鼠标右键单击快速启动栏【我的电脑】图标按钮,在弹出的快捷菜单中选择【删除】命令,则可将该按钮从快速启动栏上删除。

8. 退出 Windows 系统

依次单击【开始】|【关闭计算机】,打开【关闭计算机】对话框,单击【关闭】按钮,则系统关闭退出。

【思考题】

(1)重新启动 Windows 系统。

(2)观察标题栏,找出窗口与对话框的区别。

(3)活动窗口的特点是什么?练习活动窗口的切换。

(4)窗口的"最大化"按钮和"还原"按钮可以同时出现吗?

(5)打开"我的电脑"窗口,在"查看"菜单中,设置查看方式为"详细资料"。

(6)打开"网上邻居"窗口,实现窗口的最大化、还原、最小化,改变窗口大小及位置等操作。

(7)打开"文件夹选项"对话框,将各项设置重新设置为上述实验操作之前的设置。

(8)设置一个自己喜欢的桌面背景。

(9)打开"我的电脑"窗口和"网上邻居"窗口,利用任务栏切换当前活动窗口,并将桌面上的窗口纵向平铺排列。

（10）将任务栏自动隐藏状态取消，并让时钟显示出现在任务栏的右侧。

（11）将 C 盘图标添加到任务栏的快速启动区。

（12）退出 Windows 系统，关闭计算机。

实训 2-2　文件资源管理

【实训内容】

1. 建立文件和文件夹之一

在 D 盘根目录建立如图 2-73 所示的文件和文件夹。

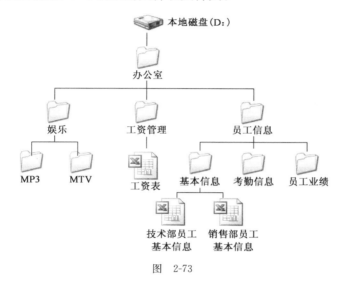

图　2-73

操作步骤：

（1）建立"办公室"文件夹

①双击桌面上【我的电脑】图标，在【我的电脑】窗口中双击 D 盘驱动器，打开 D 盘窗口。

②在 D 盘窗口空白处，单击鼠标右键，在弹出的快捷菜单中，执行【新建】|【文件夹】命令。

③在 D 盘窗口中增加了一个新建的文件夹，输入文件夹的名称"办公室"后按【Enter】键确认。

（2）在"办公室"文件夹下建立"娱乐"、"工资管理"、"员工信息" 3 个文件夹。

①双击"办公室"文件夹图标，打开"办公室"文件夹窗口。

②重复（1）的步骤②、③，输入文件夹名称"娱乐"并按【Enter】键确认。

③重复（1）的步骤②、③，输入文件夹名称"工资管理"并按【Enter】键确认。

④重复（1）的步骤②、③，输入文件夹名称"员工信息"并按【Enter】键确认。

（3）在"娱乐"文件夹下建立"MP3"、"MTV"两个文件夹

①双击"娱乐"文件夹图标，打开"娱乐"文件夹窗口。

②重复（1）的步骤②、③，输入文件夹名称"MP3"并按【Enter】键确认。

③重复（1）的步骤②、③，输入文件夹名称"MTV"并按【Enter】键确认。

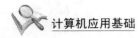

(4)在"工资管理"文件夹下建立"工资表. XLS"文件。

①单击向上图标 ,返回"办公室"文件夹窗口,双击"工资管理"文件夹。

②在该窗口单击鼠标右键,在弹出的快捷菜单中执行【新建】→【Microsoft Excel 工作表】命令。

③在窗口中新增一个新建的 Excel 文件,输入文件名"工资表. XLS"并按【Enter】键确认。

(5)在"员工信息"文件夹下建立"基本信息"、"考勤信息"、"员工业绩"3 个文件夹。

①单击向上图标 ,返回"办公室"文件夹窗口,双击"员工信息"文件夹。

②重复(1)的步骤②、③,输入文件夹名称"基本信息"并按【Enter】键确认。

③重复(1)的步骤②、③,输入文件夹名称"考勤信息"并按【Enter】键确认。

④重复(1)的步骤②、③,输入文件夹名称"员工业绩"并按【Enter】键确认。

(6)在"员工基本信息"文件夹下建立"技术部员工基本信息. XLS"和"销售部员工信息. XLS"2 个文件。

①双击"员工基本信息"文件夹,进入"员工基本信息"文件夹窗口。

②重复(4)的步骤②、③,输入文件名"技术部员工基本信息. XLS"并按【Enter】键确认。

③重复(4)的步骤②、③,输入文件名"销售部员工基本信息. XLS"并按【Enter】键确认。

(7)单击关闭按钮 ,关闭所有打开的窗口。

2. 建立文件夹之二

在 E 盘根目录建立如图 2-74 所示的文件夹。

图 2-74

操作步骤:具体操作参照上述步骤。

3. 文件复制

将 D 盘上的文件"工资表. XLS"复制到 E 盘"文档资料"文件夹中,并更名为"2012 年 1 月份工资. XLS"。

操作步骤:

①桌面上双击【我的电脑】|【本地磁盘 D:】|【办公室】|【工资管理】,进入【工资管理】文件夹窗口。

②在"工资表. XLS"文件图标上,单击鼠标右键,在弹出的快捷菜单中,执行【复制】命令。

③参照步骤①进入目标文件夹"文档资料",单击鼠标右键,弹出的快捷菜单中,执行【粘贴】命令,则在"文档资料"文件夹中即可建立"工资表. XLS"文件的副本。

④在"工资表. XLS"文件图标上,单击鼠标右键,在弹出的快捷菜单中,执行【重命名】命令,此时文件名处于编辑状态,输入文件名"2012 年 1 月员工工资表. XLS"并按【Enter】键确认。

4.文件更名

将 D 盘"员工信息"文件夹更名为"Information"。

5.建立快捷方式

在桌面上建立"工资管理"的快捷方式,以方便管理。

操作步骤:

①找到"工资管理"文件夹。

②在"工资管理"文件夹上单击鼠标右键,在弹出的快捷菜单中,依次执行【发送到】|【桌面快捷方式】命令。这样在桌面上就建立了"工资管理"的快捷方式。

6.隐藏文件夹

为防止泄露公司工资秘密,将 D 盘"工资管理"文件夹隐藏。

操作步骤:在"工资管理"文件夹上单击鼠标右键,在弹出的快捷菜单中,执行【属性】命令,打开【工资管理 属性】对话框,在该对话框中选中【隐藏】属性,单击【确定】按钮即可。

7.隐藏或显示文件的扩展名

隐藏或显示 Windows XP 操作系统中所有文件的扩展名。

操作步骤:

在【我的电脑】窗口或别的文件夹窗口中,在菜单栏单击【工具】|【文件夹选项】,在弹出的【文件夹选项】对话框中,单击【查看】选项卡,在该选项卡中对【隐藏文件和文件夹】选项进行设置。

8.搜索文件

搜索磁盘中所有扩展名为 XLS 的文件。

操作步骤:在【我的电脑】窗口中,单击常用工具栏【搜索】命令,在左侧窗格【要搜索的文件或文件夹名为】下面填入"＊.XLS",然后单击【立即搜索】命令。搜索完成后,在右侧窗格中会显示搜索到的文件。

【思考题】

(1)快捷方式和实际的文件和文件夹含义的差别是什么?

(2)在 E 盘根目录下创建一个文件夹,用自己的学号和姓名命名,例如"201204030101 张三",在"201204030101 张三"文件夹下创建三个名为"作业_英语.DOC"、"作业_数学.DOC"和"作业_计算机.DOC"的空文本文档,将文件"作业_英语.DOC"设置属性为"隐藏"。复制文件夹"201204030101 张三"到 D 盘,并将它更名为"201204030101 张三_备份"。

(3)在桌面上为"201204030101 张三"文件夹建立一个快捷方式。

 实训 2-3　Windows 系统资源管理

【实训内容】

1.桌面的设置

(1)查看、设置屏幕分辨率:在【控制面板】中双击【显示】图标,打开【显示 属性】对话框,在【设置】选项卡的【屏幕分辨率】下,拖动滑块,分别设置为:800×600 像素、1024×768 像素等,体会实际效果。

(2)设置桌面的背景:选择一幅扩展名为 bmp、gif 或 jpg 的文件作为桌面的背景。

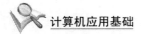

右击桌面空白区域,执行快捷菜单中的【属性】命令,打开【显示 属性】对话框,选择【背景】选项卡,在列表框内选定作为桌面背景的图片文件。

(3)设置屏幕保护程序为【Windows XP】:在【显示 属性】对话框中选择【屏幕保护程序】标签,在【屏幕保护程序】列表中选择【Windows XP】。

2. 鼠标设置

根据个人喜好,进行如下鼠标设置:设置鼠标的双击速度,为指针选择不同的方案,适当调整指针速度、是否显示指针轨迹等。

操作步骤:在【控制面板】中打开【鼠标 属性】对话框,在该对话框的不同选项卡中完成上述设置。

3. 添加和删除汉字输入法

操作步骤:

①在任务栏右侧的语言栏上单击鼠标右键,在弹出的快捷菜单中选择【设置】命令,弹出【文字服务和输入语言】对话框。

②在【已安装服务】列表中,选择某一已安装的输入法,单击【删除】按钮可以从系统中取消该输入法。【添加】按钮可以安装新的输入法。要求提供【微软拼音】、【智能 ABC】、【全拼】三种输入法,删除【郑码】输入法。

4. 添加快速启动按钮

将桌面上【我的电脑】图标添加到任务栏的快速启动栏。

操作步骤:用鼠标拖动【我的电脑】图标到快速启动栏释放鼠标即可。

5. 隐藏快速启动栏

隐藏任务栏中的快速启动栏;在任务较多时,将相似任务分组显示,不使用任务栏时将其隐藏。

操作步骤:在任务栏的空白处,点击鼠标右键,在弹出的快捷菜单中选择【属性】命令,弹出【任务栏和「开始」菜单属性】对话框,在该对话框中进行相应的设置。完成后按【确定】按钮。

6. 创建新用户的账户

为本机创建一个新的用户账户,用户名自定。

操作步骤:在【控制面板】中打开【用户账户】对话框,在该对话框单击【创建一个新账户】,按照提示创建账户。

练习题

一、单项选择题

1.文件名使用通配符的作用是(　　　)。

   A. 减少文件名所占用的磁盘空间　　　　B. 便于一次处理多个文件

   C. 便于文件命名　　　　　　　　　　　　D. 便于保存文件

2.在文件夹中,用鼠标配合 Shift 键分别单击第一、第三个文件,则选中了(　　　)个文件。

   A. 1　　　　　　　　B. 2　　　　　　　　C. 3　　　　　　　　D. 4

3.Windows 中的"剪贴板"是(　　　)。

   A. 硬盘中的一块区域　　　　　　　　　　B. 软盘中的一块区域

C. 高速缓存中的一块区域　　　　　　　　　　D. 内存中的一块区域

4. 在 Windows 默认环境中,能将选定的文档放入剪贴板中的组合键是(　　　)。

　A. Ctrl+V　　　　　　B. Ctrl+Z　　　　　　C. Ctrl+X　　　　　　D. Ctrl+A

5. 若要将剪贴板中的信息粘贴到某个文档中,应按(　　　)键。

　A. Ctrl+V　　　　　　B. Ctrl+Z　　　　　　C. Ctrl+X　　　　　　D. Ctrl+A

6. Windows 中的窗口和对话框比较,窗口可移动和改变大小,而对话框(　　　)。

　A. 既不能移动,也不能改变大小　　　　　B. 既能移动也能改变大小

　C. 仅可以改变大小,不能移动　　　　　　D. 仅可以移动,不能改变大小

7. 在 Windows 环境下,要在不同的应用程序及其窗口之间进行切换,应按组合键(　　　)。

　A. Ctrl+Shift　　　　　B. Alt+Tab　　　　　C. Ctrl+Tab　　　　　D. Alt+Shift

8. 在 Windows 系统中,搜索文件时可使用通配符"＊",其含义是(　　　)。

　A. 匹配任意多个字符　　　　　　　　　　B. 匹配任意一个字符

　C. 匹配任意两个字符　　　　　　　　　　D. 匹配任意三个字符

9. 在 Windows 的"资源管理器"窗口中,其左部窗口中显示的是(　　　)。

　A. 当前打开的文件夹的内容　　　　　　　B. 系统的目录树结构或任务窗格

　C. 当前打开的文件夹名称及内容　　　　　D. 当前打开的文件夹名称

10. 在 Windows 的窗口中,选中末尾带有省略号(…)的菜单意味着(　　　)。

　A. 将弹出下一级菜单　　　　　　　　　　B. 将执行该菜单命令

　C. 表明该菜单项已被选用　　　　　　　　D. 将弹出一个对话框

11. 在计算机操作系统中,以下(　　　)被称为文本文件或 ASCII 文件。

　A. 以 txt 为扩展名的文件　　　　　　　　B. 以 com 为扩展名的文件

　C. 以 exe 为扩展名的文件　　　　　　　　D. 以 doc 为扩展名的文件

12. 在正常状态下,当鼠标的右键点击一个对象的时候,会(　　　)。

　A. 弹出该对象的快捷菜单　　　　　　　　B. 打开该对象

　C. 关闭该对象　　　　　　　　　　　　　D. 没有任何特殊反应

13. Windows 中,用鼠标左键单击某应用程序窗口的最小化按钮,该应用程序处于(　　　)的状态。

　A. 不确定　　　　　　　　　　　　　　　B. 被强制关闭

　C. 被暂时挂起　　　　　　　　　　　　　D. 在后台继续运行

14. 下列哪种方式不能关闭当前窗口(　　　)。

　A. 标题栏上的"关闭"按钮　　　　　　　　B. "文件"菜单中的"退出"或"关闭"

　C. 按 Alt+F4 快捷键　　　　　　　　　　D. 按 Alt+ESC 快捷键

15. 在桌面上要移动任何 Windows 窗口,可以用鼠标指针拖动该窗口的(　　　)。

　A. 标题栏　　　　　　B. 边框　　　　　　C. 滚动条　　　　　　D. 控制菜单框

16. 在资源管理器的左窗格中,文件夹图标左侧有"＋"时,表示(　　　)。

　A. 该文件夹有隐含文件　　　　　　　　　B. 该文件夹为空文件夹

　C. 该文件夹有子文件夹　　　　　　　　　D. 该文件夹有系统文件

17. 在 Windows 中,文件的扩展名通常表示文件的(　　　)。

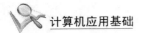

A. 作者　　　　　　　B. 类型　　　　　　　C. 大小　　　　　　　D. 属性

18. 在应用程序菜单中,暗淡显示的命令名表示(　　　)。

 A. 命令当前不能使用　　　　　　　　B. 将打开对话框

 C. 此类命令正在使用　　　　　　　　D. 有下级子菜单

19. 扩展名为 exe 的文件称为(　　　)。

 A. 批命令文件　　　　　　　　　　　B. 可执行文件

 C. 命令文件　　　　　　　　　　　　D. 文本文件

20. 在 Windows 中,用鼠标左键在不同驱动器之间拖动某一对象,结果为(　　　)。

 A. 移动该对象　　　　　　　　　　　B. 复制该对象

 C. 删除该对象　　　　　　　　　　　D. 无任何结果

21. 下列关于 Windows 文件名的叙述,错误的是(　　　)。

 A. 文件名中允许使用汉字　　　　　　B. 文件名中允许使用多个圆点分割

 C. 文件名允许使用空格　　　　　　　D. 文件名允许使用竖线"|"

22. 在 Windows 的中文输入法中,为了实现全角与半角状态之间的切换,应按的键是(　　　)。

 A.〈Shift+空格〉　　B.〈Ctrl+空格〉　　C.〈Shift+Ctrl〉　　D.〈Ctrl+F9〉

23. Windows 提供设置环境参数和硬件配置的工具是(　　　)。

 A. 资源管理器　　　　B. 控制面板　　　　C. 附件　　　　D. 我的文档

24. 在 Windows 中,在默认设置的情况下,当选定文件或文件夹后,不将文件或文件夹放到回收站中,直接删除的操作是(　　　)。

 A. 按 Delete 键

 B. 按〈Shift+Delete〉键

 C. 用鼠标直接将文件或文件夹拖到回收站中

 D. 用【我的电脑】或【资源管理】窗口中【文件】菜单中的【删除】命令。

25. 下列关于"回收站"的叙述中,错误的是(　　　)。

 A. "回收站"可以暂时或永久存放硬盘上被删除的信息

 B. 放入"回收站"的信息可以恢复

 C. "回收站"所占据的空间是可以调整的

 D. "回收站"可以存放 U 盘上被删除的信息

26. 关于"回收站"的叙述中,正确的是(　　　)。

 A. 不论从硬盘还是 U 盘上删除的文件都可以用"回收站"恢复

 B. 不论从硬盘还是 U 盘上删除的文件都不能用"回收站"恢复

 C. 用 Delete(Del)键从硬盘上删除的文件可用"回收站"恢复

 D. 用〈Shift+Delete(Del)〉键从硬盘上删除的文件可用"回收站"恢复

27. 在 Windows 中,实现中文与西文输入法的切换,通常应按的键是(　　　)。

 A.〈Shift+空格〉　　B.〈Shift+Tab〉　　C.〈Ctrl+空格〉　　D.〈Alt+F6〉

28. 含有(　　　)属性的文件不能修改。

 A. 系统　　　　　　　B. 隐藏　　　　　　　C. 存档　　　　　　　D. 只读

29. 如果要选择多个不连续的文件,可以(　　　)。

A. Shift＋单击多个文件　　　　　　B. Shift＋最后一个文件

C. Ctrl＋单击多个文件　　　　　　　D. Ctrl＋最后一个文件

30. 在资源管理器中要同时选定相邻的多个文件,使用(　　)键。

A. Shift＋单击多个文件

B. Shift＋单击第一个文件和最后一个文件

C. Ctrl＋单击多个文件

D. Ctrl＋单击第一个文件和最后一个文件

31. 剪贴板是(　　)中的一块区域。

A. 硬盘　　　　　　B. U 盘　　　　　　C. 内存　　　　　　D. 光盘

32. 关于文件夹,下面说法错误的是(　　)。

A. 文件夹只能建立在根目录下

B. 文件夹可以建立在根目录下也可以建立在其他的文件夹下

C. 文件夹的属性可以改变

D. 文件夹的名称可以改变

33. 当鼠标指针移到一个窗口的边缘时,鼠标指针变为双向的十字箭头,表明(　　)。

A. 可以改变窗口的大小　　　　　　B. 可以移动窗口的位置

C. 可以改变窗口的大小和位置　　　D. 可以将窗口最小化

34. "任务栏"(　　)。

A. 只能改变位置不能改变大小　　　B. 只能改变大小不能改变位置

C. 既不能改变位置也不能改变大小　D. 既能改变位置也能改变大小

35. 若系统长时间不响应用户的要求,为了结束该任务,应使用的组合键是(　　)。

A.〈Shift＋Esc＋Tab〉　　　　　　B.〈Ctrl＋Shift＋Enter〉

C.〈Alt＋Shift＋Enter〉　　　　　　D.〈Alt＋Ctrl＋Del〉

36. 在 WindowsXP 中,要将当前窗口的全部内容拷入剪贴板,应该使用(　　)。

A. PrintScreen　　　　　　　　　　B.〈Alt＋PrintScreen〉

C.〈Ctrl＋PrintScreen〉　　　　　　D.〈Shift＋PrintScreen〉

37. 在 Windows 中,菜单命令前面带有符号"√",表示该命令(　　)。

A. 处于有效状态　　　　　　　　　B. 执行时有对话框

C. 有若干子命令　　　　　　　　　D. 不能执行

38. 在 Windows 中,能弹出对话框的操作是(　　)。

A. 选择了带省略号(…)的菜单项

B. 选择了带向右三角形箭头(▶)的菜单项

C. 选择了颜色变灰的菜单项

D. 运行了与对话框对应的应用程序

二、多项选择题

1. 鼠标有(　　)几种操作。

A. 单击　　　　　　B. 拖动　　　　　　C. 双击

D. 定点　　　　　　E. 右击

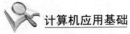

2. 下面关于 Windows 文件名的叙述,正确的是( )。

　　A. 文件名中允许使用汉字　　　　　　　　B. 文件名中允许使用多个圆点分隔符

　　C. 文件名中允许使用空格　　　　　　　　D. 文件名中允许使用竖线"|"

　　E. 文件名都采用"8.3"形式命名

3. 图标是 Windows 的一个重要元素,有关图标的描述中,正确的有( )。

　　A. 图标只能代表某个应用程序或应用程序组

　　B. 图标可以代表任何快捷方式

　　C. 图标可以代表包括文档在内的任何文件

　　D. 图标可代表文件夹

　　E. 图标可以重新排列

4. 在 Windows 中,文件名中不能包括的符号是( )。

　　A. $　　　　　　　　　B. *　　　　　　　　　C. \

　　D. %　　　　　　　　　E. ?

5. 对 Windows 的窗口操作有( )。

　　A. 移动　　　　　　　B. 改变大小　　　　　　C. 打开

　　D. 关闭　　　　　　　E. 合并

6. Windows 系统的剪贴板应用程序是( )。

　　A. 一段连续的内存区域　　　　　　　　　　B. 随机的内存空间

　　C. 一个图形处理应用程序　　　　　　　　　D. 存储信息的物理空间

　　E. 应用程序之间进行数据交换的工具

7. 在 Windows 中,文件的属性有( )。

　　A. 只读　　　　　　　B. 存档　　　　　　　C. 隐藏　　　　　　　D. 系统

8. 在 Windows 桌面上多窗口的排列方式有( )。

　　A. 层叠窗口　　　　　B. 横向平铺窗口　　　　C. 纵向平铺窗口

　　D. 活动窗口　　　　　E. 文档窗口

9. 在 Windows 默认环境下,能运行应用程序的操作是( )。

　　A. 用鼠标左键双击应用程序快捷方式

　　B. 用鼠标左键双击应用程序图标

　　C. 用鼠标右键单击应用程序图标,在弹出的快捷菜单中选"打开"命令

　　D. 用鼠标右键单击应用程序图标,然后按"Enter"键。

10. WindowsXP 对磁盘文件的显示方式有( )。

　　A. 图标　　　　　　　B. 缩略图　　　　　　　C. 列表

　　D. 详细信息　　　　　E. 平铺

三、判断题

1. Windows 支持长文件名,DOS 不支持长文件名。　　　　　　　　　　　　　(　)

2. Windows 中不能用大、小写来区分文件名。　　　　　　　　　　　　　　　(　)

3. 在 Windows 中,文档窗口组成与应用程序窗口组成的不同是文档窗口不含菜单栏。

　　　　　　　　　　　　　　　　　　　　　　　　　　　　　　　　　　　(　)

4. 在 Windows 环境下,剪切板使用的是内存的一部分空间。　　　　　　（　　）

5. Windows 是一个多任务操作系统,这是指 Windows 可以同时提供给多个用户使用。

（　　）

6. DOS 是以图形方式工作的,而 Windows 是以字符方式工作的。　　　（　　）

7. 不同子目录中的文件可以同名。　　　　　　　　　　　　　　　　（　　）

8. 在 Windows 系统中,不能运行 DOS 应用程序。　　　　　　　　　（　　）

9. 在 Windows 中,将文件或文件夹直接删除(不放到回收站)可以按〈Shift＋Delete〉键。

（　　）

10. 文件的扩展名一定代表该文件的类型。　　　　　　　　　　　　　（　　）

11. 在单用户操作系统中,计算机不能同时完成多项任务。　　　　　　（　　）

12. 在 Windows 操作系统中,通常关闭计算机后回收站内的内容会自动消除。　（　　）

13. 启动 Windows 就是把硬盘中的 Windows 系统装入内存储器的指定区域中并执行。

（　　）

14. 在 Windows 系统中,仅用键盘不用鼠标就不能进行操作。　　　　（　　）

15. 计算机与其他计算工具的本质区别是它能够存储和控制程序的执行。　（　　）

16. 菜单命令中,带有省略号的命令执行后会弹出对话框。　　　　　　（　　）

四、填空题

1. Windows 中,通过【开始】菜单的【程序】|【附件】|【命令提示符】进入 MS-DOS 方式(字符命令方式)后,可使用_____命令再返回 Windows。

2. 文件型病毒传染的对象主要是 .com 和_____类文件。

3. 在 Windows 中,"回收站"是_____中的一块区域。

4. 在"回收站"窗口,要恢复选定的文件或文件夹,可以使用【文件】菜单中的_____命令。

5. 在 Windows 系统的操作过程中,按_____键一般可获得联机帮助。

6. 在窗口标题栏的右侧,一般有 3 个按钮,分别是_____按钮、_____按钮和_____按钮。

7. 当启动程序或打开文档时,若不知道文件的位置,可使用系统提供的_____功能。

8. 要将当前整个桌面的内容存入剪切板,应按_____键。

9. 在 Windows 中,文件夹的目录结构是树状结构,逻辑盘下的顶级目录称为_____。

10. Windows 支持 USB 技术,USB 的含义是_____。

第 3 章　中文 Word 2003 的应用

中文 Word 2003 是美国微软公司发行的中文 Office 2003 集成软件系统的一部分,它适用于制作各种文档,比如信件、传真、文稿、简历、公文等。中文 Word 2003 功能强大,主要包括文字处理、文档的编辑、图片的处理、表格处理,以及排版和打印。

3.1　Word 2003 基础应用

3.1.1　Word 2003 的启动与退出

1)启动 Word 2003

以下三种方式均可启动 Word:

①单击任务栏【开始】|【所有程序】|【Microsoft office】|【Microsoft Office Word 2003】命令。启动中文 Word 2003 后,出现如图 3-1 所示的工作界面。

②如果 Windows 桌面设置了 Word 的快捷方式,直接双击桌面上的 Word 图标。

③找到要打开的 Word 文件,双击该文件即可启动 Word。

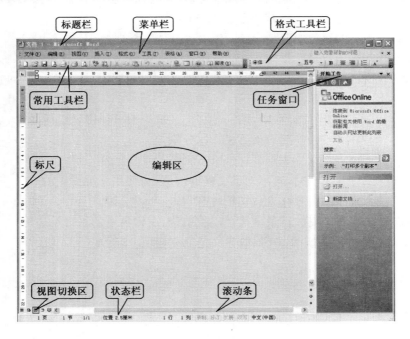

图 3-1　Word 2003 工作界面

2)Word 2003 窗口的组成

Word 2003 工作界面的组成元素主要有:

（1）标题栏

标题栏位于 Word 工作界面的最上方，用于显示当前活动窗口的文件名，如图 3-2 所示。在标题栏的最左侧有一个程序控制图标W，单击该控制图标，会弹出控制菜单，从而可以对窗口进行还原、移动、最小化、最大化、关闭等进行操作。在标题栏的最右侧依次为【最小化】、【最大化】、【关闭】3 个按钮。

图 3-2　标题栏

（2）菜单栏

菜单栏位于标题栏的下方，如图 3-3 所示。

图 3-3　菜单栏

菜单栏主要是提供对文档进行处理和程序功能设置的命令集，主要包含 9 个主菜单。单击菜单栏中的每一项都会弹出一个子菜单。其中，灰色的菜单项表示该菜单不可用，只有在进行了某项操作之后该菜单项才会有效；后面带有省略号的菜单项表示单击该菜单项会弹出对话框；后面带有三角符号的菜单项表示还有级联菜单。

（3）工具栏

工具栏是将常用的菜单命令表示出来。它一般位于菜单栏的下方，在通常情况下，Word 会显示【常用】和【格式】两个工具，常用工具栏如图 3-4 所示。

图 3-4　工具栏

如果想显示和隐藏工具栏，可以在工具栏上右键单击，在弹出的快捷菜单中列出了 Word 2003 中所有的预定义工具栏（也可以在【视图】菜单中选择【工具栏】选项打开下级菜单），前面有"√"记号的表示这个工具栏已经被打开，单击此菜单项，工具栏就会被关闭。反之，如果前面没有"√"记号的表示这个工具栏已经被关闭，单击此选项，该工具栏就会被打开。

（4）标尺

标尺位于文档的左侧和上方，分别称为垂直标尺和水平标尺，如图 3-5 所示，标尺用于调整文本段落的缩进，文本内容限制在左、右缩进标记之间，文本随着左、右标尺缩进滑块的移动作出调整。

图 3-5　水平标尺

（5）状态栏

位于屏幕的底部，用于即时提示当前页码、行号、列号等编辑状态，如图 3-6 所示。

（6）编辑区

进行图文编辑和排版的工作区域。

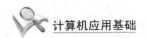

| 1 页 | 1 节 | 1/1 | 位置 2.5厘米 | 1 行 | 1 列 | 录制 修订 扩展 改写 | 中文(中国) |

图 3-6　状态栏

图 3-7　视图切换按钮

（7）视图切换区

位于水平滚动条的左侧，如图 3-7 所示，分别代表【普通视图】、【Web 版式视图】、【页面视图】、【大纲视图】、【阅读版式】。

（8）任务窗格

任务窗格采用智能化设计，需要时在【视图】菜单中打开它。任务窗口位于 Word 编辑区的右边，随着文档的编辑任务窗口会显示相应的内容，常用的包括：新建（打开）文档、剪贴板、剪贴画、搜索结果、邮件合并。

3）退出 Word 2003

以下 3 种方式均可退出 Word：

①单击 Word 窗口右上角的【关闭】按钮⊠。

②单击 Word 窗口中的【文件】|【退出】命令。

③按下键盘上的快捷组合键〈Alt＋F4〉。

注意：如果在 Word 中编辑了文档并且未事先保存，在退出时系统会提示用户是否保存，如果想保存文件，则选择【是】，系统会弹出【另存为】对话框，在确认保存位置和输入文件名后可单击【保存】按钮保存文件并退出；选择【否】，则不保存文件退出，所做的工作全部放弃；选择【取消】，则返回 Word 工作界面。

3.1.2　文档的新建与保存

在 Word 中完成任何工作都先要启动 Word 应用程序，创建一个文档。

1）新建文档

启动进入 Word 2003 后，会自动创建一个名为"文档 1"的空白文档，其扩展名为"doc"，用户既可以对文档进行操作，也可以重新创建一个新文档，主要方法有以下 4 种。

（1）单击【菜单栏】中的【文件】|【新建】命令，调出【新建文档】任务窗口，如图 3-8 所示，单击【空白文档】即可新建一个空白文档。

（2）单击【常用】工具栏最左边的【新建空白文档】按钮，新建一个空白文档。

（3）在已经打开的文档中使用〈Ctrl＋N〉快捷键，新建一个空白文档。

（4）单击"菜单栏"【文件】|【新建】，调出【新建文档】任务窗口。单击其中的【根据现有文档...】调出【根据现有文档新建】对话框，选中需要的 Word 文档后，单击【创建】按钮，就可以创建出一个与原文档内容完全一样的新文档，如图 3-9所示。

图 3-8　【新建文档】任务窗格

图 3-9 【根据现有文档创建】对话框

2)保存文档

在编辑文档的过程中，一切工作都是在计算机内存中进行的，如果突然断电或系统出现错误，所编辑的文档就会丢失，因此就要经常保存文档。

Word 2003 中文版提供了多种保存文档的方法。

(1)保存未命名的文档

①执行菜单栏中的【文件】|【保存】命令或者单击工具栏中的【保存】按钮，或敲击键盘中的〈Ctrl＋S〉组合键，此时会弹出【另存为】对话框，如图 3-10 所示。

图 3-10 【另存为】对话框

②单击【保存位置】选项框右侧的下拉按钮，弹出列表框，根据自己的需要选择文档要存放的路径及文件夹。

③在【文件名】选项右侧的文本框处，输入保存的文档名称（通常默认的文件名是文档中的第一句）。

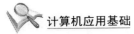

④在【保存类型】选项处单击右侧的下拉按钮,选择保存文档的文件格式,默认保存类型为 Word 文档(*.doc)。

⑤设置完成后,单击对话框中的【确定】按钮,即可完成保存操作。

(2)保存已有的文档

保存已有的文档有两种形式:第一种,是将文稿依然保存到原文稿中;第二种,是另建文件名进行保存。

①如果将以前保存过的文档打开修改后,想要保存修改,直接敲击键盘中的〈Ctrl+S〉组合键或者单击工具栏中的【保存】按钮即可。

②如果不想破坏原文档,但是修改后的文档还需要进行保存,可以直接执行菜单栏中的【文件】|【另存为】命令,在弹出的【另存为】对话框中,为文档另外命名然后保存即可。

(3)自动保存文档

Word 2003 提供了自动保存的功能,即隔一段时间系统自动保存文档,需要用户来设置文档保存选项。

①执行菜单栏中的【工具】|【选项...】命令,在弹出的【选项】对话框中,单击【保存】选项卡,如图 3-11 所示。

图 3-11 【选项】对话框

②在【选项】对话框中,将【自动保存时间间隔】选项前面的复选框勾选,然后通过单击右侧框中的按钮,设置两次自动保存之间的间隔时间。

③设置完成后,单击对话框中的【确定】按钮,退出对话框即可。

自动保存的时间间隔一般设置为 5～15min 比较合适,因为间隔时间太长,意外事故就会造成较大的损失,而间隔时间太短,频繁地存盘又会干扰用户正常工作。

3.1.3 输入文档内容

文档创建好后,就可以在 Word 文档中录入文本内容了。输入文档内容包括英文、中文、各种符号和换行。

1)输入英文

①进行英文输入时,通过键盘可直接输入。敲击键盘,可直接输入"how are you"小写字母。

②键盘中的 Caps Lock 键为英文字母大/小写状态切换键。小写状态下敲击该键后,键盘右上方的"A"灯亮(或 Caps Lock 灯亮),输入的英文字母为大写;大写状态下敲击该键后,"A"灯灭(或 Caps Lock 灯灭),输入的英文字母为小写。

③在英文字母小写状态下,通过组合键〈Shift+英文字母〉,可输入相应大写字母;反之,在大写状态下,通过〈Shift+英文字母〉,可输入相应的小写字母。

2)中文的输入

①单击窗口右下角任务栏中的输入法按钮,弹出输入法菜单。

②在输入法菜单中选取自己会用的中文输入法选项。

③运用键盘便可输入汉字。

④需要换行时,可敲击键盘中的〈Enter〉键。

注意:若需要中/英文交替输入,可以通过按〈Ctrl+空格〉组合键实现中、英文输入法的切换。

3)特殊符号的输入

在 Word 2003 文档中,我们总会遇到在键盘上找不到的一些特殊符号,例如人民币的符号"￥",电阻的单位"Ω"等。选择【插入】菜单中的【符号】命令,将弹出【符号】对话框,如图3-12所示,用户可以在符号对话框里查找并输入各种特殊符号,并通过下拉框选择符号的类型。采用下面两种方法可以将其中的特殊符号插入到当前文档的插入点位置。

图 3-12 【符号】对话框

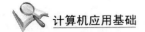

方法一：直接双击需要的符号；

方法二：单击选中所需要的符号，然后单击【插入】按钮。

4）日期和时间的输入

在文档中可以插入固定的日期和时间，也可以插入自动更新的日期和时间，操作步骤如下：

①单击要插入的日期和时间的位置。

②执行【插入】菜单下的【日期和时间】菜单，打开【日期和时间】对话框，如图 3-13 所示。

③在"语言（国家/地区）"列表中选择地区语言，然后在"可用格式（A）:"列表中选择各种当前时间的格式。

如果用户想让现在插入的时间能在下一次打开文档时与计算机时间同步，那么就把【日期和时间】对话框中的"自动更新（U）"复选框选中，否则就不用选中这个复选框。

④单击【确定】按钮，完成输入。

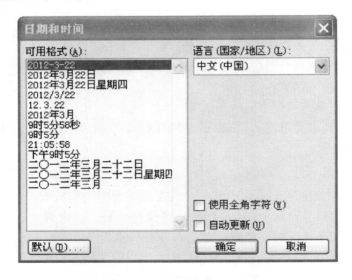

图 3-13 【日期和时间】对话框

3.1.4 光标的移动和定位

在 Word 中进行编辑时，经常需要移动光标来定位文字、图片或其他对象的插入点。在 Word 中有多种定位方式。

1）使用鼠标

使用鼠标指针定位到指定位置，单击鼠标，即可把光标立刻定位到指定位置。如果光标定位的指定位置不在当前窗口上，可以用鼠标拖动在窗口右边的垂直滚动条上的滚动块，或点击滚动条，或点击滚动条上、下两端的箭头和滚条下端的翻页按钮来迅速找到目标位置。

2）使用键盘

使用键盘来移动光标的操作方法如表 3-1 所示。

常用光标移动键

表 3-1

键 盘 操 作	移 动 效 果	键 盘 操 作	移 动 效 果
←或→	向左或者向右移动一个字符	Page Down	下移一屏幕
↑或↓	向上或者向下移动一行	Ctrl+Page Up	移动到上一页的页首
Home	移动到当前行的开头	Ctrl+Page Down	移动到下一页的页首
End	移动到当前行的末尾	Ctrl+Home	移动文档开头
Page Up	上移一屏幕	Ctrl+End	移动文档的结尾

3.1.5 文本的选定

文本的选定就是指定将要操作的文本对象。选定文本后的操作主要有文本的移动、删除、复制等编辑操作。文本的选定主要有以下两种方法。

1)运用鼠标选定文本

①鼠标拖动:将光标置于要选取的文字前,按下鼠标向后拖动,可将文字选取。

②选定一个单词:在一个词内或文字上双击鼠标,可将整个词和文字选取。

③选定整行:将光标置于行首(每行左边编辑区外,也称为选定栏),光标变为斜向右上的箭头时,单击鼠标,可将整行文字选取。

④选定一个段落:在一段文本内三次单击鼠标,可将整个段落选取,或将光标置于行首,双击鼠标,即可将整段文字选取。

⑤选中整篇文档:执行【编辑】菜单下的【全选】命令,或者在选定栏的任意位置连续单击鼠标三次,均可选中整篇文档。

2)运用键盘选定文本

使用键盘选择文本可以通过方向键和 Shift 键、Ctrl 键来实现,最常用的使用键盘选定文本的方式如表 3-2 所示。

使用键盘选定文本

表 3-2

按 键	选 定 范 围	按 键	选 定 范 围
Shift+↑	向上选定一行	Shift+Ctrl+←	选定内容扩展至单词开头
Shift+↓	向下选定一行	Shift+Ctrl+→	选定内容扩展至单词结尾
Shift+←	向左选定一个字符	Shift+Home	选定内容扩展至行首
Shift+→	向右选定一个字符	Shift+End	选定内容扩展至行末
Shift+Ctrl+↑	选定内容扩展至段落开头	Shift+Ctrl+Home	选定内容至文档开始处
Shift+Ctrl+↓	选定内容扩展至段落结尾	Shift+Ctrl+End	选定内容至文档结尾处

3)取消选定

要取消已经选定的文本标记,可以在文本区选定栏外的任何位置单击鼠标或者按任意光标移动键,此时显示的文本将恢复原样。

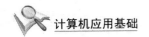

3.1.6　文本的删除

在输入文本的过程中，难免会出现错误的输入，若输入文本时发生错误，可以按下列方法进行修改。

1）删除单个字符

①删除插入点前面字符：光标在错误文字的后面闪烁时，敲击键盘中的〈Backspace〉退格键，可以将前面的错误文字删除，然后输入正确的文字。

②删除插入点后面字符：将光标置于错误文字的前面，敲击键盘中的〈Delete〉键，也可删除错误的文字。

2）删除整行文字

如果整行的文字需要修改，首先要将文本选取，敲击键盘中的〈Delete〉键或〈Backspace〉键将其删除，然后输入正确的文字。

3.1.7　撤消与恢复

当在编辑中出现误操作或者对编辑效果不满意的时候，可以应用"撤消"功能来取消这些操作，而当用户需要取消"撤消操作"时，则可以应用"恢复"功能。

1）撤消

在编辑文档时，用户经常会出现错误的操作，此时可以利用撤消操作来恢复被删除的文本。

①按下快捷键〈Ctrl＋Z〉可以一步一步地撤消刚才的操作，即按下一次〈Ctrl＋Z〉，撤消一个操作步骤。

②选择【编辑】菜单中的【撤消】命令，和使用快捷键一样，执行一次，撤消一个操作步骤。

③单击【常用】工具栏上的【撤消】按钮。

说明：当用户需要一次撤消多个操作时，应用工具栏的【撤消】按钮 是最佳的选择，将鼠标移动到常用工具栏上的【撤消】按钮上，该按钮变为 ，单击右边的下拉按钮，展开下拉列表，这里罗列着用户最近的操作步骤，只要同时选中这些步骤，就可以一次撤消多个操作。在这个列表中，向下移动鼠标或向下拖动右边的滚动条都是选中操作条目；向上移动鼠标或向上拖动右边的滚动条都是撤消选中的操作条目；单击向下按钮 选中当前在列表中见到的操作条目，单击用向上按钮 ，撤消这些选择。需要注意的是，单击向下按钮后，当前见到的条目处于选中状态，而单击向上按钮撤消选中后，当前见到的第一个条目仍然处于选中状态，只有继续按该按钮读到新的条目时，刚才读过的条目才会被取消选中。完成选择后，按下回车键，刚才选中的所有操作都被撤消了。

2）恢复

用户可以通过按下快捷键〈Ctrl＋Y〉来恢复被撤消的操作，按下一次，恢复一个操作步骤。当然，执行【编辑(E)】菜单下的命令【恢复(R)】可以恢复撤消操作，和快捷键一样，执行一次，恢复一个步骤。另外用户还可以在常用工具栏找到【恢复】按钮 ，单击右边的下拉按钮展开下拉列表，在这里罗列着用户最近的撤消操作，只要同时选中这些步骤，用户就可以一次恢复多个撤消操作。这里的选中方法和前面的【撤消】按钮的下拉列表完全一样。

3.1.8　文本的复制和移动

复制和移动文本都是以选中文本为前提的。复制文本是通过执行复制和粘贴操作来实现的,而移动文本则是通过执行剪切和粘贴操作来完成。两者的区别在于,执行复制和粘贴操作后,被复制的文本仍然保留在原处,而执行剪切和粘贴操作后,被剪切的文本不再保留在原处。当用户执行复制操作或剪切操作后,其内容都将被暂时存放在剪贴板中。

1)复制文本

方法一:选中要复制的文本,按下快捷键〈Ctrl+C〉;

方法二:选中文本后,单击常用工具栏上的【复制】按钮 ;

方法三:选中文本后,通过执行【编辑】菜单中的【复制】命令。

上述方法均可完成文本到剪贴板的复制操作。

2)剪切文本

方法一:选中要剪切的文本,按下快捷键〈Ctrl+X〉;

方法二:选中要剪切的文本,单击常用工具栏上的【剪切】按钮 ;

方法三:选中要剪切的文本,执行【编辑】菜单下的【剪切】命令。

上述方法均可完成文本的剪切操作,并暂存在系统剪贴板中。

3)粘贴文本

粘贴文本是复制或剪切文本的目的,而复制或剪切文本则是粘贴文本的前提或准备,粘贴的方法有 3 种。

方法一:将光标移到需要插入剪贴板内容的位置,按下快捷键〈Ctrl+V〉;

方法三:单击常用工具栏上的【粘贴】按钮 ;

方法二:将光标移到需要插入剪贴板内容的位置,执行【编辑】菜单下的【粘贴】命令。

上述方法均可完成文本由剪贴板到目标位置的粘贴操作。

4)移动文本

在编辑文档时,有时需要把一段文字移动到另外的位置。移动的方法有两种。

方法一:利用鼠标拖动移动文本。

如果要近距离地移动文本,用户可以利用鼠标拖动的方法快速移动,具体步骤如下:

①选定要移动的文本。

②把鼠标指向已经选定的文本,当鼠标变成箭头状时,按住鼠标左键,拖动鼠标,指针将变成 形状,同时还会用一条竖直的虚线表示插入点。

③将虚线表示的插入点移动到的目标位置后,松开鼠标左键,被选定的文本就从原来的位置移动到这个新的位置。

方法二:使用剪贴板移动文本。

如果要长距离地移动文本,比如将文本从当前页移动到另一页。这时,如果再用鼠标拖放的方法,就会变得非常不方便。此时,用户就可以利用剪贴板来移动文本。使用剪贴板移动文本的步骤如下:

①选定要移动的文本。

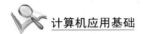

②执行【编辑】中的【剪切】命令，或者单击常用工具栏上的【剪切】按钮 ，也可以在选中文本的同时按下〈Ctrl＋X〉组合键，如图 3-14 所示。选定的文本便从当前的文档中被剪掉，暂存在剪贴板中。

③将插入点光标移动到 Word 2003 文档目标位置，在菜单栏依次单击【编辑】菜单中的【粘贴】命令，或者在常用工具栏单击【粘贴】按钮 ，也可以按下〈Ctrl＋V〉组合键，如图 3-15 所示，选中的文本便插入到光标处，而在插入点以后的文本内容被往后移。

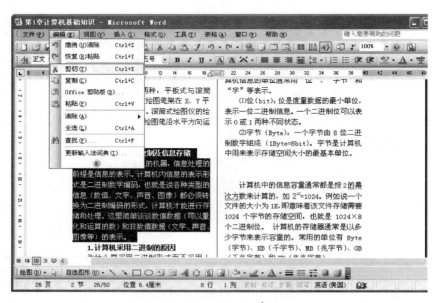

图 3-14　选择【剪切】命令

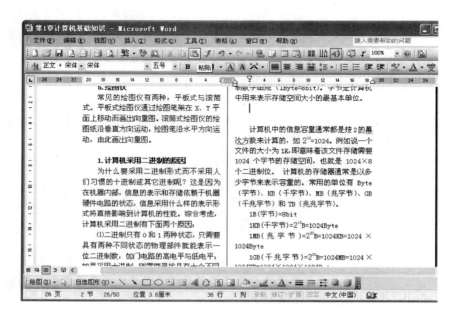

图 3-15　单击【粘贴】按钮

3.1.9 查找和替换

Word 2003 中文版有强大的查找和替换功能,既可以查找和替换文本、指定格式和诸如段落标记或图形之类的特定项,也可以查找和替换单词的各种形式。

1)查找

Word 2003 提供了查找功能,利用它可以快速地在文档中查找到需要的文本,使用查找功能方便了用户的操作。查找文本的具体步骤如下:

①打开一个文档,或输入一段文本。

②执行菜单栏中的【编辑】中的【查找】命令(或者按下〈Ctrl+F〉键),会弹出【查找和替换】对话框,如图 3-16 所示。

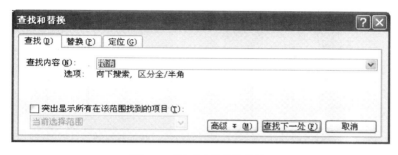

图 3-16 【查找和替换】对话框

③在对话框的【查找内容】的文本框中输入要查找的文字或符号。

④单击对话框中的【查找下一处】按钮,立即在当前文档中找到的指定的内容,并使该内容处于被选取状态。再次单击该【查找下一处】按钮,输入的内容又在下一处被找到并被选中。

Word 2003 中文版会把一切有关的词都查找出来。用户还可以限制查找的范围,单击【查找和替换】对话框中的【高级】按钮,对话框就会变成图 3-17 所示。在【搜索范围】列表框中列出了【向上】、【向下】和【全部】三项,根据版本的不同还列出 4～6 个复选框,用来限制查找内容的形式。

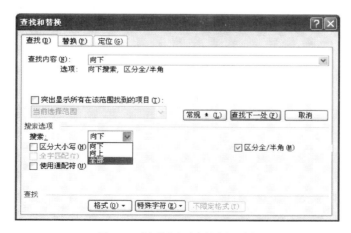

图 3-17 "查找"选项卡的高级形式

2）替换

①打开一个文档，输入一段文字。

②执行菜单栏中的【编辑】中的【替换】命令，或者按下〈Ctrl＋H〉键，会弹出【查找和替换】对话框，如图 3-18 所示。

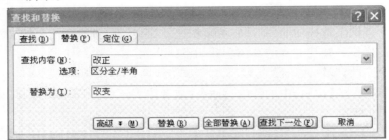

图 3-18 "查找和替换"对话框

③在对话框中的【查找内容】文本框中输入将被替换的文字，然后在【替换为】文本框中输入要替换更新后的文字。

④单击【替换】或【查找下一处】按钮，将找到并选中将被替换的文本，单击【替换】按钮，文字被替换，马上定位在下一处需要替换的文本；若不需要替换该文本，可以单击【查找下一处】按钮，寻找下一个需要替换的文本。若要替换文档中所有指定的文字，可以单击【全部替换】按钮，一次便完成所有指定文字的替换操作。

⑤当最后一个替换完成后，会弹出一个提示对话框。说明 Word 已搜索到文档的结尾，共替换了多少处，提示是否继续搜索，用户通过对话框中的命令按钮【是】和【否】来选择。

应用【查找和替换】对话框不仅是对文字进行查找和替换，还可以查找指定的格式、段落标记、分页符和其他项目等。

注意：在校对或审阅过程中，查找和替换文本可以帮助用户在文档中快速查找或删改多个分散在文档中的相同内容，默认情况下，替换和查找是从光标当前位置开始，向下一直到文档结尾处结束。

3.1.10 设置字符格式

一份图文并茂的文档，常常需要有文字的变化。例如字体类型、字号大小、字体颜色、字符间距、动态效果等来强化文字效果。Word 2003 中文版的最大的特色是"所见即所得"。当用户改变字体、字号大小、字体颜色、字符间距之后，在文档中立即就能看到排版的效果，也即是打印所输出的结果。在 Word 中用户可以通过快捷键、常用工具栏以及菜单命令来对字符的格式进行设置。

1）使用【格式】工具栏

（1）设置字体

利用【格式】工具栏，设置字体的具体步骤如下：

①选定要设置格式的文本。

②单击【格式】工具栏中的【字体】组合框右侧的下拉按钮，出现【字体】下拉列表框，如图

3-19 所示，如果要选择的字体没有显示出来，可以拖动下拉列表框右侧的滚动块来显示所需要的字体。

③选择一种字体，如选择【隶书】，选定的文本便被设置为隶书。

（2）设置字号

【字号】是用来改变字符大小的，在 Word 中，可以利用"号"和"磅"两种单位来度量字体大小。当以"号"为单位时，数值越小，字体越大。如果以"磅"为单位时，数值越小，字体越小。

选定要设置字号的文本，单击【字号】组合框右侧的下拉按钮，在字号列表中选择一个合适的字号，如为标题选中"小四"，如图 3-20 所示。

图 3-19　【字体】下拉列表　　　　　　　　　　　图 3-20　【字号】下拉列表

（3）设置字形

在【格式】工具栏中并排有 6 个按钮，从左向右依次是【加粗】按钮 **B**、【倾斜】按钮 *I*、【下划线】按钮 **U**、【字符边框】按钮 A、【字符底纹】按钮 A 和【字符缩放】按钮，它们的功能和名字是一致的，可以根据用户的需要选用。

2）使用【字体】对话框

如果要设置的字体格式比较复杂，除了使用【格式】工具栏中的按钮外，还可以使用【字体】对话框对字符进行更复杂、更漂亮的排版。具体步骤如下。

①选定要设置格式的文本。

②单击【格式】菜单中的【字体】命令，或者按下快捷键〈Ctrl＋D〉，就会出现如图 3-21 所示的【字体】选项卡。

③在【中文字体】下拉列表中选择字体，该格式只对中文有效。

④在【西文字体】下拉列表中选择字体格式，该格式只对西文有效。

⑤在【字号】列表中选择字号。

⑥在【字体颜色】下拉列表中选择所需要的颜色。

⑦选择完毕，单击【确定】按钮，退出对话框，完成设置。

说明：

①在【字体】选项卡中不但可以设置字体、字形、字符的颜色等，还可以设置各种效果，如空心、阳文、把选定文本变为上标或者下标（如 X_2）等。

②在【字符间距】选项卡中可以设置字符的缩放、字符的间距、字符的位置等，并可以通过【磅值】文本框和【磅值】文本框右边上下两个按钮来微调字符间距和字符位置。

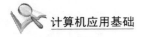

③在【文字效果】选项卡中可以为选定字符设置各种动态效果。

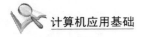

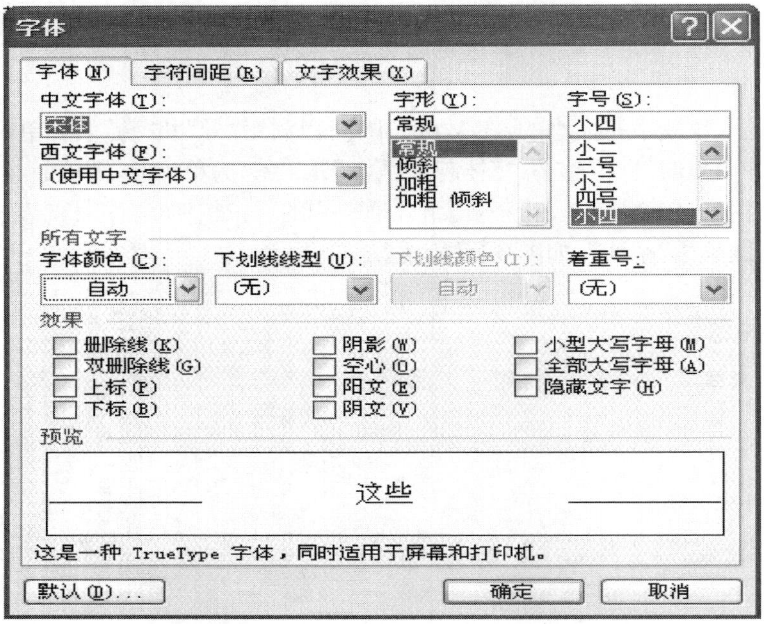

图 3-21 【字体】选项卡

3）使用快捷键格式化字符

〈Ctrl+B〉：加粗快捷键。再次按下则取消加粗。

〈Ctrl+U〉：下划线快捷键。再次按下则取消下划线。特别提示：按下快捷键只能给被选中的文本添加一条与文字同色的下划单线，不能选择线型和颜色。

〈Ctrl+I〉：倾斜快捷键。再次按下则取消倾斜。

〈Ctrl+=〉：下标快捷键。再次按下则取消下标。

〈Ctrl+Shift+加号〉：上标快捷键。再次按下则取消上标。

〈Shift+F3〉：更改字母大小写快捷键。按下一次，被选中单词的首字母大写；再按下一次，被选中单词所有字母大写；第三次按下，被选中单词恢复到小写。

〈Ctrl+Shift+A〉：将所有字母设为大写。按下一次，被选中字母全部大写，再次按下，被选中字母恢复到小写。

4）使用【格式刷】工具

【格式刷】是一个非常实用的工具，使用它能够将选定对象的格式复制到另一个对象上。在对文档进行排版的过程中，经常遇到将多处不连续的文本设置成相同的格式或者相同的段落格式。这时就可以用【格式刷】按钮获取相同的格式。使用【格式刷】的步骤如下：

①选择具有要复制格式的文本或图形，然后单击在【常用】工具栏上的格式刷按钮，这时格式刷工具会将该文本或图形的格式复制到剪贴板。

②鼠标指针移到编辑区后会变成一个画刷图标，用鼠标左键拖动选择要改变格式的文本或图形，释放鼠标后，所有选定的文本或图形的格式，都变为与把第一步选定的文本或图形格

式相同,且鼠标指针恢复为原来的编辑形状。

注意:

①如果用户看不到常用工具栏,请在点击菜单栏的【视图】|【工具栏】|【常用】。如果用户在常用工具栏中没有找到【格式刷】按钮,请点击常用工具栏最右边的【工具栏选项】按钮,将【格式刷】按钮加进去。

②要将格式应用到多个文本或图形块,请双击【格式刷】,然后可以连续选择多个文本或图形,修改其格式。格式修改完成后,单击格式刷按钮,鼠标指针恢复为原来的编辑形状。

3.1.11　设置段落格式

段落格式是文章划分的基本单位,也是文档排版的基本单位。段落是整篇文档的骨架,设置字符格式体现了文档中细节上的设置,段落格式的设置则是帮助用户设计文档的整体外观。所以为了使文档更加的美观必须考虑段落的设置,包括段落对齐方式、段落缩进、段间距及行间距。

1)设置段落对齐方式

图 3-22 【格式】工具栏上的段落对齐工具

Word 2003 中文版的排版命名适用于整个段落。Word 2003 中文版提供的段落对齐工具位于【格式】工具栏的右边,如图 3-22 所示。从图 3-22 左向右依次是【两端对齐】、【居中】、【左对齐】、【右对齐】。

选中整个段落或将光标置于段落的任一位置都可以对整个段落进行格式操作。下面针对段落对齐工具讨论段落对齐排版。

(1)左对齐方式

左对齐方式是段落中每一行的行首字符紧贴左侧页边距线对齐,如果该行未写满,则文字向左侧页边距线靠拢,字间距不改变。段落文本左对齐是最常用的段落对齐方式。

操作方法:在选定段落或将光标移到段落的任意位置后,单击【格式】菜单的【段落】选项,打开段落对话框,如图 3-23 所示在【缩进和间距】选项卡的【对齐方式】列表中选择左对齐,或者使用〈Ctrl+L〉组合键。

(2)右对齐方式

右对齐也很有用,尤其是再进行信函和表格处理时。比如,日期就要经常使用右对齐。

操作方法:将光标移动到段落的任意位置或选择该段落,单击【格式】工具栏中的【右对齐】按钮，或者使用〈Ctrl+R〉组合键。

(3)居中对齐方式

居中对齐是文本位于文档上左右边界的中间,一般文章的标题都采用该对齐方式。

操作方法:将光标置于段落的任意位置或选中该段落,然后单击【格式】工具栏上的【居中】按钮或者使用〈Ctrl+E〉组合键。

(4)两端对齐方式

段落的两端对齐方式是段落中完整的行,行首字符和行尾字符紧贴左右面边距线对齐,未写满的行则执行左对齐,字间距不改变,这个设置能使打印出来的文稿十分整洁。这种对齐方式是文档中最常用的,也是系统默认的对齐方式。

图 3-23 【段落】对话框

操作方法：将光标置于段落的任意位置或选中该段落，单击【格式】工具栏中的【两端对齐】按钮▤，或者使用〈Ctrl+J〉组合键。

（5）分散对齐方式

段落的分散对齐方式和两端对齐方式排版很相似，其区别在于两端对齐方式排版在一行文本未输满时是左对齐，而分散对齐方式排版则是将未输满的行的首尾仍与前一行对齐，而且平均分配字符间距。分散对齐多用于一些特殊的场合，例如，当姓名字数不相同时就常使用分散对齐方式排版。

操作方法：将光标移动到段落的任意位置或选中该段落，单击【格式】工具栏中的【分散对齐】按钮▤，或者使用分散对齐快捷键：〈Ctrl+Shift+J〉。

2）设置段落缩进

段落缩进控制的是文字与左右页边距线之间的关系，段落的缩进有"左缩进"、"右缩进"、"首行缩进"、"悬挂缩进"4 种方式。

①左（右）缩进是段落中每一行的行首字符和稿纸左（右）边距线之间留出一段空白距离，左缩进和右缩进通常用于一些特定的段落。

②首行缩进：段落的首行缩进，其他行位置不动，使之与其他的段落区分开。

③悬挂缩进：段落中除首行以外的所有行缩进，首行位置不动。

要设置段落缩进，首选将编辑光标置于要调整其缩进量的段落，然后进行段落缩进量的调整的操作，方法有如下 3 种：

①使用【格式】工具栏调整：单击一次【格式】工具栏【增加缩进量】按钮▤，段落右移一个五号汉字的宽度；单击一次【减少缩进量】按钮▤，段落左移一个五号汉字的宽度。

②使用标尺调整：拖动水平标尺（横排）上相应的缩进滑块到合适位置，如图 3-24 所示。其中：

⌂——在左、右两边都有的滑块，在左边的为悬挂缩进滑块，在右边的为右缩进滑块。

▽——只在左边有，为首行缩进滑块。

☐——只在左边有，为左缩进滑块。

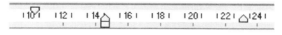

图 3-24　标尺上的缩进模块

③使用【段落】对话框调整：单击【格式】菜单中的【段落】命名，在弹出的【段落】对话框中，选择【缩进和间距】选项卡，如图 3-25 所示。通过【缩进】选项区实现精确设置段落的各种缩进距离。

注意：如果缩进值被设置为负数，行首和行尾字符就会溢出文档的左右页边距线，也就是说，行首字符会在左边距线的左侧而行尾字符会在右边距线的右侧。在设置缩进时，用户可以单独设置左缩进或右缩进，也可以设置左右同时缩进。

3）设置行距、段前和段后间距

行距是当前行文字的底部到下一行文字底部的距离，默认情况下，Word 会自动调整行距以容纳行内的字符和图形。当然用户也可以根据自己的需求对行距进行设置。

操作方法：单击【格式】菜单下的【段落】菜单打开【段落】对话框，在【缩进和间距】选项卡下有如图 3-25 的【间距】域，其选项可供用户进行段落间距、行距的设置。

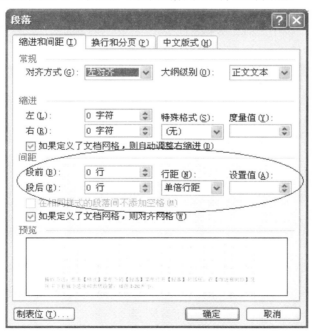

图 3-25　设置段落间距与行距

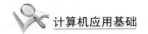

4）添加项目符号和编号

在对文档进行处理的过程中，经常需要用到在段落前面加上项目符号和编号来清楚的表达某些内容之间的并列关系和顺序关系，使用项目符号和编号可以使文档层次更加分明，重点突出。项目符号可以是字符，也可以是图片；编号是连续的数字和字母，项目符号和编号的差别是前者使用的是相同的前导符号，而后者使用的是连续变化的数字或者字母。

（1）项目符号

常用的创建项目符号的方法有一下两种。

方法一：将插入点定位到要创建项目符号的位置，然后单击格式【工具栏】中的【项目符号】按钮，插入点所在段落的开始处将自动添加一个项目符号。若连续两次敲击回车键，新添加的项目符号将自动取消。

方法二：选定要设置项目符号的文本，然后选择【格式】菜单中的【项目符号和编号】命令，将弹出【项目符号和编号】对话框，选择【项目符号】选项卡，如图3-26所示，单击中间的列表框中的某一种项目符号，或者单击【自定义】按钮选择其他项目符号；如果单击【无】，则取消项目符号。

（2）编号

创建编号有3种方法：

方法一：自动创建：在段首输入"1."、"(1)"、"(a)"等，按Enter键后，系统将自动生成带有同类符号的新段落，例如"2"、"(2)"、"(b)"等。

方法二：将插入点定位到要创建项目符号的位置，然后在格式【工具栏】中单击【编号】按钮，以后的操作方法和创建项目符号方法一相同。

方法三：在图3-26的【项目符号和编号】对话框中选择【编号】选项卡，然后按创建项目符号的方法二创建编号。

图3-26　【项目符号和编号】对话框

5）分栏

分栏排版时将文本设置成多栏格式，这样会使文本更便于阅读，版面显得更生动一些。设置分栏的版式步骤如下：

①执行菜单栏中的【视图】菜单下的【页面】命令，将文档编辑区设置为页面视图显示状态。

②为文档内容进行分栏，有以下 3 种形式：

a. 如果要给整篇文档设置分栏格式，就需要执行【编辑】|【全选】命令，将文字全部选中。

b. 如果要给部分文档设置分栏格式，就需要选取部分文字。

c. 如果要给某节设置分栏格式，就需要选定该节。

③执行菜单栏中的【格式】|【分栏】命令，会弹出【分栏】对话框，如图 3-27 所示。

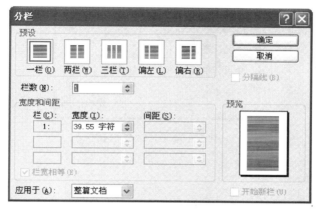

图 3-27　【分栏】对话框

④在【预设】区域中，可以挑选任意一种样式。

⑤选取【两栏】选项，此时文稿被分成两栏。

⑥还可以在【栏数】输入框中，直接输入参数，或通过单击右边的增、减按钮，使显示的栏数满足用户的需要。

⑦在【宽度和间距】的设置区域，可以精确地设置每栏宽度和各栏之间的间距。

⑧如要在每栏之间添加竖线，可勾选【分隔线】复选框。

⑨如果要取消分栏效果，需再次打开【分栏】对话框，在【预设】区域中，选取【一栏】选项即可。

⑩所有设置完成后，单击【确定】按钮，即可实现设置的分栏操作。

注意：如果要分栏的文本在文档的最后，则可能会出现分栏长度不相同的情况，这时只需要在文档的最后加一个空行，然后不选取该空行，重新分栏即可保证分栏长度相同。

6）首字下沉

首字下沉多用于报纸、杂志和网页。它以突出显示段落的第一个字符的方式，吸引读者阅读该段落。首字下沉的位置设置分为下沉和悬挂两种。设置首字下沉的方法如下：

①将光标指向需要设置首字下沉的段落（无需选中该段落）。

②执行【格式】菜单下的【首字下沉】命令，打开如图 3-28 所示【首字下沉】对话框。

③在【位置】设置区选择【下沉】或者【悬挂】。

④在【选项】设置区设置字体、下沉行数、距正文的距离。

⑤上述设置完毕后，单击【确定】按钮，即完成首字下沉的操作。

注意:【位置】设置区里的【无】表示没有下沉。

图 3-28　【首字下沉】对话框

3. 1. 12　插入图片

Word 2003 中提供了插入图片的功能,以加强文档的直观性和艺术性。插入的图片可以放在文档中的任何位置,实现图文混排。

1)插入图片

在 Word 中,向文档插入图片的方法有两种:插入剪贴画和插入来自文件的图片。

(1)插入剪贴画

剪贴画是一种矢量图形,在文档中插入剪贴画的步骤如下。

①鼠标定位在要插入图片的位置。

②打开【插入】菜单,选择【图片】命令,出现【图片】级联菜单,如图 3-29 所示。再选择【剪贴画】命令,在右边的任务窗格出现【剪贴画】(人物)窗格,如图 3-30 所示。

图 3-29　插入图片菜单

图 3-30　【剪贴画】人物窗格

③在【剪贴画】任务窗格的【搜索】框中,输入描述剪贴画的单词或者词组,例如"人物",或键入剪贴画的部分或全部文件名。

④单击【搜索】按钮。在搜索结果框中,选择某个剪贴画,则剪贴画插入到文本中。

(2)插入图片

在文件中插入图片的操作步骤如下:

①单击要插入图片的位置。

②打开【插入】菜单,选择【图片】|【来自文件】命令,打开【插入图片】对话框,如图 3-31 所示。

图 3-31　【插入图片】对话框

③单击【查找范围】列表框,选择要插入图片所在的位置,定位到要插入的图片。

④双击需要插入的图片或者单击需要插入的图片,然后在单击【插入】命令。

2)设置图片格式

Word 2003 中文版有简单的图片编辑功能,以方便用户直接在文档中对图片进行编辑,对图片进行编辑操作主要包括以下两类。

(1)改变图片的大小

在 Word 2003 中可以对插入的图片进行缩放,调整的方法有两种。

①通过鼠标拖放来调整图片的大小:用鼠标单击图片,在图片周围会出现 8 个控点,同时显示【图片】工具栏,如图 3-32 所示,如果没有出现【图片】工具栏,可以用鼠标右键单击该图片,然后从快捷菜单中选择【显示"图片"工具栏】命令。当把鼠标指针放在图片 4 个角的控点上时,鼠标指针将会变成一个双向箭头。按住鼠标左键进行拖动时就会出现一个虚线框,表明改变后图片的大小。

图 3-32　【图片】工具栏

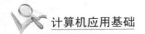

②使用【设置图片格式】对话框来改变图片的大小：右键单击需要修改的图片，在快捷菜单中选择【设置图片格式】，将弹出【设置图片格式】对话框，如图3-33所示。选择【大小】选项卡，可以输入图片的高度和宽度的值或在【缩放】选项组中输入图片的高度和宽度的缩放比例，最后单击【确定】按钮完成设置。

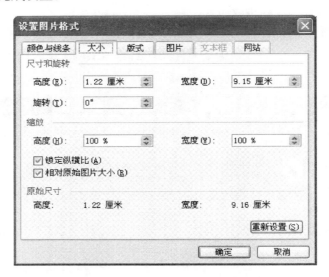

图3-33　【设置图片格式】选项卡

注意：如果在【大小】选项卡中，【锁定纵横比】复选框被选中，则高度和宽度将按相同比例变化，而不改变图片的长宽比。

（2）调整图片的位置

调整图片在文档中的位置的方法是：将图片拖到适当的位置上，松开鼠标左键，图片的位置就发生了改变。

（3）改变图片的环绕方式

首先选中该图片，单击【图片】工具栏上的【设置图片格式】或右键单击需要修改的图片，在弹出的快捷菜单中单击【设置图片格式】命令，弹出如图3-33所示的【设置图片格式】对话框，然后选中【版式】选项卡。选项卡上的环绕方式选项组提供了5种文字环绕的方式，选择一种环绕方式，单击【确定】按钮即可。如果需要设置特殊的环绕位置，可以选择【高级】按钮进行设置。

3）绘制图形

Word 2003为用户提供了一套绘图工具，并且提供了大量的可以调整形状的自选图形。

（1）绘制图形

单击【常用】工具栏中的【绘图】按钮或选择选择【视图】|【工具栏】|【绘图】命令，可以显示或隐藏【绘图】工具栏。【绘图】工具栏一般出现在Word屏幕的下端，如图3-34所示。

在【绘图】工具栏上有【直线】、【箭头】、【矩形】、【椭圆】等图形按钮，另外单击【自选图形】按钮，可以弹出【线条】、【连接符】、【基本形状】、【箭头总汇】、【流程图】、【星与旗帜】、【标注】、【其他自选图形】等菜单选项，在其中可选择需要的图形。

图 3-34　【绘图】工具栏

　　单击或双击某个图形按钮可以选中该按钮后,将鼠标指针移编辑区,就变成十字形的定位指针。将鼠标点击需要新建图形的位置,然后拖动鼠标直到达到所需要的大小,最后释放指针即可以得所需要的图形。

　　注意:单击和双击图形按钮的功能不同。单击选定某个图形,则只能绘制一个图形。双击选定某个图形,则可以连续绘制多个图形,直到再次单击该图形按钮退出绘图状态。

　　(2)编辑图形

　　①移动与删除

　　当鼠标指向某一在编辑状态下绘制的图形时,鼠标指针将会变成移动指针的状态,此时单击鼠标,该图形的边缘将会出现控点,这是说明该图形正处于选中状态。此时用鼠标拖动图形可以对图形进行移动,如果按〈Delete〉键可以删除该图形。

　　②设置颜色与线条

　　右键单击该图形弹出快捷菜单,在快捷菜单里选择【设置自选图形格式 I…】或双击该图形中的任意框线将弹出【自选图形格式】对话框,如图 3-35 所示。选择【颜色和线条】选项卡,可以设置图形线条的颜色、线型和内部的填充色等等。

　　③改变图形尺寸

　　改变图形的尺寸有两种方法。

　　第一:单击该图形的外框线,出现控点,当鼠标指向某个控点时,指针将会变成双向箭头,此时拖动相应的控点就可以改变图形的大小。

　　第二:双击图形中的任意框线将会弹出【设置自选图形格式】对话框,选择【大小】选项卡,在这里可以精确地设置图形的尺寸(高度、宽度、旋转等)。

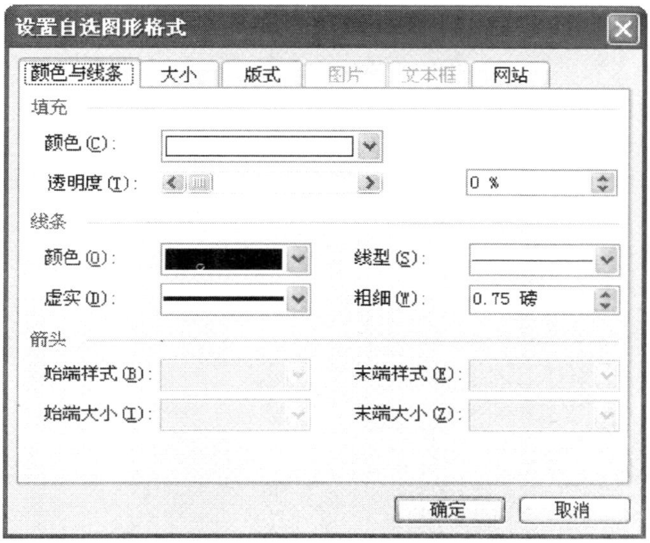

图 3-35　【设置自选图形格式】对话框

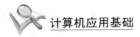

④对象组合与取消组合

对象组合：按住 Shift 或 Ctrl 键，然后用鼠标左键单击要组合的图形对象的框线，可以同时选中多个对象，随后右键单击要任意对象的框线，弹出快捷菜单，在快捷菜单中选中【组合】|【组合】命令即可将选中的对象组合成一个整体。

取消组合：用鼠标右键单击组合对象中的任意框线选定已经组合的整体，将弹出快捷菜单，在快捷菜单中选择【组合】|【取消组合】即可取消各个对象的组合。

4）插入艺术字

选择【插入】|【图片】|【艺术字】命令，或者单击【绘图工具栏】或者艺术字工具栏中的【插入艺术字】按钮，打开【艺术字库】对话框，如图 3-36 所示。选择一种艺术字样式，单击【确定】按钮。打开【编辑"艺术字"文字】对话框，如图 3-37 所示。在【文字】文本框中输入文字，如"交通职业学院交通信息系"单击【确定】按钮，完成艺术字的插入。

图 3-36 【艺术字库】对话框

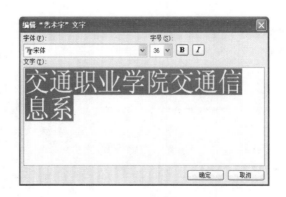

图 3-37 【编辑"艺术字库"】对话框

注意：在这里可以设置艺术字格式：将鼠标指针指向已插入的艺术字，单击鼠标右键，在弹出的快捷菜单中选择【设置艺术字格式】命令，弹出如图 3-38 所示【设置艺术字格式】对话框。

在这里可以设置艺术字的格式,例如颜色与线条、大小、版式等。

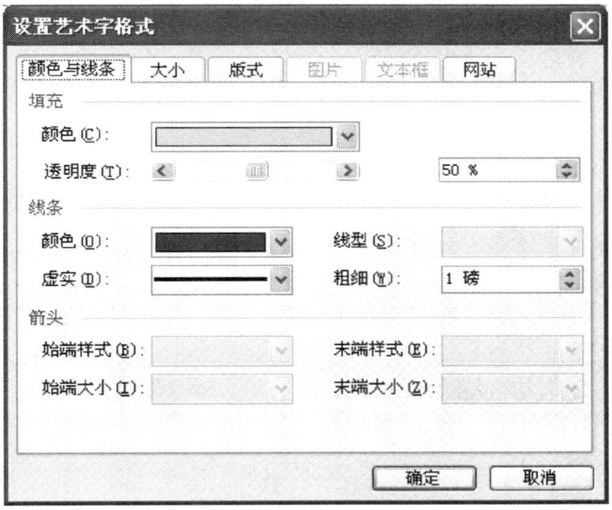

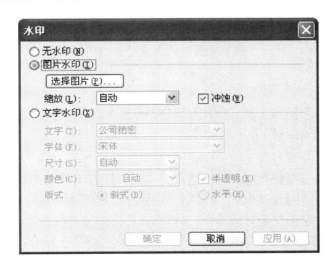

图 3-38 【设置艺术字格式】对话框

5)创建水印

创建水印:选择【格式】|【背景】|【水印】命令,打开如图 3-39 所示【水印】对话框,在水印对话框里可以设置图片水印或者文字水印,然后单击【确定】按钮,即可以在每一页生成水印。

编辑水印:选择【视图】|【页眉和页脚】命令,在【页眉和页脚】编辑状态下单击水印,可以对已经插入的水印进行编辑工作。

图 3-39 【水印】对话框

6)文本框

使用文本框可以方便的划分页面,比较灵活地安排文档的内容,而且在文本框里可以单独设置文字的方向、大小、格式等。

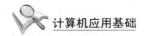

(1)插入文本框

单击【插入】菜单,选择【文本框】命令,或者单击【绘图】工具栏上的【文本框】按钮,在合适的位置画出一个文本框。文本框有横排和竖排之分,这就决定了文字的排列方向。在插入文本框之后,也可以通过【格式】菜单下的【文字方向】命令改变文字排版的方向。光标定于文本框内,就可以输入文字、插入图片等。

(2)文本框设置

对文本框进行设置主要包括边框线、版式等。在边框线上双击鼠标或者选中边框线,点击鼠标右键,将会出现【设置文本框格式】对话框,如图 3-40 所示。在对话框中【大小】选项卡和【版式】选项卡和设置图片类似。在【颜色与线条】选项卡中可以设置文本框的边框线型以及边框的颜色。

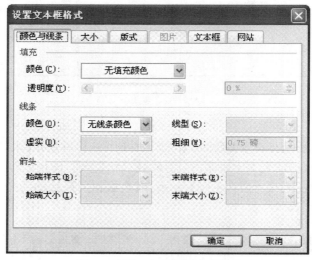

图 3-40 "设置文本框格式"对话框

3.1.13 页面设置

文档排版时还需要对纸张类型、页边距、总体板式等页面属性进行设置。设置页面属性要在【页面设置】对话框里完成,如图 3-41 所示。

1)设置页边距和纸张方向

页边距是指文字块与纸张边缘间的空白距离。执行【文件】|【页面设置】命令,打开【页面设置】对话框,选择【页边距】选项卡,上下左右 4 个数字显示框就是编辑或选择页边距组合框。

多页的纸质文档通常需要装订成册,订书钉或装订孔的轨迹称为装订线,在【装订线】输入框中设置装订线的数值。从视觉上看,设置了装订线,会使同侧的页边距增大,有了足够的空白边距,用户的文档就不会出现因装订而遮挡住文字的现象。在【装订线位置】下拉列表中提供了左、上两个选项,由用户选择装订线在页面上的位置。

2)选择纸张类型和来源

通过【页面设置】对话框的【纸张】选项卡选择纸张的类型和纸张的来源。

纸张类型:指文档编排时所使用的纸张类型。

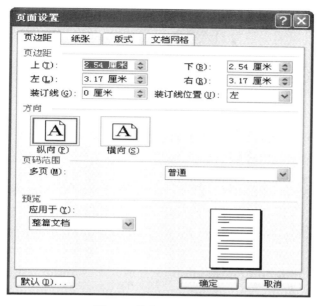

图 3-41　【页面设置】对话框

纸张来源：用以设置文档或者指定页、节在打印时所采用的送纸方式。

3）版式

【页面设置】对话框的【版式】选项卡主要用于设置一些属于高级功能的选项，例如设置节的起始位置、奇偶页的页眉和页脚等属性，如图 3-42 所示。

图 3-42　【版式】选项卡

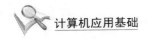

4)文档网格

通过【文档网格】可以用于设置每一页的行、列数以及文字的排列方向,具体操作步骤如下。

(1)选择【文件】|【页面设置】命令,打开【页面设置】对话框,单击【文档网格】选项卡,如图 3-43 所示。

(2)在【文字排列】区,选择方向为【水平】或【竖直】。

(3)在【字符】选项区中可以设置每行的字符数和每列的字符数。

(4)点击【确定】按钮即可完成设置。

图 3-43 【文档网格】选项卡

3.1.14 打印文档

打印是借助打印机将电子文档转换成纸质文档的过程,即所谓的"硬拷贝"。打印前用户可以通过预览查看打印效果,以确认文档的版式与样式。

1)打印预览

单击具栏上的【打印预览】按钮 或执行【文件】|【打印预览】命令,打开预览窗口,在预览窗口查看最终打印效果,这个窗口是以图形显示打印效果的,只能查看而不能编辑,要重新编辑文档,可以通过按键盘上的〈Esc〉键或单击【关闭】按钮返回到文档窗口。

在【打印预览】窗口中,可以实现全屏显示,设置多页显示、单页显示、缩小或者放大比例等。

注意:如果系统中没有安装打印机,则不论是打印预览还是执行打印操作,Word 2003 都有可能出现没有安装打印机的提示信息。

2）打印文档

文档编排完毕后通过打印预览，如果对打印效果满意就可以进行打印工作了。此时选择【文件】|【打印】命令，将弹出【打印】对话框，或者直接按下快捷键〈Ctrl＋P〉弹出【打印】对话框，如图 3-44 所示，用户可以根据自己的需要选择打印的参数。

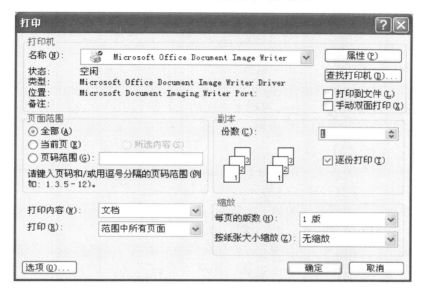

图 3-44 【打印】对话框

①在【打印机】域有一个下拉列表，两个按钮和两个复选框：

a. 单击【名称(N)】下拉列表的下拉按钮，可以选择一台打印机。打印机选定后，列表下方显示的信息是所选打印机的相关信息，其中：

状态：显示所选中打印机的工作状态，例如，繁忙或空闲。

类型：显示所选中的打印机。

位置：显示所选打印机的位置和打印机使用的端口。

备注：显示所选打印机其他有关信息，或为空。

b. 单击【属性(P)】按钮可以打开打印机的【属性】对话框。使用该对话框可更改所选打印机的 Microsoft Windows 打印机选项，打印质量、效果、纸张类型等。

c. 单击【查找打印机(D)…】按钮可以打开【查找打印机】对话框，可以帮助用户查找适当的网络打印机。

d. 若选中【打印到文件(L)】复选框，表示将当前的 Word 文档生成一个含有指定打印的全部打印信息的文件，该文件可以在任何连接有指定打印的计算机上，在命令提示符下，用 COPY 命令完成打印。

e. 若选中【手动双面打印(X)】复选框，表示在没有双面打印机的情况下，用户可以手动完成在纸张的两面打印文档。在打印完一面后，Word 会提示用户重新放入纸张。

②在【页面范围】域有 3 个单选按钮：

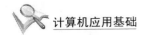

选中【全部(A)】表示将打印整篇文档;

选中【当前页(E)】表示只打印包含插入点的页面;

选中【页码范围】表示由用户根据右边输入框下面的提示,在输入框中输入要打印的页码或页码范围,Word 将只打印指定页面。

注意:若用户在文档中选定有部分文本,在页码输入框上边的单选按钮【所选内容(S)】才可选,选中该单选按钮则表示只打印当前选定的内容。

③在【副本域】有一个输入框和一个复选框:

在【份数(C)】输入文本框可以键入需要打印的份数。

选中【逐份打印(T)】复选框,表示将按装订顺序打印多个文档副本。

④在【缩放域】有两下拉列表:

【每页的版数(H)】可以选定在每张纸上打印的文档页数(1、2、4、8、16),选择大于 1 所值均为缩小打印,除非有特殊需要,否则使用默认的"1 版"。

【按纸张大小缩放(Z)】可以选择大小不同的打印纸,Word 调整文档以适应所选纸的尺寸,实现缩放打印。例如,若文档按 B4 尺寸排版,若需要可以选择文档打印到 A4 纸上;反之,也可以。通常使用"无缩放",这也是 Word 的默认值。

⑤在所有域外有两个下拉列表和一个按钮:

【打印内容(W)】下拉列表可以指定要打印的内容,如"文档"、"文档属性"、"显示标记"、"标记表"、"样式"、"自动图文集"词条等。程序默认的选项是"文档"。

【打印(R)】下拉列表可以指定要打印文档哪些部分,如"范围中的所有页面"、"奇数页面"、"偶数页面"等。程序的默认选项是"范围中的所有页面"。

单击【选项】按钮,会弹出打印对话框的【打印】选项卡,对打印操作进行更具体的设置,如是否后台打印,是否打印图像,是否逆页打印等。

3.2　制作表格

在编辑文档时,有时需要加入一些报表、统计图、统计表。Word 2003 提供了强大的表格制作功能,用户可以方便地制作出美观的表格。

3.2.1　建立表格

Word 2003 的表格有若干行和列组成,行与列交叉为一格,成为单元格。单元格内可以输入和编辑文本数据,也可以填充图形,或者对单元格数据进行运算等。

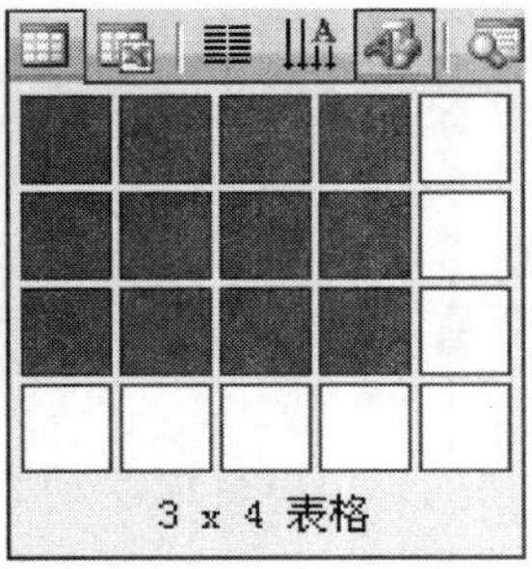

在 Word 文档中,表格有两大功能,一是呈现文档内容,一是控制文档结构。创建表格有如下 3 种方法。

1)使用工具栏创建表格

将插入点移动到将要新建表格的位置,创建表格的步骤如下:

①单击常用工具栏上的【插入表格】按钮就会出现如图3-45所示的示意网格。

②然后用鼠标左键或者键盘的光标键选择表格行列数,单击鼠标或者按下回车键就可以创建一个表格。

图 3-45　使用工具栏插入表格

2）使用菜单命令创建表格

虽然使用菜单创建表格操作稍微复杂些，但是它的功能更加完善，设置也更加精确。当要建立的表格行列数较多的时候可以用这种方法。用菜单命令创建表格的步骤如下：

①将插入点移动到将要新建表格的位置。

②在【表格】菜单中选择【插入】子菜单，然后在子菜单中选择【表格】命令，即会弹出【插入表格】对话框如图 3-46 所示。

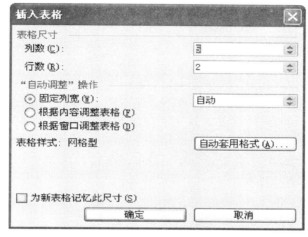

图 3-46 【插入表格】对话框

③设置表格的参数。指定新建表格的列数、行数、列宽以及需要的自动套用格式，最后按【确定】生成指定格式的表框。

3）手工绘制表格

Word 2003 为用户提供了用鼠标绘制任意不规则的自由表格的功能，如果直接插入的表格不符合用户的要求，可以手工绘制一个符合要求的表格，绘制表格的步骤如下。

①单击【表格】菜单中的【绘制表格】命令，或者单击【常用】工具栏上【表格和边框】按钮，此时在屏幕上出现【表格和边框】工具栏，如图 3-47 所示。

图 3-47 【表格和边框】工具栏

②单击【表格和边框】工具栏的【绘制表格】按钮，此时鼠标指针变为铅笔指针，用户可以使用它自由绘制表格。

③此时若在编辑区域拖动鼠标，可以获得仅有一个单元格的表格，若是在表格内拖动鼠标，则可以绘制表格线，也可以在任意一个单元格内沿其对角线绘制斜线，从而得到斜线表格。

④当绘制了不必要的框线时，可以单击【表格和边框】工具栏上的【擦除】按钮，此时鼠标变为橡皮擦的形状，用它可以在不要的框线上拖动擦除框线，此时要删除的框线将变为深红

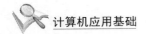

色显示方式,即已删除该框线。

此外,在【表格和边框】工具栏中的【线型】组合框,可以选择绘制的表格线类型。通过【粗细】组合框可以选择表格的宽度。

注意:单独用自动制表或手动制表都较难生成用户需要的表格,而先用自动制表工具生成表的初型,再用手动制表工具对表进行修改,这样就可以较快地生成用户需要的表格。

3.2.2 编辑表格

建立表格之后可以修改表格的结构,例如插入单元格、删除单元格、合并单元格、拆分单元格、调整行高和列宽等。

1)选定单元格

①选取一个单元格的方法:将鼠标置于单元格内单击,光标所在位置的单元格即被选取。

②选取多个单元格的方法:用鼠标在需要选取的单元格内拖动选取多个单元格。

③选取一行单元格的方法:把光标置于一行单元格左侧,等光标变成向右上方的箭头形状,单击就可以选择整行单元格。

④选取一列单元格的方法:将光标置于一列单元格的上方,当光标变成黑色向下的箭头形状,单击鼠标就可以选定一列。

⑤选取整个单元格的方法:将光标置于所需选取表格内,并向左边框移动,待鼠标指针变成一个向右上的黑箭头时,单击鼠标左键,可选取整个单元格。

2)插入单元格

①将光标置于需要插入单元格的位置。

②选择菜单栏中的【表格】|【插入】,弹出级联菜单,如图 3-48 所示。在里有 4 个常用命令:

【列(在左侧)(L)】:光标所在单元格的左边插入一列表格。

【列(在右侧)(L)】:光标所在单元格的右边插入一列表格。

【行(在上方)(A)】:光标所在单元格的上方插入一行表格。

【行(在下方)(B)】:光标所在单元格的下方插入一行表格。

用户根据需要,选取合适的命令,单击即插入需要的单元格。

3)删除单元格

①需要删除单元格时,首先光标移到需要删除的单元格内。

②选择菜单栏中的【表格】|【删除】命令,弹出级联菜单如图 3-49 所示。

③在级联菜单中选择【列】命令,删除光标所在的列;选择【行】命令删除光标所在的行。

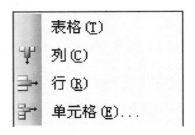

图 3-48　插入单元格级联菜单　　　　　　图 3-49　删除单元格级联菜单

4）合并单元格

①选取要合并的单元格，单击【常用】工具栏中的【表格和边框】按钮，弹出【表格和边框】工具栏，如图 3-47 所示。

②执行菜单栏中的【表格】|【合并单元格(M)】命令，或单击工具栏中的【合并单元格】按钮，或用鼠标右键单击选取的要合并的单格区域中的任意一点，在弹出的快捷菜单中选择【合并单元格(M)】命令，都可将所选单元格合并。

5）拆分单元格

对单元格进行合并后，但又不喜欢合并后的效果，还可以对合并后的单元格进行拆分。所谓拆分单元格，就是将一个整体的单元格分成若干个单元格。

①选取要拆分的单元格。

②执行菜单栏中的【表格】|【拆分单元格】命令，或在选取的单元格上单击鼠标右键，在弹出的快捷键菜单中执行【拆分单元格】命令，或单击【表格和边框】工具栏中的【拆分单元格】按钮，弹出【拆分单元格】对话框，如图 3-50 所示。

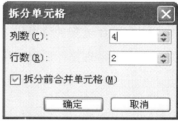

③在弹出的【拆分单元格】对话框中输入要拆分的列数和行数，单击【确定】按钮即可完成拆分。

图 3-50 【拆分单元格】对话框

6）调整行高和列宽

调整单元格的行高和列宽根据不同的情况有 3 种调整方法：

①局部调整。可以采用拖动标尺或表格线的方法调整单元格的行高和列宽。

②精确调整。选择菜单【表格】|【表格属性】命令，打开【表格属性】对话框，如图 3-51 所示，在【行】、【列】选项卡中按要求设置具体的行高和列宽。

图 3-51 【表格属性】对话框

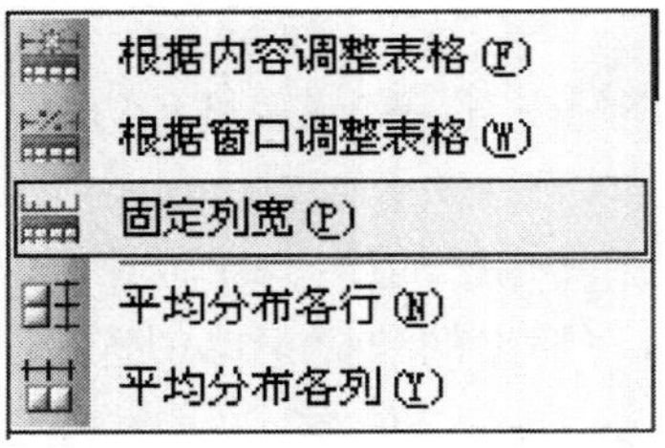

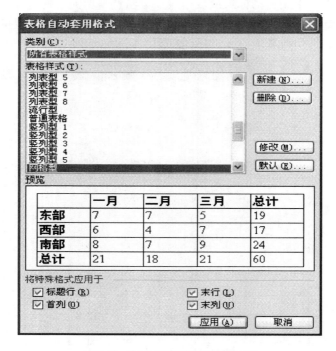

图 3-52　自动调整级联菜单

③自动调整。选择【表格】|【自动调整】,弹出级联菜单,有下面有 5 个子命令:【根据内容调整表格(F)】、【根据窗口调整表格(W)】、【固定列宽(P)】、【平均分布各行(N)】、【平均分布各列(Y)】,如图 3-52 所示。用户根据需要选择执行一条命令即可实现表格行高或列宽的自动调整。

3.2.3　编排表格格式

表格格式指的是表格边框、底纹、颜色、字体和文字对齐方式等。编排表格格式的作用除了能够美化表格外,还能使表格内容清晰整齐,并能在一定程度上起到排版作用。表格建立以后就可以根据需要对表格进行编辑了。

1)表格自动套用格式

①将光标放置在需要套用格式的表格中(也可以在创建表格时直接应用自动套用格式)。

②单击菜单栏中的【表格】|【表格自动套用格式】命令,或者单击【表格和边框】工具栏中的【自动套用格式样式】按钮,或者是在【插入表格】对话框(图 3-46)里单击【表格自动套用格式】按钮,均能弹出【表格自动套用格式】对话框,如图 3-53 所示。

③在【类别】列表中选择"所有表格样式",移动【表格样式】列表框右侧的滑块,单击其中任意列表样式,【预览】窗口中都会显示其外观效果,共用户选取表格样式参考。

④在【将特殊格式应用于】域的四个复选框:【标题行】、【首列】、【末行】和【末列】,勾选需要的选项,默认是全选。然后单击【应用】按钮,即可生成选定的表格式样式。

图 3-53　"表格自动套用格式"对话框

2）边框和底纹

Word 2003 可以为单元格或者整个表格添加边框和底纹，对表格加以修饰，使表格变得更加漂亮。下面是为表格添加边框和底纹的方法。

①选定要添加边框和底纹的单元格，或者是整个表格。

②选择【格式】|【边框和底纹】命令，弹出【边框和底纹】对话框，如图 3-54 所示。

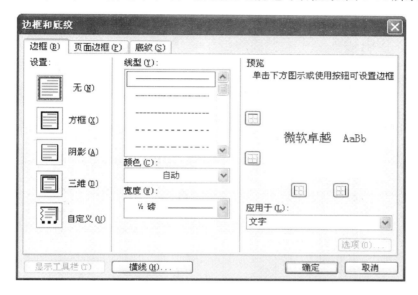

图 3-54　【边框和底纹】对话框

③选择【边框】选项卡，对单元格或整个表格的边框类型、线型、边框颜色、线的宽度进行设置。

④选择【底纹】选项卡，对底纹和底纹颜色进行设置。或者单击常用工具栏上的【表格与边框】按钮，弹出如图 3-47 所示的【边框和底纹】工具栏，单击【底纹颜色】按钮右侧的下拉按钮，打开底纹调色板，可以从调色板中选择所需要的底纹颜色，如图 3-55 所示。

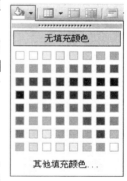

图 3-55　底纹颜色调色板

3）表格对齐方式

表格中的每个单元格相当于一个小文档，因此能对选定的单元格、多个单元格行、列里的文档进行文档的对齐操作，包括"两端对齐"、"居中"、"左对齐"、"右对齐"、"分散对齐"等对齐方式。表格还提供了另外一些对齐工具，对水平排列的文本和垂直排列的文本提供了 9 种对齐方式。对文本进行对齐的操作方法如下。

①选定需要对齐操作的单元格。

②单击右键，弹出快捷菜单。

③单击快捷菜单上的【单元格对齐方式】命令，这时显示 9 个对齐按钮，如图 3-56 所示，用户单击相应的按钮就完成指定的对齐操作。

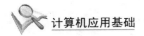

4)表格中文本的排列方式

表格的文本排列可以分为水平排列和垂直排列,水平排列又因文字的不同又分为两种,垂直排列的因文字方向不同分为 3 种。

设置表格中文本的排列方式的方法如下:

单击需要进行文本排列的表格单元格,或者选定需要进行文本排列的表格单元格区域。

①单击鼠标右键,弹出如图 3-56 所示的快捷菜单。

②单击快捷菜单上的【文字方向】命令,打开【文字方向－表格单元格】对话框,如图 3-57 所示。

③对话框上的【方向】有 5 组可以选择,并在【预览】域里可以看到排列效果,用户可以根据需要选择,然后单击对话框上的【确定】按钮,即可完成表格中文本排列方式的设置。

图 3-56　单元格中文本对齐

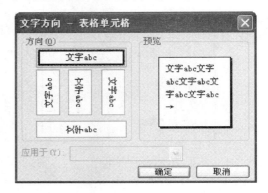

图 3-57　【文字方向-表格单元格】对话框

3.3　Word 高级应用

Word 高级应用是针对毕业论文、书稿等进行排版。例如,毕业论文不仅文档长,而且格式复杂,处理起来比普通文档要麻烦得多,针对毕业论文的这个特点,我们对 Word 高级应用进行详细讲解,主要包括:属性设置、使用样式、添加目录、插入分隔符、设置页眉和页脚以及插入脚注和尾注等。

3.3.1　属性设置

属性设置,是对文档的属性进行设置,主要包括对标题、作者、单位等进行设置。设置的步骤如下。

单击【文件】|【属性】命令,此时弹出属性对话框,如图 3-58 所示,单击【摘要】选项卡,在该选项卡中可以设置标题、主题、作者等。

3.3.2　使用样式

样式,就是系统或用户定义并保存的一系列排版格式,包括字体、段落的对齐方式、制表位和页边距等等。使用样式有两个优点:一是可以轻松快捷地编排具有统一格式的段落,二是可以使文档格式严格保持一致。

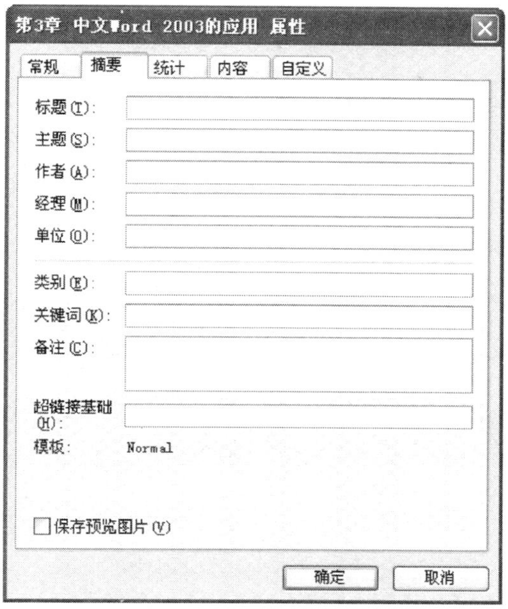

图 3-58　属性对话框

　　使用样式很简单，单击菜单中的【格式】|【样式和格式】命令，打开工作区右边的【样式和格式】任务窗格，Word 2003 中自带了一些默认的样式，例如：标题 1、标题 2、标题 3 等。首先选择要设置样式的段落，然后在任务窗格上单击选择所需要的某个样式就可以了。也可以使用【格式】工具栏中的【样式】组合框对选定的段落进行设置。

　　使用样式之后可以更加方便地进行层次结构的查找和定位。选择菜单中的【视图】|【文档结构图】命令，Word 窗口被自动分割成左右两个窗格，左窗格即显示文档的层次结构，如图 3-59 所示。单击其中的某个标题，即可以快速地定位到相应的位置。再次单击菜单中的【视图】|【文档结构图】命令，即可以隐藏文档结构图窗格。

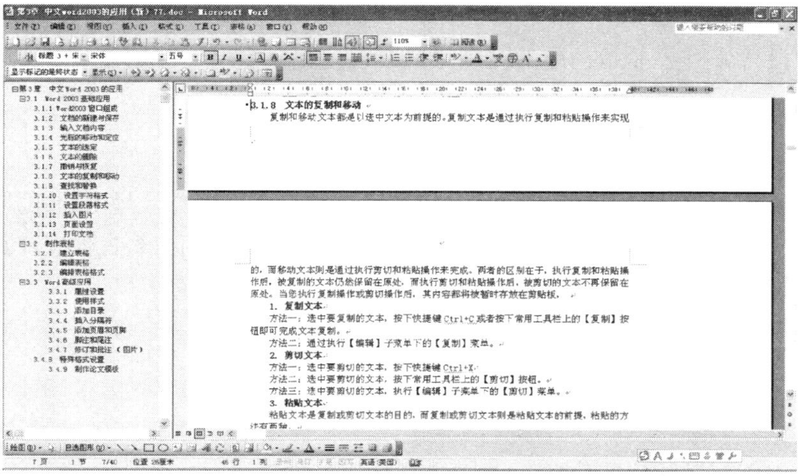

图 3-59　文档结构图

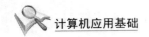

3.3.3 添加目录

目录通常是文档中不可缺少的部分,在设置好文档中的各级标题之后,Word 可以自动提取各级标题生成目录。

1)创建目录

①使用 Word 提供的"样式"功能,为各级标题设置样式。

②将光标移动要生成目录的位置。一般情况下目录出现在文档的首部。

③选择菜单中的【插入】|【引用】|【索引和目录】命令,弹出【索引和目录】对话框,单击【目录】选项卡,如图 3-60 所示。

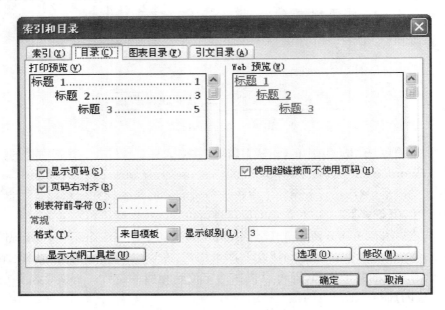

图 3-60 【索引和目录】对话框

④在其中设置好需要显示标题的级别,然后单击【确定】按钮,此时就在插入点位置自动生成文档的目录。

2)更新目录

如果文字内容在编辑目录后发生了变化,Word 2003 可以很方便地对目录进行更新,方法是:在目录上单击鼠标右键,从快捷菜单中选择【更新域】命令,打开【更新目录】对话框,选中【更新整个目录】,单击【确定】按钮,就完成了对目录的更新。

3)使用目录

Word 2003 自动生成的目录不是简单的标题列表,它还具有超级链接功能。将鼠标指向目录中的某个标题,然后按住〈Ctrl〉键,鼠标指针变成链接指针,此时单击鼠标左键就可以快速定位到文档中该标题相应的位置。

3.3.4　插入分隔符

Word 2003 中提供的分隔符有分页符、分栏符、分节符 3 种。分页符用于分隔页面,分栏符用于分栏排版,分节符用于章节之间的分隔。这里主要介绍分页符和分节符。

1)分页符

分页包括硬分页和软分页。软分页是系统根据内容、页面的大小自动分页。硬分页也称为人工分页或者强制分页。硬分页一般用于当前输入的内容已经告一段落而又未满一页,而后面的内容需要另起一页输入的时候。使用硬分页可以采用下列两种方法。

方法一:首先将光标置于要成为新的一页的内容的开头,然后按〈Ctrl+Enter〉组合键。

方法二:在插入位置放置好光标,然后单击【插入】|【分隔符】命令,打开【分隔符】对话框,如图 3-61 所示,在【分隔符类型】域中单选【分页符】,然后单击【确定】按钮,完成了硬分页。

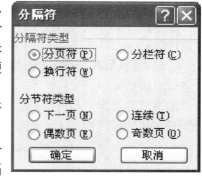

图 3-61　【分隔符】对话框

2)分节符

一节可以比一个段落更大,也可以只是段落的一部分,一篇文档可以分成任意数量的节,并可以分别定义每一节的格式。分节符在普通视图模式下可以显示为一条双虚线。建立新节的步骤如下。

①将光标移到要进行分节的起始地址。

②单击【插入】|【分隔符】命令,出现【分隔符】对话框,在【分节符类型】域中有 4 个单选按钮,含义如下:

【下一页】:插入一个分节符,新节从下一页开始。

【连续】:插入一个分节符,新页从同一页开始。

【奇数页】:插入一个分节符,新节从下一个奇数页开始。

【偶数页】:插入一个分节符,新节从下一个偶数页开始。

③分节符类型选定后,单击【确定】按钮,即完成分节符的设置。

3.3.5　添加页眉和页脚

1)创建页眉和页脚

在文档排版时通常需要在每页的底部和顶部加入一些说明性的信息,称为页脚和页眉。页眉处于页面的上边距区域,页脚处于页面的下边距区域。插入页眉和页脚的具体步骤如下:

①单击【视图】|【页眉和页脚】命令,Word 2003 将自动转换到【页面视图】模式,同时,屏幕上还将弹出【页眉和页脚】工具栏,并且在文档中出现一个【页眉】编辑框,如图 3-62所示。

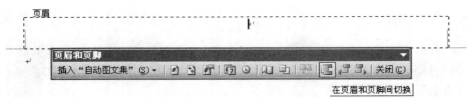

图 3-62 利用【页眉和页脚】工具栏编辑页眉和页脚

②在【页眉】编辑框中，输入页眉的内容，还可以在编辑框中插入其他的内容，如页码、页数、日期等。

③单击【页眉和页脚】工具栏上的【在页眉和页脚间切换】按钮，可以切换到【页脚】编辑框进行页脚的编辑。

④页眉和页脚设置完毕，双击正文编辑区的任意位置，或者单击【页眉和页脚】工具栏上的【关闭】按钮即可返回到正文编辑窗口。

2）设置奇偶页不同的页眉和页脚

在文档中，可以设置奇数页的页眉、页脚与偶数页的页眉和页脚不同，具体的操作步骤如下。

①选择【视图】|【页眉和页脚】命令，在弹出的【页眉和页脚】工具栏上，单击【页面设置】按钮，打开【页面设置】对话框，并单击【版式】选项卡按钮，如图 3-63 所示。

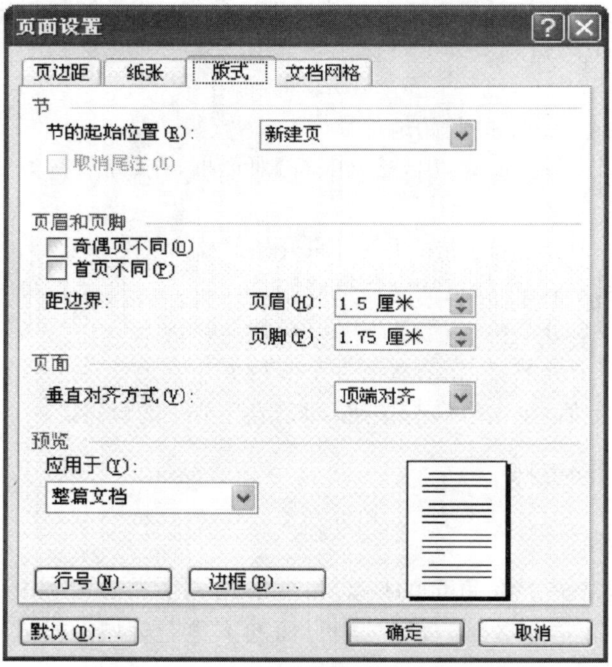

图 3-63 【页面设置】对话框

②在【版式】选项卡中，在【页眉和页脚】域选定【奇偶页不同】，单击【确定】按钮。

③分别输入奇数页和偶数页的页眉和页脚内容，设置字体、对齐方式等。

此外,还可以在【页面设置】对话框中设置【首页不同】的页眉和页脚。

3.3.6 脚注和尾注

脚注和尾注都是一种注释方式,用于对于文档进行解释、说明或提供参考资料。脚注通常出现在文档中的每一页的底端,而尾注一般位于整个文档的结尾。在一个文档中可以同时包括脚注和尾注,但只有在【页面视图】方式下才可见。

1)添加脚注和尾注

添加脚注和尾注的操作步骤如下。

(1)将光标定位在要加入脚注或尾注的地方。

(2)选择【插入】|【引用】|【脚注和尾注】命令,打开【脚注和尾注】对话框,如图 3-64 所示。

(3)在【位置】域选择【脚注】,在【格式】域中的【编号格式】下拉列表中选择编号格式类型;在【自定义标记】的编辑框输入脚注标记,也可以单击右边的【符号】按钮,打开【符号】对话框,选择系统提供的符号作为脚注的标记符,然后单击【插入】按钮,进入脚注编辑区,输入脚注注释文本,完成脚注的添加。

④在【位置】域选择【尾注】,重复步骤③即可完成尾注的添加。

2)移动或复制脚注和尾注

脚注和尾注的移动或复制是针对文档中的注释引用标记进行操作,而不是针对注释文本的操作。

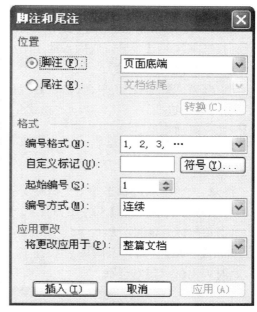

图 3-64 【脚注和尾注】对话框

注释引用标记的移动和复制方法与文本的移动和复制方法相同,如果移动或复制了自动编号的注释引用标记,Word 会按新的次序重新对注释进行编号。

3)删除脚注和尾注

要删除脚注和尾注,只要定位在脚注和尾注引用标记前,按 Delete 键,则引用标记和注释文本同时被删除。如果删除了自动编号的注释引用标记,Word 会自动删除相应的注释文本并对其余的注释进行重新编号。

一次删除所有自动编号的脚注和尾注的方法:选择【编辑】|【替换】命令,打开【查找和替换】对话框。将光标定位在【查找内容】下拉列表中,单击【高级】按钮,再单击【特殊字符】按钮,在弹出的下拉菜单中选择【尾注标记】或【脚注标记】命令,确定【替换为】列表框为空,然后单击【全部替换】按钮。

注意:对于自定义标记的脚注和尾注不能用替换的方法一次全部删除。

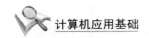

3.3.7　修订和批注

用 Word 编辑文档时，可以进行修订和批注，并查看它们。选择【视图】|【工具栏】|【审阅】命令，即可显示【审阅】工具栏，如图 3-65 所示。在默认的情况下，Word 使用批注框显示删除内容、批注、格式更改和已移动的内容。

图 3-65　【审阅】工具栏

在默认情况下，Word 将显示修订和批注。在【审阅】工具栏中，【显示已审阅】下拉列表中的默认选项是"显示标记的最终状态"，用户可以根据不同情况进行设置。

（1）在编辑时进行修订或插入批注的步骤

①打开要修订的文档。

②在【审阅】工具栏上单击【修订】按钮，使该按钮处于被选定状态。

③可以通过插入、删除、移动或格式化文本和图形进行所需的修订，也可以单击【插入批注】按钮添加批注。

④如果要关闭修订，可以在【审阅】工具栏上再次单击【修订】按钮，使该按钮处于未被选中状态。

注意：关闭【修订】状态并不会消除文档中的修订，要确定所有修订都已显示，然后对文档中的每个修订使用【接受】或【拒绝】命令，才能消除文档中的修订。

（2）更改标记显示方式，可更改 Word 用来标记修订文本和图形的颜色和其他样式，步骤如下：

单击【审阅】工具栏上的按钮右侧的下拉按钮，在弹出的下拉菜单中选择【选项】命令，此时弹出【修订】对话框，如图 3-66 所示，可以在【修订】对话框中进行设置。每个审阅者的

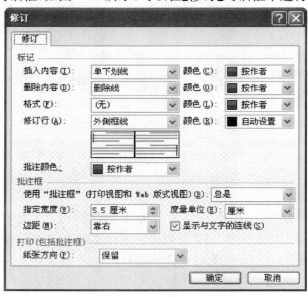

图 3-66　【审阅】对话框

更改在文档中会以不同的颜色出现,以便能够跟踪多个审阅者。

注意:单击【审阅】工具栏上的【审阅窗格】按钮，可以在文档的下方显示【主文档修订和批注】窗格,从中可以查看文档中的所有修订和批注。

实训与练习题

 实训 3-1 Word 文档的基本操作

【实训内容】

1. 在 Word 中输入以下文本,并保存在自己的文件夹中,文件命名为"给地球照相.doc"。

给地球照相

自从发明了望远镜和照相机,人类就能给太阳、星星和月亮照相了。但是,在很长一段历史时期里,人类却没有办法给自己居住的星球——地球照一张"全身像"。这是一件多么令人遗憾的事情啊!

今天,可以说,地球表面已经没有什么神秘的"禁区"了。无论是人迹罕至的热带森林,还是荒无人烟的戈壁沙漠;无论是陆地上的种种自然资源,还是茫茫无际的海洋和瞬息万变的天气,在先进的遥感技术面前,都将一览无余。

---

2. 把文档"给地球照相.doc"另存为 JSJ1.doc。

3. 在文档 JSJ1.doc 中完成以下操作:

(1) 把所有正文段落复制两份,使其成为 6 个自然段。

(2) 把所有的"地球"替换为"earth"并设为蓝色粗斜字体。

(3) 存盘后退出。

 实训 3-2 字体及段落格式化操作

【实训内容】

1. 把文档"JSJ1.doc"另存为 JSJ2.doc。

2. 在文档 JSJ2.doc 中完成如下操作:

(1) 把标题设置为黑体、加粗、二号、红色字,居中对齐,段前段后间隔 0.5 行。

(2) 在文档正文的第一段和第二段之间输入公式 $x^2 + y^2 = z^2$;要求用格式刷完成第二、三个上标 2 的格式定义。

(3) 把正文第二、三段设置为:字符间距缩放 150%、间距加宽 6 磅。完成后存盘退出。

3. 把文档"给地球照相.doc"另存为文件 JSJ3.doc。

4. 在文件 JSJ3.doc 中完成以下操作:

(1) 将正文第二段复制两次,使其分为四段,即添加了第三段和第四段。

(2) 将第一、二自然段设置为仿宋四号字;首行缩进两个字符,左、右缩进 10 磅,段前、段后各 12 磅;行间距为 1.5 倍。

(3) 将第三、四自然段设置为楷体小四号字,并把第三段设置为首字下沉 3 行;第四段设置为首字悬挂 2 行。

(4) 把第三段分两栏排版。完成后存盘退出。

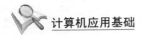

实训 3-3　图文混排、页面设置及打印输出

【实训内容】

1.把文档"给地球照相.doc"另存为文件 JSJ4.doc。

2.并在 JSJ4.doc 中完成如下操作：

(1)在文档中插入一张"照相"类型的剪贴画,大小设置为高度 3cm、宽度 4cm;版式"紧密型"环绕方式;文字环绕为"两边"环绕文字。

(2)在正文后利用自选图形绘制如图 3-67 所示的流程图,并将其组合。

(3)在文档中插入艺术字"给地球照相",艺术字样式选择"艺术字"库中的第一行第三个,并把艺术字放在第三段正文右下角。

(4)把文档中的流程图放在第二页,并在流程图前插入分页符。

(5)在文档中插入页码,页码放在底端的居中的位置,并用【打印预览】查看效果。

(6)对文档进行页面设置,将纸张设置成 16 开。

(7)在【普通视图】模式和【页面视图】模式间切换,比较有何不同;最后用【打印预览】查看效果。

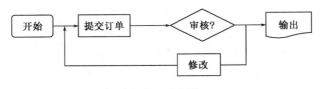

图 3-67　流程图

实训 3-4　建立表格

【实训内容】

(1)建立如下表格,并以"计算机等级考试报名表.doc"为文件名保存在自己的文件夹中。

(2)将表格中各单元格内的文字设置为【居中对齐】格式。

(3)通过【表格】菜单中的【表格自动套用格式】,命令,选取一种套用格式来制作表格。

序　号	学　号	班　级	姓　名	任课老师
1	201105030301	11 级城轨	李　莉	刘淑娟
2	201105030302	11 级城轨	张　鹏	刘淑娟
3	201105030303	11 级城轨	王晓东	刘淑娟
4	201105030304	11 级城轨	赵新茹	刘淑娟
5	201105030305	11 级城轨	张婷婷	刘淑娟
6	201105030306	11 级城轨	马小亮	刘淑娟

实训 3-5　Word 文档的综合应用

【实训内容】

把"给地球照相.doc"另存为文件 JSJ5.doc,并在 JSJ5.doc 中完成以下操作。

(1)在文档后面输入公式 $p = \sqrt{\dfrac{x-y}{x+y}}$（注:用【插入】|【对象】提供的公式编辑器完成）。

（2）把标题设置为居中对齐、黑体三号、段前段后间隔 0.5 行。

（3）将文档正文第二自然段复制两次，分成四个自然段，将第一自然段设为楷体四号字并首字下沉两行，第三、四自然段设为宋体四号并分栏，中间加分栏线。

（4）设置页眉为"计算机等级考试一级"，宋体小五号、蓝色、位置居右；页脚设置为"第 X 页"，位置居中。

（5）在第一自然段和第二自然段中间靠右添加剪贴画（与地球有关的），版式为【四周型】。

（6）将所有"地球"一词利用"替换"功能设置为宋体、四号、加粗、斜体、蓝色。

（7）用"Earth"一词制作水印（楷体 48 磅天蓝色），要求每页都有水印效果。

（8）绘制一个五星自选图形，图中心添加"重庆"（楷体三号加粗倾斜粉红色），设置填充效果为红日西斜、中心辐射，图文环绕第一页的右下角位置。

（9）在"照相机"后添加脚注 Camera。

（10）利用 Word 的【插入批注】功能，在第一段选择"人类"，插入批注：请把全文的"人类"修改为"人们"。

练习题

一、单项选择题

1. 在 Word 编辑状态下，鼠标在某行中间，若仅选择光标所在段应选用（　　）操作。
   A. 单击鼠标左键　　　　B. 三击鼠标左键　　　　C. 双击鼠标左键　　　　D. 单击鼠标右键

2. Word 模板文件的扩展名为（　　）。
   A. doc　　　　　　　　B. dot　　　　　　　　C. wps　　　　　　　　D. txt

3. Word 文档文件的扩展名是（　　）。
   A. txt　　　　　　　　B. doc　　　　　　　　C. wps　　　　　　　　D. bmp

4. 在 Word 中，将正在 C 盘编辑的文档 D1. doc 文档拷贝到 U 盘，应当使用（　　）。
   A.【文件】菜单中的【另存为】命令　　　　B.【文件】菜单中的【保存】命令
   C.【文件】菜单中的【新建】命令　　　　　D.【插入】菜单中的命令

5. 在 Word 编辑状态下，进行字体设置操作后，按新设置的字体显示的文字是（　　）。
   A. 插入点所在段落中的文字　　　　　　　B. 文档中被选择的文字
   C. 插入点所在行中的文字　　　　　　　　D. 文档的全部文字

6. 在文字处理软件 Word 系统中，需要进行【粘贴】操作应使用的组合键是（　　）。
   A.〈Ctrl＋A〉　　　　B.〈Ctrl＋X〉　　　　C.〈Ctrl＋C〉　　　　D.〈Ctrl＋V〉

7. Word 编辑状态下，当前输入的文字显示在（　　）。
   A. 鼠标处　　　　　　B. 插入点处　　　　　C. 文件尾部　　　　　D. 当前行尾

8. 中文 Word 编辑软件的运行环境是（　　）。
   A. DOS　　　　　　　B. WPS　　　　　　　C. Windows　　　　　D. 高级语言

9. 段落的标记是在输入什么之后产生的（　　）？
   A. 句号　　　　　　　B. 回车键　　　　　　C.〈Shift＋Enter〉　　D. 分页符

10. 在 Word 编辑状态下，若要调整左右边界，比较直接、快捷的方法是（　　）。
   A. 工具栏　　　　　　B. 格式栏　　　　　　C. 菜单　　　　　　　D. 标尺

11. 在 Word 的编辑状态下,文档中有一行被选择,当按 Delete 键后(　　)。
　　　A. 删除了插入点所在的行　　　　　　B. 删除了被选择的一行
　　　C. 删除了被选择的行及其后的内容　　D. 删除了插入点及其之前的内容。

12. 将 Windows 的其他软件环境中制作的图片复制到当前 Word 文档中,下列说法正确的是(　　)。
　　　A. 不能将其他软件中制作的图片复制到当前 Word 文档中
　　　B. 可以通过剪贴板将其他软件的图片复制到当前 Word 文档中
　　　C. 先在屏幕上显示要复制的图片,打开 Word 文档时便可以使图片复制到文档中
　　　D. 先打开 Word 文档,然后直接在 Word 环境下显示要复制的图片

13. Word 的每个段落都有自己的段落标记,段落标记的位置在(　　)。
　　　A. 段落的首部　　　　　　　　　　　B. 段落的结尾处
　　　C. 段落的中间位置　　　　　　　　　D. 段落中,但用户找不到的位置

14. 在 Word 2003 中,若要将某个段落的格式复制到另一段,可采用(　　)。
　　　A. 字符样式　　　B. 拖动　　　C. 格式刷　　　D. 剪切

15. Word 具有分栏功能,下列关于分栏的说法正确的是(　　)。
　　　A. 最多可以分成 4 栏　　　　　　　B. 各栏的宽度必须相同
　　　C. 各栏的宽度可以不同　　　　　　　D. 各栏之间的距离是固定的

16. 下列视图中可以显示出页眉和页脚的是(　　)。
　　　A. 大纲视图　　　B. 页面视图　　　C. 普通视图　　　D. 全屏视图

17. 将文档中一部分文本内容复制到别处,先要进行的操作是(　　)。
　　　A. 粘贴　　　B. 复制　　　C. 选择　　　D. 剪切

18. 菜单栏【文件】下拉菜单的底部所显示的文件名是(　　)。
　　　A. 正在使用的文件名　　　　　　　B. 正在打印的文件名
　　　C. 扩展名为 .dot 的文件名　　　　　D. 最近被 Word 处理的文件名

19. 在 Word 中,如果用户需要取消刚才的输入,可以在编辑菜单中选择【撤消】命令;在撤消后若要重做刚才的操作,可以在编辑菜单中选择【重复】命令。这两个操作的组合键分别是(　　)。
　　　A.〈Ctrl＋T〉和〈Ctrl＋I〉　　　　　　B.〈Ctrl＋Z〉和〈Ctrl＋Y〉
　　　C.〈Ctrl＋Z〉和〈Ctrl＋I〉　　　　　　D.〈Ctrl＋T〉和〈Ctrl＋Y〉

20. 在 Word 编辑文档时,若不小心作了误删除的操作,下面的选项正确的是(　　)。
　　　A. 不能恢复　　　　　　　　　　　B. 可以通过【撤消】按钮恢复
　　　C. 可通过【复制】按钮恢复　　　　　D. 可以通过【粘贴】按钮恢复

21. 在 Word 编辑状态下,当前编辑文档中的字体是宋体,选择了一段文字使之反显,先设定了楷体,又设定了黑体,则(　　)。
　　　A. 文档全文都是楷体　　　　　　　B. 被选择的内容仍是宋体
　　　C. 被选择的内容便成了黑体　　　　　D. 文档全部文字字体不变

二、多项选择题

1. 利用 Word 中的查找和替换功能可以(　　)。

A. 替换文字　　　　　B. 替换格式　　　　　C. 不能替换格式

D. 不能替换文字　　　E. 格式和文字可以一起替换

2. Word 在文档【格式】工具中设置的对齐方式有（　　　）。

A. 分散对齐　　　　　B. 左对齐　　　　　　C. 两端对齐

D. 居中对齐　　　　　E. 右对齐

3. 在 Word 中,打开一个文档且没做任何修改,然后单击 Word 主窗口标题栏右侧的【关闭】按钮,则（　　　）。

A. 文档窗口被关闭　　　　　　　　　　　B. Word 主窗口被关闭

D. 文档被关闭而 Word 主窗口未被关闭　　C. 仅 Word 主窗口被关闭

E. 文档窗和 Word 主窗口全未被关闭

4. 下列哪些情况会出现在【另存为】对话框中或需要执行【文件】|【另存为】命令（　　　）。

A. 新建文档第一次保存

B. 打开已有文档修改后的保存

C. 建立文档副本,以其他名字保存

D. 将中文 Word 文档保存为其他文件格式

E. 打开已有文档不作任何的保存

5. 中文 Word 的【格式】菜单中含有（　　　）。

A. 字体　　　　　　　B. 段落　　　　　　　C. 边框和底纹　　　　　D. 分栏

6. 在 Word 的编辑状态下,选择了当前文档中的一个段落,按〈Delete〉健,则下列说法错误的是（　　　）。

A. 该段落被删除且不能恢复　　　　　　　B. 该段落被删除,但能恢复

C. 能利用回收站恢复被删除的段落　　　　D. 该段落被移到回收站内

E. 该段落被送入剪贴板

7. 中文 Word 可以对编辑的文字进行（　　　）排版设置。

A. 上标　　　　　　　B. 下标　　　　　　　C. 斜体

D. 粗体　　　　　　　E. 下划线

8. 中文 Word 具有（　　　）功能。

A. 不需人工操作的全自动排版　　　　　　B. 图文混排

C. 所见即所得　　　　　　　　　　　　　D. 中文自动校对

9. Word 的【视图】菜单中,有（　　　）等视图模式。

A. 普通　　　　　　　B. 页面　　　　　　　C. 大纲　　　　　　　　　D. 放映

10. 利用 Word 系统进行文字处理时,经常使用"剪贴板"来完成相应功能。通常用到与"剪贴板"有关操作的是（　　　）

A. 选定　　　　　　　B. 剪切　　　　　　　C. 粘贴

D. 复制　　　　　　　E. 删除

三、判断题

1. 在 Word 的打印预览模式下,不能检查分页符,调整页边距。　　　　　　　　（　　　）

2. 在 Word 中,对字符进行格式设置,在字符键入前后都可以进行。　　　　　　（　　　）

3. 在 Word 编辑状态下,当前输入的文字显示在文件尾部。　　　　　　　　　(　　)

4. 在 Word 中选择整个表格,执行表格菜单中的"删除行"命令,则整个表格被删除。(　　)

5. 利用 Windows 剪贴板可在 Word 中复制或粘贴信息。　　　　　　　　　(　　)

6. Word 具有分栏功能,各栏的宽度可以不同。　　　　　　　　　　　　(　　)

7. 利用 Word 录入和编辑文档之前,必须先指定所编辑文档的文件名。　　　(　　)

8. Word 中一个段落可以设置为既是居中对齐又是两端对齐。　　　　　　　(　　)

9. Word 对文字的格式设置等编辑都必须先选定后操作。　　　　　　　　　(　　)

10. 使用中文 Word 编辑文档时,要显示页眉页脚内容,应采用普通视图方式。　(　　)

四、填空题

1. 当 Word 文档中含有页眉、页脚、图形等复杂格式内容时,应采用_____方式进行显示。

2. 在 Word 中,如果要选择所有文档,应使用_____组合键。

3. 在 Word 系统中,选择常用工具栏上的【格式刷】按钮,其功能是_____。

4. 在 Word 的编辑状态下,使插入点快速移到行首的快捷键是_____。

5. 在 Word 中,要插入一些键盘上没有的符号,是用【_____】菜单下的【符号】命令。

6. 按 Delete 键,是删除插入点光标_____边的字符。

7. 在 Word 中,模版文件的扩展名是_____。

8. Word 系统右下角状态栏上"改写"字样是否清楚显示,可说明编辑处于插入或改写状态,可以按键盘的_____键切换两种状态。

9. Word 窗口下方状态栏"改写"二字呈浅灰色时说明编辑处于_____状态。

10. 在 Word 中,应该按_____键可以实现对已被选中文档内容的剪切。

第4章　中文 Excel 2003 的应用

Excel 是微软公司发行的办公处理软件——Microsoft Office 中一款专门用于表格处理的软件。虽然目前版本众多,但是 Microsoft Office 2003 版本在目前日常办公中仍非常流行,所以本章就以中文 Excel 2003 版本为模板进行介绍。本章将介绍 Excel 2003 的基本操作、数据处理及一些高级用法和使用技巧,具体内容主要包括 Excel 2003 的启动与退出、工作表的创建、编辑、公式的应用、图表的建立、数据库和数据透视表的设置、页面设置和打印。

4.1　认识中文 Excel 2003

4.1.1　基本功能与特点

Excel 2003 是 Microsoft Office 2003 系列办公软件之一,主要功能有数据表格创建及编辑,数据统计及分析,图表编辑及数据透视表创建,是一款功能强大的电子表格处理软件。

4.1.2　启动与退出

1)启动 Excel 2003

以下 3 种方式均可启动 Excel:

①单击任务栏【开始】|【所有程序】|【Microsoft Office】|【Microsoft Office Excel 2003】命令,如图 4-1 所示。

图 4-1　启动 Excel 2003

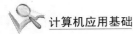

②如果 Windows 桌面设置了 Excel 的快捷方式,直接双击桌面上的 Excel 图标。

③找到要打开的 Excel 文件,双击该文件即可启动 Excel。

2)Excel 窗口组成

Excel 2003 启动成功后,出现如图 4-2 所示的窗口,其组成元素主要有:

(1)编辑栏

编辑栏用于输入数据或计算公式。当选择单元格或区域时,相应的地址或区域名称即显示在编辑栏左端的名称框中。在单元格中编辑数据时,其内容同时出现在编辑栏右端的编辑框中,方便用户输入或修改单元格中的数据。编辑栏中间是确认区,在编辑框中进行编辑时,将变成 ✕ ✓ ƒx,✕ 按钮为取消按钮,✓ 按钮为确认按钮,ƒx 按钮用于调用函数,编辑完毕后可按 ✓ 钮或 Enter 键确认。

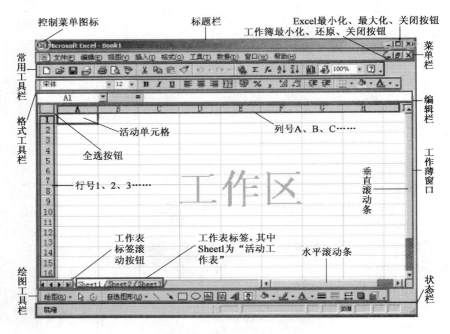

图 4-2 Excel 窗口的基本组成

(2)工作表

工作表为 Excel 窗口的主体,由单元格组成,每个单元格用行号和列号表示,其中行号位于工作表的左端,顺序为数字 1、2、3……,从上到下排列,列号位于工作表的上端,顺序为字母 A、B、C……,从左至右排列。

(3)标签栏

工作表标签显示了当前工作簿中包含的工作表的数目,默认的工作表名称为 Sheet1、Sheet2、Sheet3,当前活动工作表以白底加黑色下划线显示,默认为 Sheet1 为当前工作表。单击工作表标签名可切换到相应的工作表。

3)退出程序

以下 3 种方式均可退出 Excel:

①单击 Excel 窗口右上角的【关闭】按钮⊠。

②单击 Excel 窗口中的【文件】|【退出】命令。

③按下键盘上的快捷组合键〈Alt＋F4〉。

4.2　建立新的工作簿

4.2.1　工作簿、工作表与单元格的关系

1）工作簿与工作表

工作簿与工作表在 Excel 2003 中是两个不同的概念。工作簿是计算和存储数据的文件，一个工作簿就是一个 Excel 文件，默认文件名为"Book1"，扩展名为"xls"。一个工作簿可以包含多个工作表，最多可以包含 255 个工作表。默认情况下，一个工作簿自动打开三个工作表，分别以 Sheet1、Sheet2、Sheet3 命名，其中，当前工作表为 Sheet1，用户根据自己实际需要可以增加或减少工作表的个数。

2）单元格与工作表

单元格是组成工作表的最小单位。一个工作表由 65536 行和 256 列组成，行号是从上至下从"1"到"65536"的编号，列号是从左至右从"A"至"IV"的字母编号。每一行列的交叉处即为一个单元格。每个单元格只有一个固定地址，即单元格地址，例如 A5 是指第 A 列与第 5 行交叉位置上的单元格。

由于一个工作簿包含多个工作表，要区分不同工作表的单元格，必须在单元格地址前加上工作表名字，并以"!"间隔。例如 Sheet1! B5 代表 Sheet1 工作表的 B5 单元格。

4.2.2　数据的输入

要输入单元格数据，首先要激活该单元格。其标志是带有黑色边框的为当前活动单元格。在工作表中输入数据是一项基本操作，包括：数值输入、文本输入、日期时间输入等。

1）数值输入

数值数据包括数字 0～9，还包括＋、－、E、e、$、( )、/、％以及小数点(.)、千分位符号(,)等字符。数值数据在单元格中默认向右对齐。

提示：如需输入分数时，只需在输入分数前加入"0"并用空格隔开，否则系统会当做日期处理。例如需键入分数"1/2"，需在单元格中输入"0 1/2"，如不输入"0"和空格的话，单元格中会显示"1 月 2 日"。

2）文本输入

输入的文本内容包括中文、英文字母、数字、空格等其他键盘能键入的符号，文本内容默认在单元格中左对齐。

说明：

①如需输入第一个字符为 0 的文本信息，只需在单元格中先输入一个单引号后，再输入 0，如要输入"001"，则要在单元格中输入"'001"。

②若需将某一个单元格中的文本内容分行显示，在编辑时换行应使用组合键〈Alt＋En-

ter〉。

3）日期时间输入

Excel 2003 内置了一些日期和时间的格式,可以通过在菜单中选择【格式】|【单元格】命令,在弹出的对话框中选择【数字】选项卡,在通过选择【分类】列表下的【日期】或【时间】,便可以在右边的【类型】列表中选中设置日期或时间的格式。日期和时间在单元格中默认为右对齐。

4.2.3 单元格指针的移动

要改变当前活动单元格,可以通过以下 3 种方式:
①通过小键盘上的上、下、左、右箭头就可以改变单元格指针的位置;
②通过鼠标左键的点击可以随意改变单元格指针的位置;
③通过改变编辑栏左端的名称框内的单元格地址(输入单格式地址后,按回车键)定位单元格指针的位置。

4.2.4 数据自动输入

用户在输入大量数据时发现纵列或者是横行有很多数据都是相同或者是以一定规律出现的,Excel 2003 提供了数据自动填充的功能,让用户无需重复输入数据,自动填写,节省操作时间。

1）简单数据自动填充

在单元格中输入原始数据,然后把鼠标指针指向单元格的右下角,此时鼠标指针变为实心十字形"＋",随后按下鼠标左键拖至填充的最后一个单元格,最后松开鼠标,即可完成填充。在右下角出现【自动填充选项】的小方框,点击右边的黑色向下的箭头,出现四个选项:【复制单元格】、【以序列方式填充】、【仅填充格式】、【不带格式填充】,选择其一即可。在使用〈Ctrl＋C〉快捷键进行复制单元格内容时,实际上是复制了单元格中的内容和单元格的格式。简单数据填充如图 4-3 所示。

2）复杂数据填充

在单元格中先输入初始值,然后选定一块区域,再通过选择【编辑】菜单下的【填充】|【序列】命令,弹出如图 4-4 所示的对话框,可实现具有一定规律的复杂数据的填充。

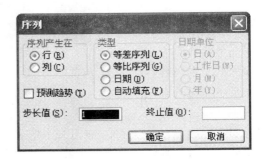

图 4-3 填充简单数据　　　　　　　　图 4-4 【序列】对话框

4.2.5　数据有效性设置

当用户需要设置某一单元格或某一区域单元格的相同数据类型，可以单击【数据】菜单下的【有效性】命令，弹出如图 4-5 所示的数据有效性对话框。

选择对话框中的【设置】选项卡，在【有效性条件】栏下的【允许】下拉列表中为当前单元格选择允许的数据类型：任何值、整数、小数、序列、日期、时间、文本长度、自定义等。用户可根据输入的数据类型和要求选择一种。

4.2.6　数据的修改

1）数据的编辑

如需对单元格中的数据进行修改，可以双击该单元格或是选中该单元格后修改编辑栏中的内容。

2）数据的清除

数据的清除针对的对象是单元格中的内容，与单元格本身无关，操作步骤如下：

选取要清除内容的单元格或区域，选择【编辑】菜单下的【清除】命令，会出现一组如图 4-6 的子命令（全部、格式、内容、批注），选择需要的操作即可完成清除操作。

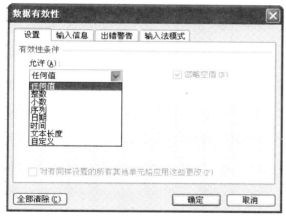

图 4-5　【数据的有效性】对话框

图 4-6　数据清除菜单

3）数据的删除

数据删除的对象是单元格，删除后单元格连同里面的数据都从工作表中删除，操作步骤如下：

选定单元格或区域后，选择【编辑】菜单下的【删除】命令，出现如图 4-7 所示的对话框，用户可选择【右侧单元格左移】或【下方单元格上移】填充被删掉单元格留下的空格。选择【整行】或【整列】将删除选定区域所在的列和行，其下方或右侧列自动填充空缺。当选定要删除的区域为若干整行或若干整列时，将直接删除而不出现对话框。

图 4-7　【删除】对话框

4.3 工作表管理

对工作表进行管理操作,包括移动、复制、重命名、插入新的工作表等操作。

4.3.1 移动和复制工作表

有时候,希望将一个工作簿中的某些工作表复制到另一个工作簿中。此时,可以使用"移动法"来快速复制工作表。具体的操作步骤如下:

①打开两个将要进行操作的工作簿,比如 book1. xls 和 book2. xls。

②切换到其中一个源工作簿,如 book2. xls,并选定需要进行复制的工作表。

③把鼠标放在工作区下边表单标签的地方,单击鼠标右键,在弹出的快捷菜单中选择【移动或复制工作表】命令(图 4-9),出现如图 4-8 所示的对话框。

④在【工作簿】下拉列表中选择目标工作簿,如 book1. xls,在【下列选定工作表之前】列表中,选择插入哪个表单之前,同时选中【建立副本】选项后按【确定】按钮,完成复制工作表的操作。如果不选择【建立副本】复选框,则仅将原工作表是移动目标位置。

图 4-8 移动或复制工作表

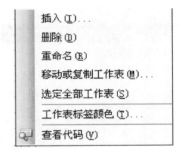

图 4-9 工作表操作

通过该对话框可以将该工作表移动到另一个工作簿,也可以将工作表移动到同一工作簿的其他工作表之前、之后的位置。

4.3.2 工作表重命名

一个 Excel 工作簿系统默认包含 3 个工作表"Sheet1"、"Sheet2"、"Sheet3",处于工作表左下角的位置。如果要对工作表进行重新命名,可双击该标签,然后输入用户自己命名的表名即可;也可以把鼠标放在标签位置,单击鼠标右键,出现如图 4-9 所示的快捷菜单,选择【重命名】命令,即可对工作表可以进行重新命名。

4.3.3 在工作表间切换

在一般情况下,当一个工作簿中的工作表数不多的时候,比如默认个数 3 个,可以直接用鼠标单击工作表选项卡即可选中该工作表。当工作表的个数比较多时,屏幕上不能同时显示所有工作表的选项卡,这就需要使用左下角的 4 个工作表滚动按钮 ◄ ◄ ► ► 定位到相应的工作表,再用鼠标单击来选定。当工作表数目很多时,这个操作的效率就不高了。

那么如何快速选中所需要的工作表呢? 方法很简单:在任意一个工作表中,将光标移到工作表左下角的工作表滚动按钮上,然后右击鼠标,在弹出的快捷菜单中选中自己所需的工作表即可,如图 4-10 所示。

4.3.4 插入或删除工作表

把鼠标放在工作表表名标签的地方,单击鼠标右键,出现如图 4-9 所示的快捷菜单,选择【插入】命令,可在该工作表后插入一张新的工作表。选择【删除】命令,可以删掉该工作表。

4.3.5 拆分工作表

图 4-10 选中工作表

编辑工作表时,有时由于表格的内容过长,使得不能同时浏览同一表格的不同部分。尽管可以使用滚动条,但操作繁琐。这时,我们就可以使用 Excel 的【拆分】功能,把一个工作表拆分为 4 个显示窗口。具体操作步骤如下:

①选择需要进行拆分的工作表。

②执行【窗口】|【拆分】命令。此时系统自动将工作表拆分为 4 个独立的显示窗口,如图 4-11 所示。

图 4-11 拆分窗口

已拆分的工作表若需要取消拆分,可以执行【窗口】|【取消拆分】命令,恢复工作表拆分前的显示状态。

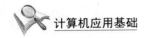

4.3.6 工作簿、工作表的隐藏与恢复

1)隐藏与恢复工作簿

如果用户打开多个工作簿以后,会造成屏幕上布满了工作簿,而且有时会因为疏忽而造成不必要的数据损失。那么如何暂时隐藏其中几个呢?可以利用菜单中【窗口】|【隐藏】命令来隐藏工作簿,使它们不占用计算机的屏幕空间。需要注意的是,这种"隐藏"并不意味着工作簿被关闭了。相反,它们仍处于打开状态,其他程序仍可以使用它们的数据。具体操作步骤如下:

①将需要隐藏的工作簿激活,即使之成为当前工作簿。

②执行【窗口】|【隐藏】命令即可将当前工作簿隐藏起来,如图 4-12a)所示。

③如果要显示之前隐藏了的工作簿,可以按上面的操作,执行【窗口】|【取消隐藏】命令,如图 4-12b)所示,恢复工作簿的显示状态。

a)工作簿的隐藏　　　　　　b)工作簿的恢复

图 4-12　工作簿的隐藏与恢复

2)隐藏与恢复工作表

不仅工作簿能隐藏,工作表也能隐藏(仍处于打开状态),使它的内容隐藏起来。

具体的操作步骤如下:

①选择需要隐藏的工作表。

②执行【格式】|【工作表】|【隐藏】命令,如图 4-13a)所示。

此时该工作表即从屏幕上消失。如果要显示被隐藏的工作表,操作类似隐藏工作表,具体步骤如下:

①执行【格式】|【工作表】|【取消隐藏】命令,弹出【取消隐藏】对话框如图 4-13b)所示。

②选择需要显示的工作表,单击【确定】按钮即可显示该工作表。

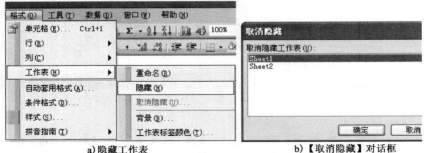

a)隐藏工作表　　　　　　b)【取消隐藏】对话框

图 4-13　工作表的隐藏与恢复

4.3.7 改变工作表的默认数目

默认情况下，Excel 工作簿会打开 3 个空白工作表，分别为 Sheet1、Sheet2、Sheet3。如果用户觉得新插入工作表比较繁琐，用户也可以更改默认的工作表数目。具体操作步骤如下：

①执行【工具】菜单下的【选项】命令，弹出【选项】对话框。

②找到【常规】选项卡中的【新工作簿内的工作表数】输入框，输入所需要的工作表数量，也可以通过旁边向上向下的箭头按钮来选择工作表的具体数目，比如"10"，如图 4-14 所示。

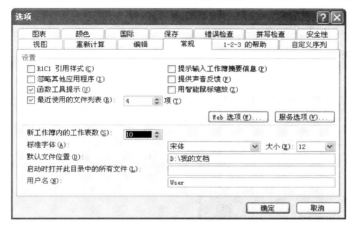

图 4-14 改变工作簿中工作表的默认个数

③然后单击【确定】按钮，即可完成改变默认的工作表数目。

④新建工作簿，此时新建的工作表标签中将出现 Sheet1～Sheet10 个工作表。

注意：新工作簿的工作表数范围只能是 1～255，否则系统会弹出提示信息。

4.3.8 工作表的安全性

Microsoft Office 办公系列软件都提供了保护工作表数据的功能。具体操作步骤如下：

①执行【工具】|【选项】命令，出现一个选项对话框，如图 4-15 所示。

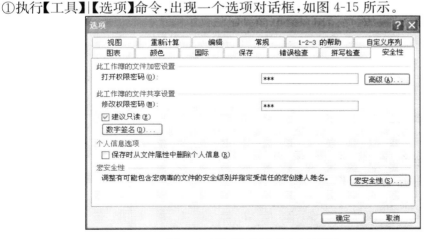

图 4-15 【选项】对话中的安全性设置

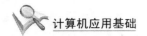

②选择【安全性】的选项卡。

③在【此工作簿的文件加密设置】域的【打开权限密码】右边的文本框中,用户可以设置打开该工作簿权限的密码;在【此工作簿的文件共享设置】域的【修改权限密码】右边的文本框中,也可以设置更改工作簿内容的权限密码。若选中【建议只读】项前的复选框,表示打开该工作簿时只能以只读方式打开,不能对内容进行修改。

④设置完成后,单击【确定】按钮即可。

4.4　工作表的编辑

单元格是组成工作表的单位,对工作表的操作就是对单元格及单元格内容的操作,主要包括插入或删除单元格,单元格的移动与复制,选择性粘贴,查找与替换等操作。

4.4.1　插入和删除单元格、行、列

在表格当中插入空白的行和列是在对工作表编辑基本操作。在 Excel 中的【插入】菜单中都有此项功能,如图 4-16 所示。

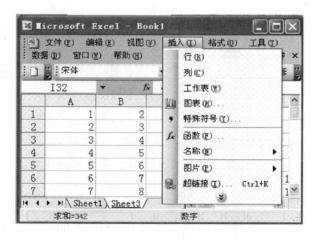

图 4-16　插入行、列或单元格

删除工作表的行、列、单元格等操作在 4.2.6 节已经介绍过,通过【编辑】|【删除】命令完成。

4.4.2　选择性粘贴

将其他文档的内容粘贴到 Excel 工作表中,具体的操作如下:

①在其他文档中选取要复制的数据,执行【编辑】|【复制】命令。

②切换到 Microsoft Excel 中,单击复制数据的目标工作表区域的左上角。

③执行【编辑】|【粘贴】命令。

④如果数据格式显示不正确,执行【编辑】|【选择性粘贴】命令,出现如图 4-17 所示的对话框。根据【方式】下的选项选择粘贴对象。

思考:怎样将 Word 中的表格复制到 Excel 表格中?

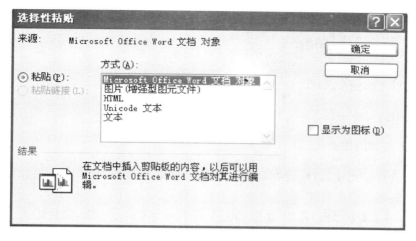

图 4-17 【选择性粘贴】对话框

4.4.3 查找与替换操作

Microsoft Excel 提供有对表格中的数据进行查找和替换功能,具体操作如下:
①执行【编辑】|【查找】命令,弹出如图 4-18 所示的查找与替换对话框。

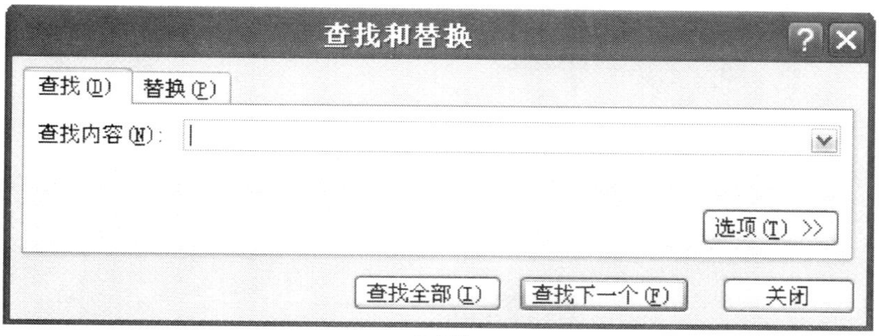

a) 查找

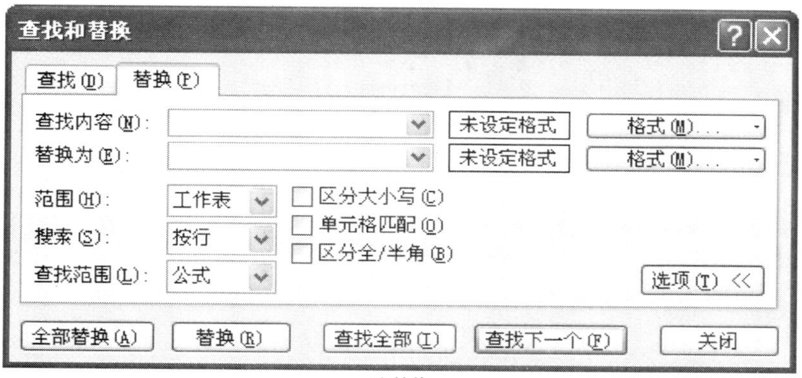

b) 替换

图 4-18 【查找和替换】对话框

②在【查找内容】右边的文本框中输入要查询的数据内容;若还要替换,单击替换选项卡,对话框中会显示【替换为】的输入框,输入要替换的新的内容,如图 4-18a)所示。

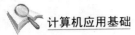

③如果要精确设置查询或替换的条件,则单击右下角的【选项】按钮出现如图 4-18b)所示的对话框,点击【格式】按钮设置格式条件。

④最后单击相应的查找或替换按钮,完成查找与替换操作。

4.5 工作表的格式化

在 Excel 中制定一些报表时,为了美观,常需要对表格进行格式化。

4.5.1 工作表的格式化

对工作表进行格式化,包括设置表格中数据的格式、字体的设置,单元格底纹、表格边框的设置等操作。具体操作步骤如下:

①执行【格式】|【单元格】命令,出现如图 4-19 所示的【单元格格式】对话框。

②选择需要设置格式的选项卡,完成相应格式设置后,按【确定】按钮,完成设置。

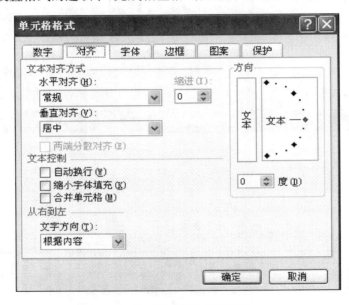

图 4-19 【单元格格式】对话框

4.5.2 快速格式化工作表

对在 Excel 中制作完成的工作表进行格式化,若碍于时间的限制,不希望手工设置格式工作表,可以采用快速格式化工作表的方法完成格式化操作,美化工作表。具体操作如下:

①选中所要制作表格的区域。

②执行【格式】|【自动套用格式】命令,弹出【自动套用格式】对话框,如图 4-20 所示。

③在其中选择满意的表格样式,单击【选项】按钮,弹出【要应用的格式】域的复选框组,勾选需要的格式化对象。

④单击【确定】按钮后,在工作表中被选中区域将被套用为选中的格式。

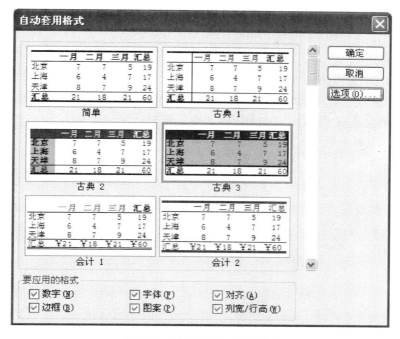

图 4-20　【自动套用格式】对话框

4.6　数值计算

在工作表中常常需要对数据进行统计、求平均值、汇总以及其他更为复杂的运算,可以在单元格中设计一个公式或函数,把计算的工作交给 Excel 去做。这样不仅省事,而且可以避免用户手工计算的复杂和出错。数据修改后,公式的计算结果也会自动更新。

4.6.1　建立公式

Excel 2003 中最常用的公式是数学运算公式,此外还有一些比较、文字连接等运算。

（1）公式运算符

公式中可以使用的运算符包括：

数学运算符：加（＋）、减（－）、乘（＊）、除（/）、百分号（％）、乘方（ˆ）等。

比较运算符：等于（＝）、大于（＞）、小于（＜）、大于等于（＞＝）、小于等于（＜＝）、不等于（＜＞）（注：根据比较的关系成立与否,运算结果为 TRUE 或 FALSE）。

文字运算符：&,作用是将两个文本连接起来。

（2）公式输入

公式一般可以在编辑栏中直接输入,方法为：先选中需要输入公式的单元格,再输入等号"＝",然后输入要计算的公式,按回车键或单击编辑栏中输入按钮【√】按钮即可。也可以在选择单元格后,在编辑栏中输入计算的公式,最后按回车键或是单击编辑栏中输入【√】按钮。

4.6.2　单元格引用和公式的复制

公式的复制可以避免大量重复输入公式的操作。当复制公式时,涉及单元格区域的引用,

引用的作用在于标识工作表上单元格的区域,并指明公式中所使用数据的位置。单元格区域引用分为相对引用、绝对引用和混合引用3种。

1)相对引用

Excel 2003 中默认的单元格引用为相对引用,如 A1、B1 等。相对引用是公式在复制或移动时会根据移动的位置自动调节公式中引用单元格的地址。例如,C2 单元格中的公式为:"＝A2＊B2",当求和公式从 C2 单元格复制到 C3 单元格时,C3 单元格的公式就变成了"＝A3＊B3"。以此类推,相对引用是实现公式复制的基础。

2)绝对引用

绝对引用只是在单元格地址的列号前和行号前都加上"$"符号,如$A$1。绝对引用的单元格将不随公式位置的变化而变化。例如:若 C2 单元格中的公式改为"＝A2＊B2",再将公式复制到 C3 单元格,这时会发现,C3 单元格中的公式仍然是"＝A2＊B2";也就是说,引用区域不会发生任何变化。

3)混合引用

混合引用是指只在单元格地址的行号或列号前加上"$"符号,如$A1 或 A$1。当公式单元格因为复制或插入而引起行、列变化时,公式的相对地址部分也会随位置而变化,而绝对地址部分不会改变。例如:若 C2 单元格中的公式改为"＝$A2＊B$2",再将公式复制到 C3 单元格,这时会发现,C3 单元格中的公式变为"＝$A3＊B$2"。

4.6.3 函数

Microsoft Excel 2003 提供了很多函数,为用户对数据进行运算和分析提供了便利。具体操作步骤如下:

①选中所需函数计算的单元格;

②执行菜单栏中的【插入】|【函数】命令,出现【插入函数】对话框,如图 4-21 所示;

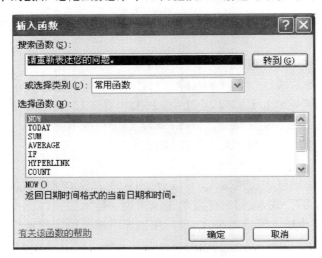

图 4-21 【插入函数】对话框

③在【或选择类别】的下拉列表框中选择"常用函数"；

④在【选择函数】的列表框中选择需的函数，并单击【确定】按钮。

如果所需函数只是求和、求平均值、求最大值/最小值之类的，可以直接单击工具栏中的函数按钮 Σ 上的下拉按钮选择，如图 4-22 所示。

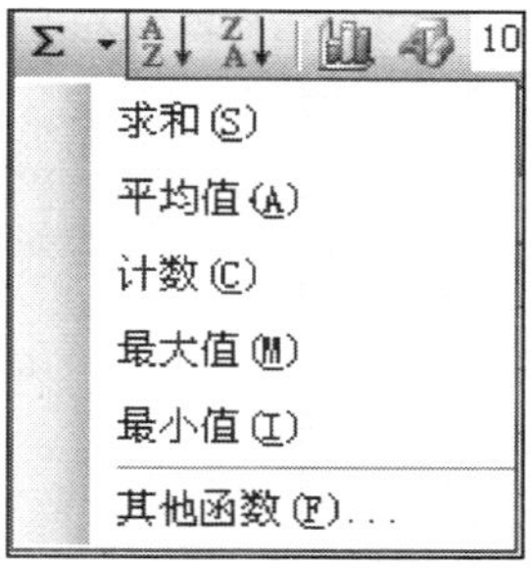

图 4-22 插入函数

4.7 图表与工作表打印

Excel 2003 中的图表分为两种，一种是嵌入式图表，它和创建图表的数据源放置在同一张工作表中；另一种是独立图表，它与数据源不在同一工作表中，而是独立位于另一张工作表中，图表的默认名称为"Chart1、Chart2、……"

4.7.1 图表的类型

Excel 2003 提供了柱形图、条形图、折线图、饼图、面积图、圆环图等 14 种标准的图表类型，每一种图表都有多种组合和变换。如柱形图包含了簇状柱形图、堆积柱形图、百分比堆积柱形图、三维簇状柱形图、三维堆积柱形图、三维百分比堆积柱形图、三维柱形图七种类型。

4.7.2 建立图表

建立图表的步骤如下：

①选择需要插入图表说明的数据区域，执行菜单中的【插入】|【图表】命令，或者是点击常用工具栏上的【图表向导】 按钮，弹出【图表向导】对话框，如图 4-23 所示。

图 4-23 【图表类型】对话框

②选择相应的图表类型，单击【下一步】按钮，出现如图 4-24 所示的【图表源】对话框。单击【数据区域】文本框右边的选择按钮，选择相应的数据源区域。此时该文本框中会出现数据

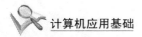

源所在的工作表名称和数据区域地址（此时为绝对地址），它们之间以"!"隔开。例如"＝Sheet1! ＄A＄1：＄L＄8"。

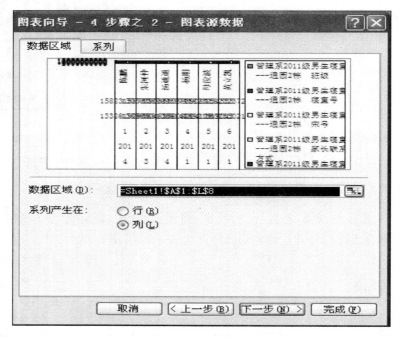

图 4-24　图表源数据

③单击【图表源数据】对话框中的【下一步】按钮进入【图表选项】对话框，如图 4-25 所示。分别设置图表标题、X 轴和 Y 轴的标题。

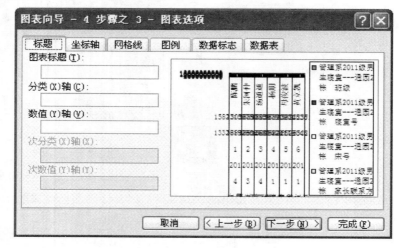

图 4-25　【图表选项】对话框

④单击【图表选项】对话框的【下一步】按钮进入【图表位置】对话框，如图 4-26 所示。选择【作为新工作表插入】或【作为其中的对象插入】其中一项即可，前者是作为独立图表插入，后者作为为嵌入式的图表插入。最后单击【完成】按钮即可建立需要的图表。

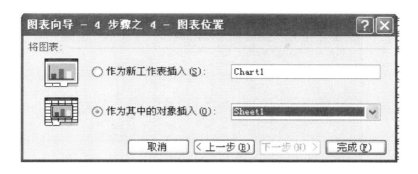

图 4-26 【图表位置】对话框

4.7.3 图表的编辑

1) 图表文本数据编辑

图表中的每一个元素都是独立于图表之上的,可以分别选中对其进行编辑。比如图标中设置的图表标题、X 轴标题以及 Y 轴标题的文本格式都可以进行设置,操作步骤如下:

首先选中需要进行设置的标题文本框,然后单击鼠标右键,出现如图 4-27 所示的快捷菜单,选择第一项【图表标题格式】选项,出现如图 4-28 所示的【图表标题】格式对话框,分别在【图案】、【字体】、【对齐】3 个标签中进行相应的设置。

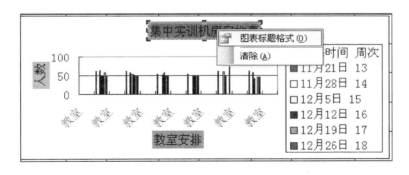

图 4-27 设置图表中的文本格式

2) 图表区、绘图区编辑

具体操作步骤如下:

①选中图表区域,单击鼠标右键,在弹出的快捷菜单中选择【图表区格式】命令,出现如图 4-28 所示的【图表区格式】对话框;

②通过【图案】、【字体】、【对齐】3 个选项卡,完成需要的设置。若要设置填充效果,请单击【填充效果】按钮,会弹出如图 4-29a)所示的【填充效果】对话框,在这个话框中通过【渐变】、【纹理】、【图案】和【图片】选项卡,完成图表区与绘图区填充效果的设置。

图 4-29b)为以一个图表区进行相应设置后的效果图。绘图区域编辑和图标区域编辑方法与上述操作类似,读者可以试用上述方法完成设置,只不过选定的区域不同。

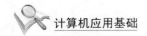
计算机应用基础

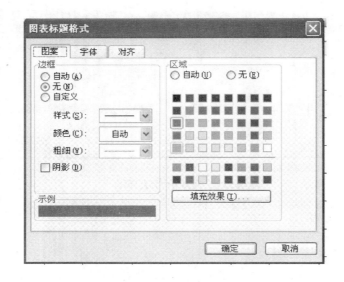

图 4-28 【图表标题格式】对话框

a)【填充效果】对话框

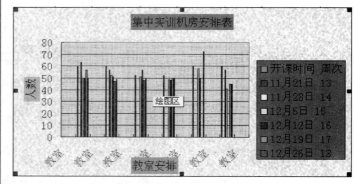

b)图表区、绘图区设置效果图

图 4-29 图表区、绘图区的编辑

4.7.4 工作表打印

数据表格制作完成后,用户有时需要打印该数据表格,可以用如下的方式进行打印:

①选中需要打印的表格区域,执行【文件】|【打印区域】|【设置打印区域】命令,即可把选中的表格区域设置为要打印的范围,如图 4-30 所示;

②执行【文件】|【打印预览】命令,查看需要打印的页面范围是否正确;

③如果不正确,则返回第①步重新进行设置;如果正确,则执行【文件】|【打印】命令,完成打印。也可在快捷工具栏中单击打印图标,完成所设置好的页面的打印。

194

图 4-30 设置打印区域

4.8 数据库的应用

Excel 2003 包含了含有数据的工作表,因此经常作为数据库使用,可以在该软件中实现数据检索、数据排序、数据筛选和数据分类汇总等处理操作。

4.8.1 数据列表

在工作表中,包含数据的区域如果具有这样两个特征:第一,同一列的单元格包含类型相同的数据;第二,每一列的第一个数据是该数据的名称(即列标题),则称该数据区域为数据列表,又称数据清单。列标题也称为字段名,列表的一行称为一条记录。对于这种类型的工作表,可以通过【数据】菜单中的【记录单】命令,方便地进行数据输入、编辑和管理操作。

如图 4-31a)和 b)所示,在记录单编辑对话框中通过对话框中的滚动条以及右边的【上一条】和【下一条】按钮,可以顺序查看记录。单击【条件】按钮可以按用户自己设置的条件查找记录;点击【新建】按钮,可以创建一行新的数据(即一条记录);单击【删除】按钮可以删除当前显示的记录。

4.8.2 数据排序

排序可以让杂乱无章的数据按一定的规律有序排列,从而加快数据查询的速度。

排序操作可以通过常用工具栏上的【升序排序】按钮 和【降序排序】按钮 实现单个关键字的简单排序。也可以通过菜单栏中的【数据】菜单下的【排序】命令,实现对多个关键字的排序。具体操作步骤如下:

①执行【数据】|【排序】命令,出现如图 4-32 所示的【排序】对话框。

②根据要求设置排序的主要关键字、次要关键字和第三关键字,系统就会按照系统设置的关键字的顺序进行排序。

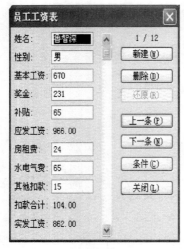

a) 查看记录　　　　　　　　b) 新建记录

图 4-31　记录单的编辑

图 4-32　【排序】对话框

4.8.3　数据筛选

筛选操作在数据的管理中是比较常见的操作,可以帮助我们在海量的数据中将无关紧要的数据暂时隐藏起来,只显示我们所需要的信息。筛选命令有 3 条子命令:【自动筛选】、【高级筛选】和【全部显示】。自动筛选命令用于进行简单条件的筛选,高级筛选命令应用于复杂条件的筛选,全部显示命令用于取消自动筛选和高级筛选,将数据列表中的所有数据都显示出来。

1) 自动筛选

具体操作步骤如下:

①选中需要进行筛选的数据区域。

②执行【数据】|【筛选】|【自动筛选】命令。此时,数据清单中的所有字段名的右侧都会出现一个下拉箭头。

③单击某一字段名右侧的下拉箭头,弹出下拉菜单,在其中选择要查找的操作选项,如图 4-33 所示。

姓名	基本工资	奖金	补贴	应发工资	房租费	水电气	其他扣款	扣款合计	实发工资
鲁智深	670.00	231.00	65.00	966.00	65.00	15.00	104.00	862.00
刘一飞	870.00	120.00	60.30	1050.30	78.40	20.00	138.40	911.90
宋军	870.00	243.00	45.00	1158.00	45.00	13.00	123.00	1035.00
武松	689.00	432.00	78.00	1199.00	67.00	24.00	134.00	1065.00
秦民明	890.00	231.00	65.00	1186.00	54.00	12.00	120.00	1066.00
吴用	786.00	321.00	76.00	1183.00	34.00	23.00	78.00	1105.00
花荣	790.00	367.00	90.00	1247.00	24.00	27.00	93.00	1154.00
李广	768.00	436.00	67.00	1271.00	34.00	36.00	113.00	1158.00
公孙胜	860.00	345.00	87.00	1292.00	43.00	32.00	123.00	1169.00
张晓珍	900.00	342.00	76.00	1318.00	54.00	14.00	103.00	1215.00
扈三娘	890.00	435.00	98.00	1423.00	34.00	45.00	32.00	111.00	1312.00
曹盖	980.00	532.00	87.00	1599.00	54.00	43.00	41.00	138.00	1461.00

图 4-33　【自动筛选】功能

以下是对上图中下拉菜单中各操作选项的解释:

①“升序排列”和“降序排列”:使得选中的列按照升序或者降序进行排列并显示。

②“全部”:显示所有的记录。

③“前 10 个”:显示数据清单前 10 个数据记录。需要注意的是:该选项只针对数值型字段有效。

④“自定义”:按照自己的定义条件进行筛选并显示。

⑤“21.00”、“24.00”、“34.00”等:分别显示单元格数据为“21.00”、“24.00”、“34.00”等的记录。

注意:如果要取消【自动筛选】功能,只要再次执行【数据】|【筛选】|【自动筛选】命令即可。

2)高级筛选

使用“自动筛选”功能可以快速查找显示想要的数据,但是它的功能是常用的功能。使用“高级筛选”功能就可以一次性把用户想要的数据全部找出来。具体操作如下:

①先在工作表中设置一个条件区域。条件区域的第一行必须是字段名行,以下各行为相应的条件值。因此,我们选择在数据表格外的任意空白单元格。在第一行中输入排序的字段名称,在第二行中输入想查找的条件。

②选中工作表中的所有的数据区域。

③执行【数据】|【筛选】|【高级筛选】命令,弹出【高级筛选】对话框,如图 4-34 所示。

④在【方式】域中选中【将筛选结果复制到其他位置】单选按钮。

图 4-34　【高级筛选】对话框

⑤在【列表区域】域中是已自动选好的刚才选定的区域。

⑥在【条件区域】域中,单击框右边的按钮,用鼠标拖动选中刚才建立的条件区域。

⑦在【复制到】栏中,单击框右边的按钮,用鼠标拖动选择要复制到的区域。

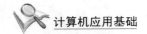

⑧单击【确定】按钮结束操作。

这样系统就根据设定的条件区域中的条件进行筛选。例如房租费小于40,应发工资大于1200的数据,如下所示:图4-35所示的是筛选前的数据显示;图4-36所示的是通过条件"房租费小于40,应发工资大于1200"筛选后最终显示的数据。

房租费	应发工资
<40	>1200

a)筛选条件

姓名	基本工资	奖金	补贴	应发工资	房租费	水电气费	其他扣款	扣款合计	实发
鲁智深	670.00	231.00	65.00	966.00	24.00	65.00	15.00	104.00	862
刘一飞	870.00	120.00	60.30	1050.30	40.00	78.40	20.00	138.40	911
宋军	870.00	243.00	45.00	1158.00	65.00	45.00	13.00	123.00	1035
武松	689.00	432.00	78.00	1199.00	43.00	67.00	24.00	134.00	1065
秦民明	890.00	231.00	65.00	1186.00	54.00	54.00	12.00	120.00	1066
吴用	786.00	321.00	76.00	1183.00	21.00	34.00	23.00	78.00	1105
花荣	790.00	367.00	90.00	1247.00	42.00	24.00	27.00	93.00	1154
李广	768.00	436.00	67.00	1271.00	43.00	34.00	36.00	113.00	1158
公孙胜	860.00	345.00	87.00	1292.00	48.00	43.00	32.00	123.00	1169
张晓珍	900.00	342.00	76.00	1318.00	35.00	54.00	14.00	103.00	1215
扈三娘	890.00	435.00	98.00	1423.00	34.00	45.00	32.00	111.00	1312
曹盖	980.00	532.00	87.00	1599.00	54.00	43.00	41.00	138.00	1461

b)筛选前的数据显示

图 4-35　高级筛选的条件和筛选前的数据显示

姓名	基本工资	奖金	补贴	应发工资	房租费	水电气费	其他扣款	扣款合计	实发
张晓珍	900.00	342.00	76.00	1318.00	35.00	54.00	14.00	103.00	1215
扈三娘	890.00	435.00	98.00	1423.00	34.00	45.00	32.00	111.00	1312

图 4-36　筛选后的数据显示

4.8.4　数据的分类汇总

在创建分类汇总之前,需要先对数据表进行排序,将关键字相同的一些记录集中在一起。此后,就可以使用分类汇总功能了。具体的操作过程如下:

①首先对需要分类汇总的数据表进行排序,使相同的记录排在一起,如图4-37所示,按性别排序,使性别相同的记录排在了一起。

姓名	性别	基本工资	奖金	补贴	应发工资	房租费	水电气费	其他扣款	扣款合计	实发
鲁智深	男	670.00	231.00	65.00	966.00	24.00	65.00	15.00	104.00	862
宋军	男	870.00	243.00	45.00	1158.00	65.00	45.00	13.00	123.00	1035
武松	男	689.00	432.00	78.00	1199.00	43.00	67.00	24.00	134.00	1065
秦民明	男	890.00	231.00	65.00	1186.00	54.00	54.00	12.00	120.00	1066
吴用	男	786.00	321.00	76.00	1183.00	21.00	34.00	23.00	78.00	1105
花荣	男	790.00	367.00	90.00	1247.00	42.00	24.00	27.00	93.00	1154
李广	男	768.00	436.00	67.00	1271.00	43.00	34.00	36.00	113.00	1158
公孙胜	男	860.00	345.00	87.00	1292.00	48.00	43.00	32.00	123.00	1169
曹盖	男	980.00	532.00	87.00	1599.00	54.00	43.00	41.00	138.00	1461
刘一飞	女	870.00	120.00	60.30	1050.30	40.00	78.40	20.00	138.40	911
张晓珍	女	900.00	342.00	76.00	1318.00	35.00	54.00	14.00	103.00	1215
扈三娘	女	890.00	435.00	98.00	1423.00	34.00	45.00	32.00	111.00	1312

图 4-37　排序后的数据显示

②选定所需分类汇总的数据区域。

③执行【数据】|【分类汇总】命令,弹出【分类汇总】对话框,如图 4-38 所示。

④在【分类字段】栏中选择需要进行分类的依据,譬如选择"性别"。

⑤在【汇总方式】栏中选择需要的汇总方式,譬如选择"平均值"。

⑥在【选定汇总项】栏中,选择需要进行汇总的字段。这里选择"实发工资"、"扣款合计"和"其他扣款"。

⑦单击【确定】按钮结束操作。这样,系统就生成如图 4-39 所示的汇总信息。

图 4-38 【分类汇总】对话框

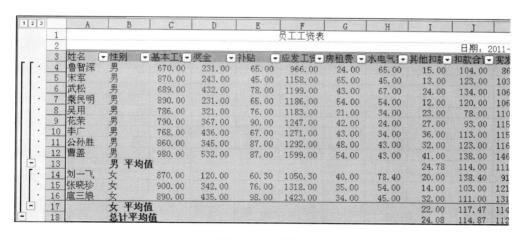

图 4-39 汇总信息

4.9 数据透视表和数据透视图

"数据透视表"是分析数据的"利器",它所采取的透视和筛选方法使其具有极强的数据表达能力,并且可以转换成行或列以查看源数据的不同汇总结果,可以显示不同页面以筛选数据,还可以根据需要显示明细数据。

4.9.1 创建数据透视表

具体操作步骤如下：

①打开数据源工作表，选中数据源，执行【数据】|【数据透视表和数据透视图】命令，出现【数据透视表和数据透视图向导—3步骤之1】对话框，如图4-40所示。

②按照系统默认的选项，在【请指定待分析数据的数据源类型】域中选择"Microsoft Office Excel 数据列表或数据库"项，在【所需创建的报表类型】域中选择"数据透视表"项，如图4-40所示。

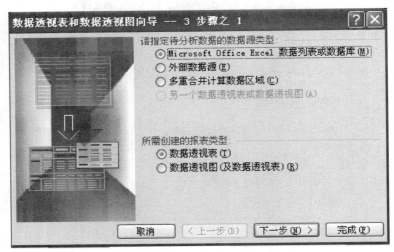

图4-40 【数据透视表和数据透视图向导—3步骤之1】对话框

③单击【下一步】按钮，打开【数据透视表和数据透视图向导—3步骤之2】对话框，点击在"选定区域"右边的文本框旁的 按钮，拖动鼠标选取数据源区域，如图4-41所示。

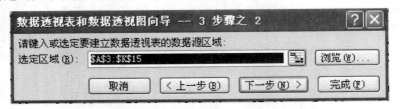

图4-41 【数据透视表和数据透视图向导—3步骤之2】对话框

④单击【下一步】按钮，打开【数据透视表和数据透视图向导—3步骤之3】对话框，在【数据透视表显示位置】中选择"新建工作表"，如图4-42所示。

⑤单击【数据透视表和数据透视图向导—3步骤之3】对话框中的【布局】按钮，打开【数据透视表和数据透视图向导—布局】对话框，如图4-43所示。

⑥在【布局】对话框中，可以将图中右边部分的字段名拖入中间的行、列、页、数据区域中，即可在数据透视表中显示相应字段的数据。

⑦单击【确定】按钮返回到【数据透视表和数据透视图向导—3步骤之3】对话框中，单击【完成】按钮，完成创建数据透视表的过程。

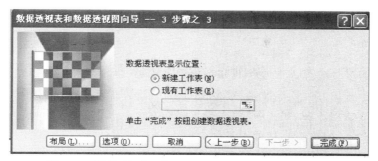

图 4-42 【数据透视表和数据透视图向导—3 步骤之 3】对话框

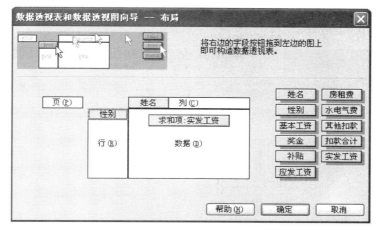

图 4-43 【数据透视表和数据透视图向导—布局】对话框

4.9.2 创建数据透视图

创建数据透视图与创建数据透视表的方法一致，执行【数据】|【数据透视表和数据透视图】命令，打开【数据透视表和数据透视图向导—3 步骤之 1】对话框，在【所需创建的报表类型】域中选择"数据透视图"，如图 4-44 所示。其他步骤与创建数据透视表相同。

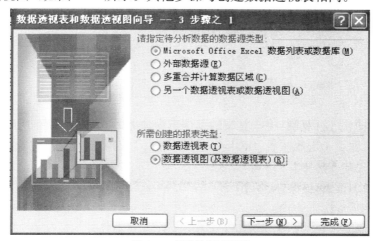

图 4-44 创建数据透视图

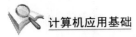

创建好的数据透视图默认保存在新建的工作表中,工作表的名称默认为"Chart1",可以双击该名称进行重命名。

案例:制作学生成绩表

利用 Excel 2003 制作学生成绩表,并统计总分及平均分,按总分成绩由高到低进行排序,筛选出平均分排名最后十位的同学,对成绩表进行美化操作,最后用图表表示出来。具体操作步骤如下:

(1)启动 Excel

在空白工作表中输入以下数据,并以"成绩表. xls"为文件名保存在 D 盘中,如图 4-45 所示。

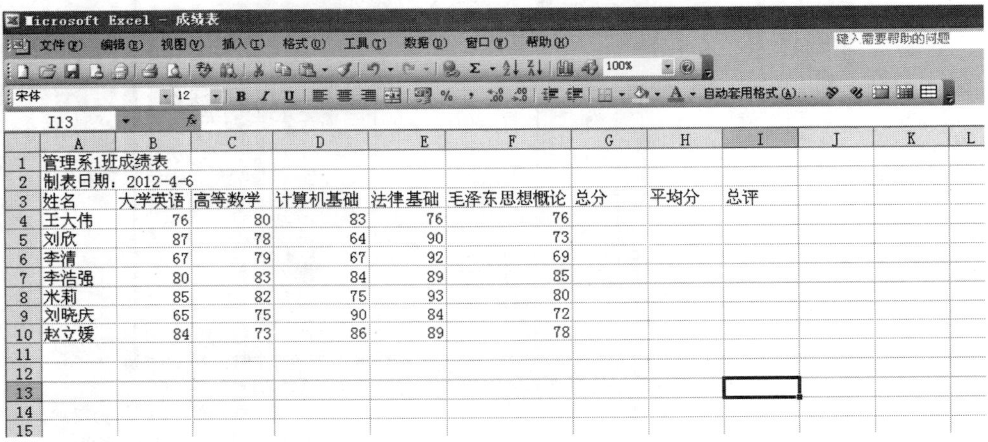

	A	B	C	D	E	F	G	H	I	J	K	L
1	管理系1班成绩表											
2	制表日期: 2012-4-6											
3	姓名	大学英语	高等数学	计算机基础	法律基础	毛泽东思想概论	总分	平均分	总评			
4	王大伟	76	80	83	76	76						
5	刘欣	87	78	64	90	73						
6	李倩	67	79	67	92	69						
7	李浩强	80	83	84	89	85						
8	米莉	85	82	75	93	80						
9	刘晓庆	65	75	90	84	72						
10	赵立媛	84	73	86	89	78						
11												
12												
13												
14												
15												

图 4-45　输入数据

(2)使用公式

①总分=大学英语+高等数学+计算机基础+法律基础+毛泽东概论,计算表中总分成绩。

②平均分=总分/5,计算表中平均分成绩。

③总评=IF(平均分>80,"优良","中等"),得出总评成绩。如图 4-46、图 4-47、图 4-48 所示。

(3)将该工作表"Sheet1"重新命名为"原始数据"(如图 4-49 所示)

(4)美化表格

①将"原始数据"进行复制,将新复制的工作表重命名为"美化表格"。

②将标题"管理系 1 班成绩表"居中,字体设为楷体,加粗,字号为 20,颜色为蓝色,标题行中的 9 列单元格合并并居中。

③将"制表日期:2012-4-6"右对齐,字体为楷体,字号为 14,颜色为蓝色,标题行中的 9 列单元格合并并居中。

④改变表头数据字体、字号、数据对齐方式:字体为宋体,字号为 12,颜色为红色,居中对齐。

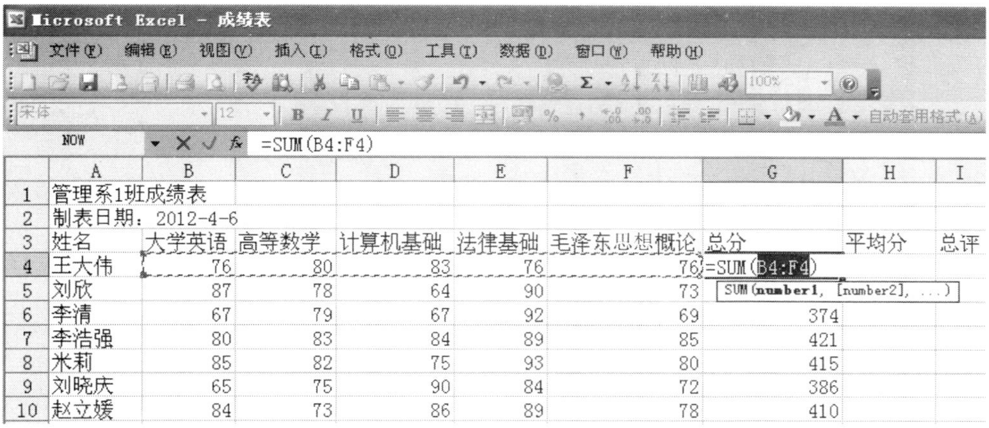

Microsoft Excel － 成绩表

文件(F) 编辑(E) 视图(V) 插入(I) 格式(O) 工具(T) 数据(D) 窗口(W) 帮助(H)

宋体 ▼ 12 ▼ B I U ▼ 100% ▼ 自动套用格式(A)

NOW ▼ × √ fx =SUM(B4:F4)

	A	B	C	D	E	F	G	H	I
1	管理系1班成绩表								
2	制表日期：2012-4-6								
3	姓名	大学英语	高等数学	计算机基础	法律基础	毛泽东思想概论	总分	平均分	总评
4	王大伟	76	80	83	76	76	=SUM(B4:F4)		
5	刘欣	87	78	64	90	73	SUM(number1, [number2], ...)		
6	李清	67	79	67	92	69	374		
7	李浩强	80	83	84	89	85	421		
8	米莉	85	82	75	93	80	415		
9	刘晓庆	65	75	90	84	72	386		
10	赵立媛	84	73	86	89	78	410		

图 4-46 计算总分成绩

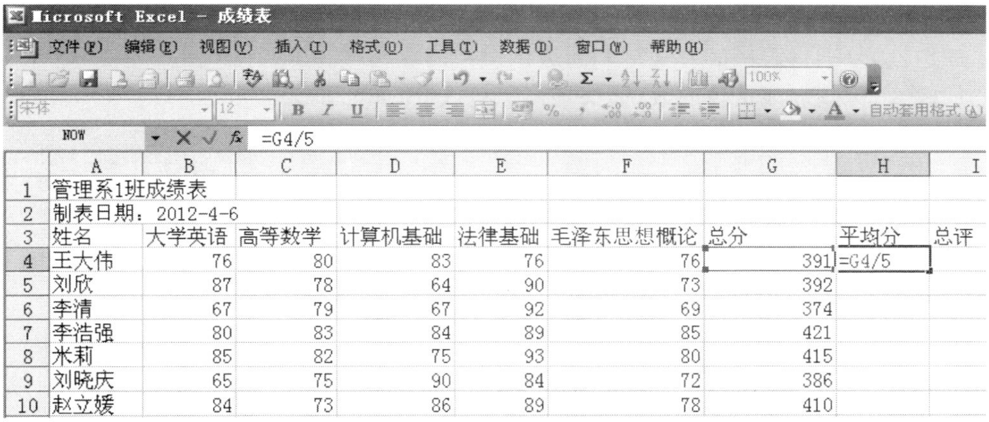

Microsoft Excel － 成绩表

文件(F) 编辑(E) 视图(V) 插入(I) 格式(O) 工具(T) 数据(D) 窗口(W) 帮助(H)

宋体 ▼ 12 ▼ B I U ▼ 100% ▼ 自动套用格式(A)

NOW ▼ × √ fx =G4/5

	A	B	C	D	E	F	G	H	I
1	管理系1班成绩表								
2	制表日期：2012-4-6								
3	姓名	大学英语	高等数学	计算机基础	法律基础	毛泽东思想概论	总分	平均分	总评
4	王大伟	76	80	83	76	76	391	=G4/5	
5	刘欣	87	78	64	90	73	392		
6	李清	67	79	67	92	69	374		
7	李浩强	80	83	84	89	85	421		
8	米莉	85	82	75	93	80	415		
9	刘晓庆	65	75	90	84	72	386		
10	赵立媛	84	73	86	89	78	410		

图 4-47 计算平均分成绩

Microsoft Excel － 成绩表

文件(F) 编辑(E) 视图(V) 插入(I) 格式(O) 工具(T) 数据(D) 窗口(W) 帮助(H)   键入需要帮助的问题

宋体 ▼ 12 ▼ B I U ▼ % ▼ 自动套用格式(A)...

I4 ▼ fx =IF(H4>80,"优良","中等")

	A	B	C	D	E	F	G	H	I	J
1	管理系1班成绩表									
2								制表日期：2012-4-6		
3	姓名	大学英语	高等数学	计算机基础	法律基础	毛泽东思想概论	总分	平均分	总评	
4	王大伟	76	80	83	76	76	391	78.2	中等	
5	刘欣	87	78	64	90	73	392	78.4	中等	
6	李清	67	79	67	92	69	374	74.8	中等	
7	李浩强	80	83	84	89	85	421	84.2	优良	
8	米莉	85	82	75	93	80	415	83	优良	
9	刘晓庆	65	75	90	84	72	386	77.2	中等	
10	赵立媛	84	73	86	89	78	410	82	优良	
11										

原始数据 / 美化表格 / Sheet2 / Sheet3 /

就绪

图 4-48 计算总评成绩

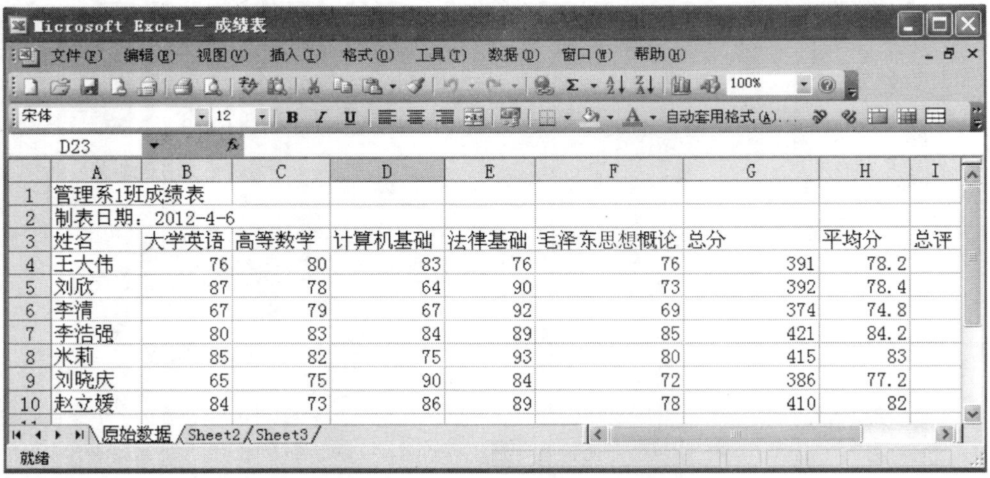

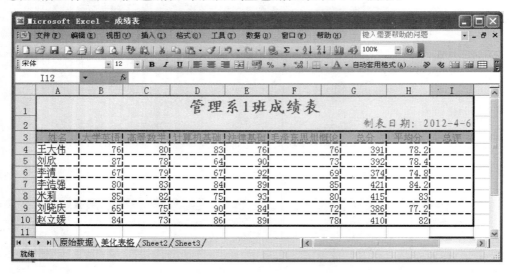

图 4-49　重命名工作表

⑤加边框,分别将表格的外边框和内边框设置为双实线和虚线格式。

⑥加底纹,标题加浅黄色底纹,表头加浅蓝色底纹,如图 4-50 所示。

图 4-50　美化表格

(5)排序

将"美化表格"工作表中的数据复制两份到"Sheet2"工作表中,分别用于按一个关键字(如按"总分"升序排列)和多个关键字(如按"姓名"降序和"平均分"升序排序)排序,将"Sheet2"工作表更名为"排序表"。结果如图 4-51 所示。

(6)自动筛选与高级筛选

将"美化表格"工作表中的数据复制两份到"Sheet3"工作表,分别用于自动筛选(只显示总分是前 2 名的记录)和高级筛选(只显示总评为"优良"总分大于"420"分的记录),将"Sheet3"工作表更名为"筛选表",如图 4-52 所示。

图 4-51 中窗口内容

文件(F) 编辑(E) 视图(V) 插入(I) 格式(O) 工具(T) 数据(D) 窗口(W) 帮助(H) 键入需要帮助的问题

K13

按总分升序排列：

管理系1班成绩表

制表日期：2012-4-6

姓名	大学英语	高等数学	计算机基础	法律基础	毛泽东思想概论	总分	平均分	总评
李清	67	79	67	92	69	374	74.8	中等
刘晓庆	65	75	90	84	72	386	77.2	中等
王大伟	76	80	83	76	76	391	78.2	中等
刘欣	87	78	64	90	73	392	78.4	中等
赵立媛	84	73	86	89	78	410	82	优良
米莉	85	82	75	93	80	415	83	优良
李洁强	80	83	84	89	85	421	84.2	优良

按姓名和平均分升序排列：

管理系1班成绩表

制表日期：2012-4-6

姓名	大学英语	高等数学	计算机基础	法律基础	毛泽东思想概论	总分	平均分	总评
李清	67	79	67	92	69	374	74.8	中等
刘晓庆	65	75	90	84	72	386	77.2	中等
王大伟	76	80	83	76	76	391	78.2	中等
刘欣	87	78	64	90	73	392	78.4	中等
赵立媛	84	73	86	89	78	410	82	优良
米莉	85	82	75	93	80	415	83	优良
李洁强	80	83	84	89	85	421	84.2	优良

原始数据 / 美化表格 / 排序表 / Sheet3 /

就绪

图 4-51 对数据进行排序

Microsoft Excel - 成绩表

文件(F) 编辑(E) 视图(V) 插入(I) 格式(O) 工具(T) 数据(D) 窗口(W) 帮助(H) 键入需

A24 条件区

只显示总分为前2名的记录：

管理系1班成绩表

制表日期：2012-4-6

姓名	大学英语	高等数学	计算机基础	法律基础	毛泽东思想概论	总分	平均分	总评
李洁强	80	83	84	89	85	421	84.2	优良
米莉	85	82	75	93	80	415	83	优良
赵立媛	84	73	86	89	78	410	82	优良
刘欣	87	78	64	90	73	392	78.4	中等
王大伟	76	80	83	76	76	391	78.2	中等
刘晓庆	65	75	90	84	72	386	77.2	中等
李清	67	79	67	92	69	374	74.8	中等

只显示总评为优良，总分大于420分的记录：

管理系1班成绩表

制表日期：2012-4-6

姓名	大学英语	高等数学	计算机基础	法律基础	毛泽东思想概论	总分	平均分	总评
王大伟	76	80	83	76	76	391	78.2	中等
刘欣	87	78	64	90	73	392	78.4	中等
李清	67	79	67	92	69	374	74.8	中等
李洁强	80	83	84	89	85	421	84.2	优良
米莉	85	82	75	93	80	415	83	优良
刘晓庆	65	75	90	84	72	386	77.2	中等
赵立媛	84	73	86	89	78	410	82	优良

条件区	总评	总分
	优良	>420

筛选结果：

姓名	大学英语	高等数学	计算机基础	法律基础	毛泽东思想概论	总分	平均分	总评
李洁强	80	83	84	89	85	421	84.2	优良

原始数据 / 美化表格 / 排序表 / 筛选表 /

就绪

图 4-52 对数据进行筛选

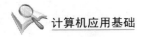
计算机应用基础

(7)分类汇总

复制"美化表格"工作表,在新复制的工作表中按某个列(如总评)分类汇总,并将此工作表重新命名为"分类汇总表",如图 4-53 所示。

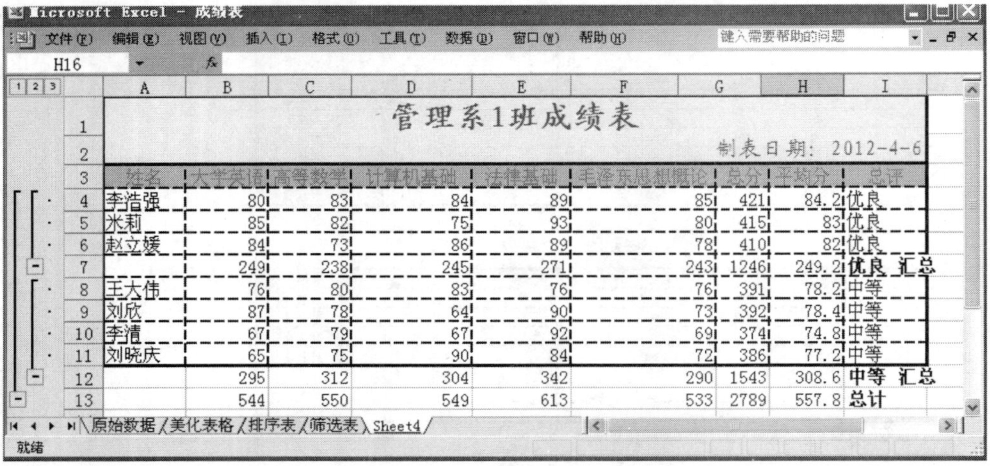

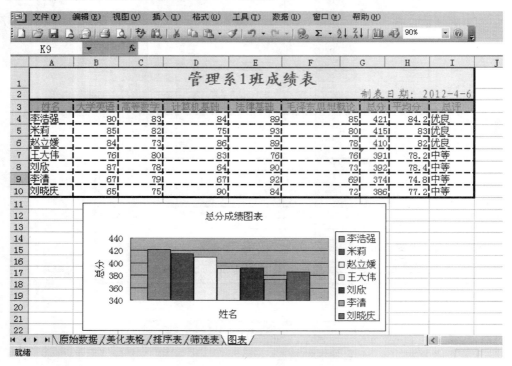

图 4-53　分类汇总结果

(8)统计图表

按姓名作总分的柱形图,结果如图 4-54 所示。

图 4-54　柱形图

实训与练习题

实训 4-1　Excel 2003 基本操作

【实训内容】

1. 启动 Excel 2003。

2. 新建一个 Excel 2003 工作簿，命名为“实训 1”，在 Sheet1 工作表中输入如图 4-55 所示的数据。注意：学号前的“0”的输入，且用自动填充的方式输入。

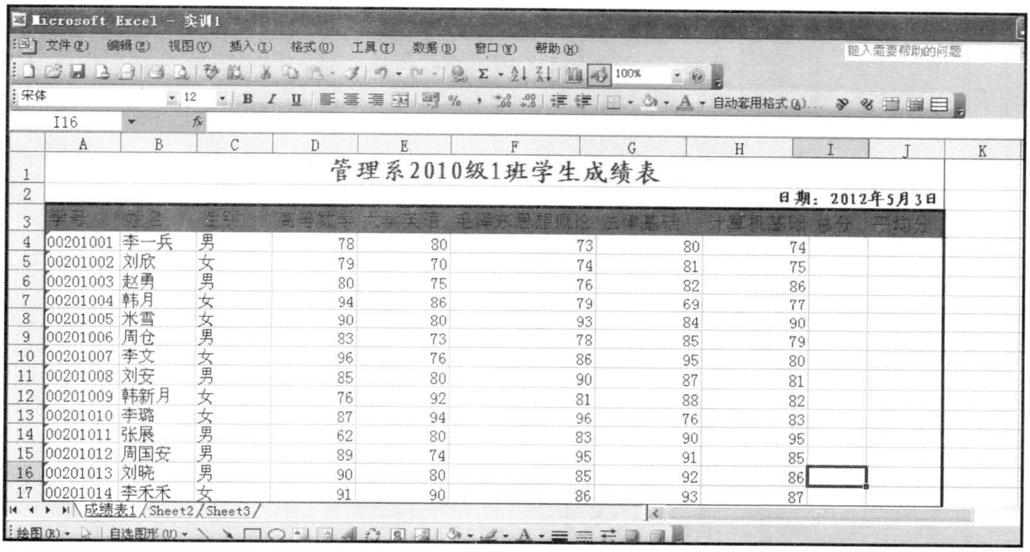

管理系2010级1班学生成绩表									
							日期：2012年5月3日		
学号	姓名	性别	高等数学	大学英语	毛泽东思想概论	法律基础	计算机基础	总分	平均分
00201001	李一兵	男	78	80	73	80	74		
00201002	刘欣	女	79	70	74	81	75		
00201003	赵勇	男	80	75	76	82	86		
00201004	韩月	女	94	86	79	69	77		
00201005	米雪	女	90	80	93	84	90		
00201006	周仓	男	83	73	78	85	79		
00201007	李文	女	96	76	86	95	80		
00201008	刘安	男	85	80	90	87	81		
00201009	韩新月	女	76	92	81	88	82		
00201010	李璐	女	87	94	96	76	83		
00201011	张展	男	62	80	83	90	95		
00201012	周国安	男	89	74	95	91	85		
00201013	刘晓	男	90	80	85	92	86		
00201014	李禾禾	女	91	90	86	93	87		

图　4-55

3. 美化工作表。

按如下要求，对单元格进行设置：

(1)设置标题行为楷体，18 号，粗体，合并单元格并居中。

(2)日期行设置为楷体，12 号，右对齐。

(3)表头一行设置为宋体，14 号，居中对齐。

(4)为工作表设置边框，外边框为粗线，内边框为双细线。

(5)为表头设置浅蓝色底纹。

4. 保存工作表，以“成绩表 1”为名。结果如图 4-56 所示。

5. 保存工作簿，退出 Excel 2003 窗口。

实训 4-2　Excel 2003 公式及函数的运用

【实训内容】

1. 新建一个工作簿，命名为“实训 2”。

2. 在 Sheet1 工作表中输入如图 4-57 所示的数据表。

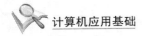

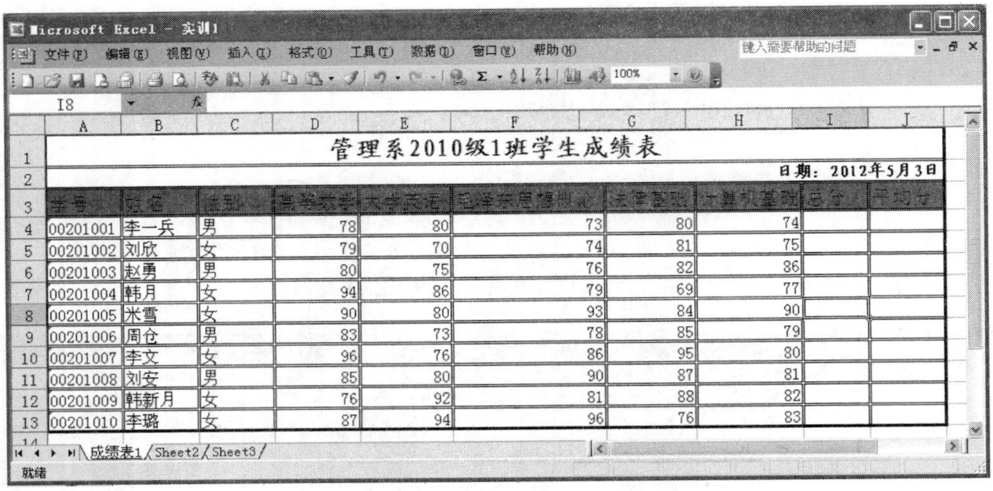

管理系2010级1班学生成绩表									
日期：2012年5月3日									
学号	姓名	性别	高等数学	大学英语	毛泽东思想概论	法律基础	计算机基础	总分	平均分
00201001	李一兵	男	78	80	73	80	74		
00201002	刘欣	女	79	70	74	81	75		
00201003	赵勇	男	80	75	76	82	86		
00201004	韩月	女	94	86	79	69	77		
00201005	米雪	女	90	80	93	84	90		
00201006	周仓	男	83	73	78	85	79		
00201007	李文	女	96	76	86	95	80		
00201008	刘安	男	85	80	90	87	81		
00201009	韩新月	女	76	92	81	88	82		
00201010	李璐	女	87	94	96	76	83		

图 4-56

计算机等级考试成绩							
学号	姓名	班级	性别	笔试成绩	上机成绩	平时成绩	总成绩
101	李白	管理系1班	男	84	60	80	
102	武则天	交通信息系1班	女	85	80	81	
103	孟浩然	道桥系2班	男	79	67	90	
104	杜悦	交通运输系1班	女	87	85	83	
105	宋江	管理系2班	男	73	83	84	
106	吴用	物流2班	男	89	67	94	
107	丽莎	汽车电子3班	女	85	96	86	
108	小于	报关4班	女	91	67	70	
109	阿信	管理系1班	男	92	90	88	
	补考人数：						
	笔试最高分：						
	总成绩最高分						

图 4-57

3. 计算每位学生的总成绩：笔试成绩占 60%，上机成绩占 20%，平时成绩占 20%，结果保留整数。

4. 根据总成绩，用 COUNTIF 函数计算总成绩小于 60 分的人数，结果填入“补考人数”右边的单元格中。

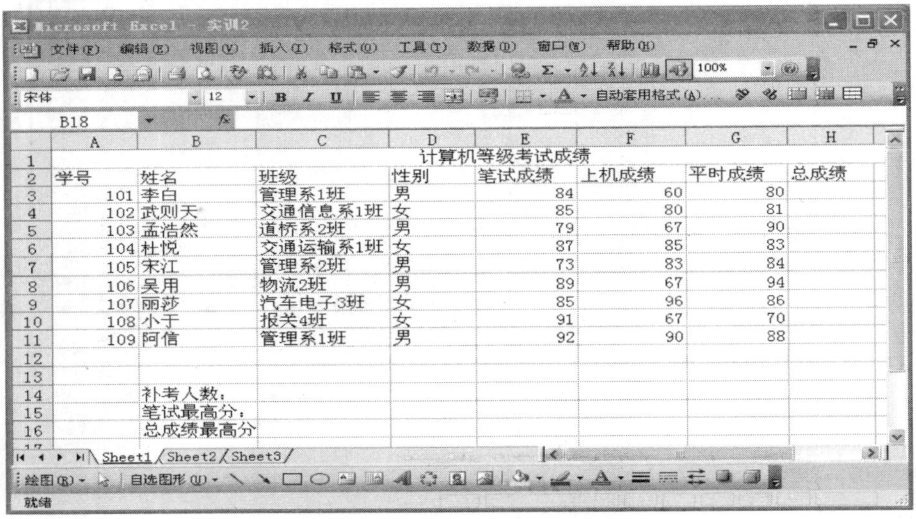

5. 根据笔试成绩，用求最大值的方式找出笔试成绩最高分，结果填入“笔试最高分”右边的单元格中。

6. 根据总成绩，找出总成绩的最高分，结果填入“总成绩最高分”右边的单元格中。

7. 对 Sheet1 工作表进行重命名，为“计算机等级考试成绩表”，保存工作簿，退出 Excel 2003。

实训 4-3 Excel 2003 图表处理

【实训内容】

1. 打开"实训 2"工作簿,利用"计算机等级考试成绩表"中的姓名和笔试成绩,上机成绩和平时成绩数据,制作如图 4-58 所示的柱形图。

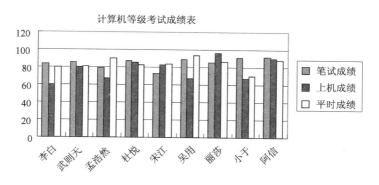

图 4-58 柱形图

2. 图表的标题为"计算机等级考试成绩表",字体为宋体,12 号,加粗。

3. 分类 X 轴为"学生姓名",字体为宋体,12 号,常规。

4. 分类 Y 轴为"成绩",字体为宋体,12 号,常规。

5. 图标区设置填充颜色为浅蓝色。结果如图 4-59 所示。

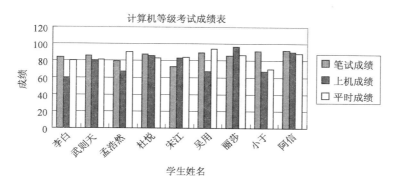

图 4-59 美化图表

6. 利用学生姓名数据和总成绩数据制作三维离散型饼图。

7. 图例选中"显示图例",位置靠右。

8. 数据标志选中"百分比"和"图例项标志",结果如图 4-60 所示。

6. 保存工作簿,退出 Excel 2003。

 实训 4-4 Excel 2003 综合运用

【实训内容】

利用 Excel 2003 制作学生成绩表,并统计总分及平均分,按总分成绩由高到低进行排序,筛选出平均分排名最后十位的同学,对成绩表进行美化操作,最后用图表表示出来。

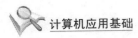

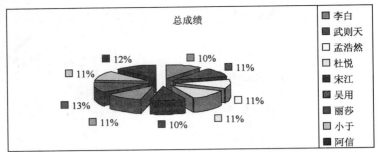

图 4-60　饼图

1.启动 Excel,在空白工作表中输入以下数据,并以"成绩表. xls"为文件名保存在 D 盘中,如图 4-61 所示。

Microsoft Excel - 成绩表											
	A	B	C	D	E	F	G	H	I	J	K	L
1	管理系1班成绩表											
2	制表日期:2012-4-6											
3	姓名	大学英语	高等数学	计算机基础	法律基础	毛泽东思想概论	总分	平均分	总评			
4	王大伟	76	80	83	76	76						
5	刘欣	87	78	64	90	73						
6	李清	67	79	67	92	69						
7	李浩强	80	83	84	89	85						
8	米莉	85	82	75	93	80						
9	刘晓庆	65	75	90	84	72						
10	赵立媛	84	73	86	89	78						
11												
12												
13												
14												
15												

图 4-61　输入数据

2.使用公式进行计算。

(1)总分=大学英语+高等数学+计算机基础+法律基础+毛泽东思想概论,计算表中总分成绩;

(2)平均分=总分/5,计算表中平均分成绩。

(3)总评=IF(平均分>80,"优良","中等"),得出总评成绩,如图 4-62、图 4-63 和图 4-64所示。

3.将该工作表"Sheet1"重新命名为"原始数据",如图 4-65 所示。

4.美化表格。

(1)将"原始数据"进行复制,将新复制的工作表重命名为"美化表格"。

(2)将标题"管理系 1 班成绩表"居中,字体设为楷体,加粗,字号为 20,颜色为蓝色,标题行中的 9 列单元格合并并居中。

(3)将"制表日期:2012-4-6"右对齐,字体为楷体,字号为 14,颜色为蓝色,标题行中的 9 列单元格合并并居中。

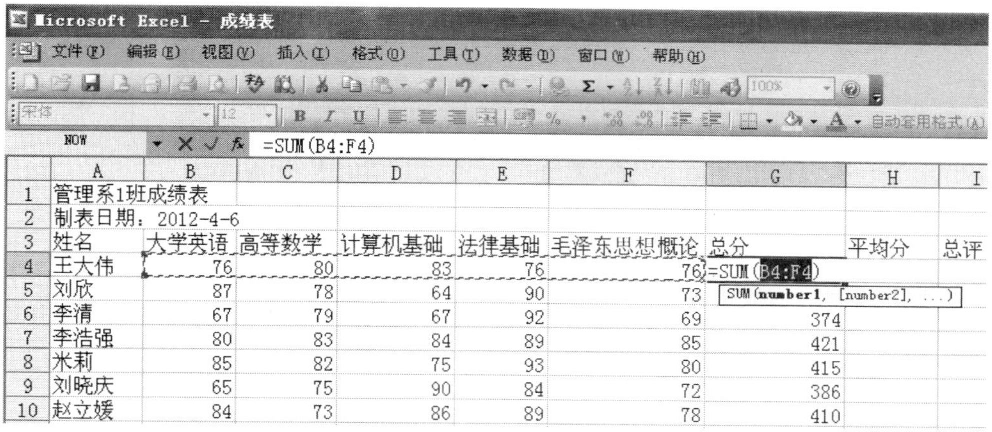

Microsoft Excel － 成绩表

文件(F) 编辑(E) 视图(V) 插入(I) 格式(O) 工具(T) 数据(D) 窗口(W) 帮助(H)

NOW =SUM(B4:F4)

	A	B	C	D	E	F	G	H	I
1	管理系1班成绩表								
2	制表日期：2012-4-6								
3	姓名	大学英语	高等数学	计算机基础	法律基础	毛泽东思想概论	总分	平均分	总评
4	王大伟	76	80	83	76	76	=SUM(B4:F4)		
5	刘欣	87	78	64	90	73	374		
6	李清	67	79	67	92	69	374		
7	李浩强	80	83	84	89	85	421		
8	米莉	85	82	75	93	80	415		
9	刘晓庆	65	75	90	84	72	386		
10	赵立媛	84	73	86	89	78	410		

SUM(number1, [number2], ...)

图 4-62 计算总分成绩

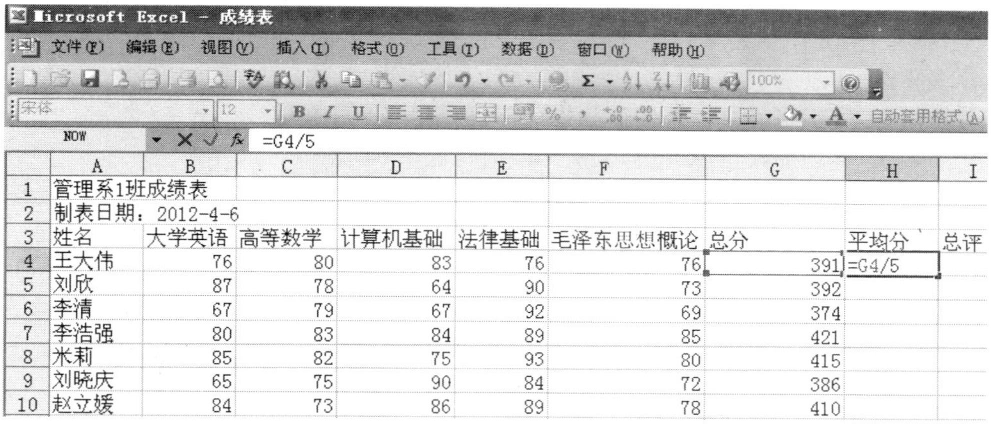

Microsoft Excel － 成绩表

文件(F) 编辑(E) 视图(V) 插入(I) 格式(O) 工具(T) 数据(D) 窗口(W) 帮助(H)

NOW =G4/5

	A	B	C	D	E	F	G	H	I
1	管理系1班成绩表								
2	制表日期：2012-4-6								
3	姓名	大学英语	高等数学	计算机基础	法律基础	毛泽东思想概论	总分	平均分	总评
4	王大伟	76	80	83	76	76	391	=G4/5	
5	刘欣	87	78	64	90	73	392		
6	李清	67	79	67	92	69	374		
7	李浩强	80	83	84	89	85	421		
8	米莉	85	82	75	93	80	415		
9	刘晓庆	65	75	90	84	72	386		
10	赵立媛	84	73	86	89	78	410		

图 4-63 计算平均分成绩

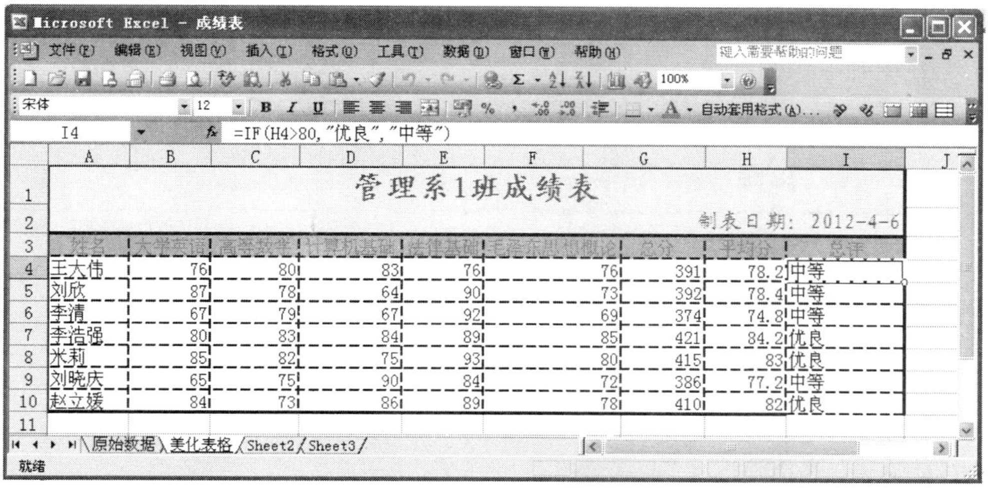

Microsoft Excel － 成绩表

文件(F) 编辑(E) 视图(V) 插入(I) 格式(O) 工具(T) 数据(D) 窗口(W) 帮助(H)

I4 =IF(H4>80,"优良","中等")

	A	B	C	D	E	F	G	H	I	J
1	管理系1班成绩表									
2						制表日期：2012-4-6				
3	姓名	大学英语	高等数学	计算机基础	法律基础	毛泽东思想概论	总分	平均分	总评	
4	王大伟	76	80	83	76	76	391	78.2	中等	
5	刘欣	87	78	64	90	73	392	78.4	中等	
6	李清	67	79	67	92	69	374	74.8	中等	
7	李浩强	80	83	84	89	85	421	84.2	优良	
8	米莉	85	82	75	93	80	415	83	优良	
9	刘晓庆	65	75	90	84	72	386	77.2	中等	
10	赵立媛	84	73	86	89	78	410	82	优良	
11										

原始数据 美化表格 Sheet2 Sheet3

就绪

图 4-64 计算总评成绩

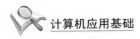

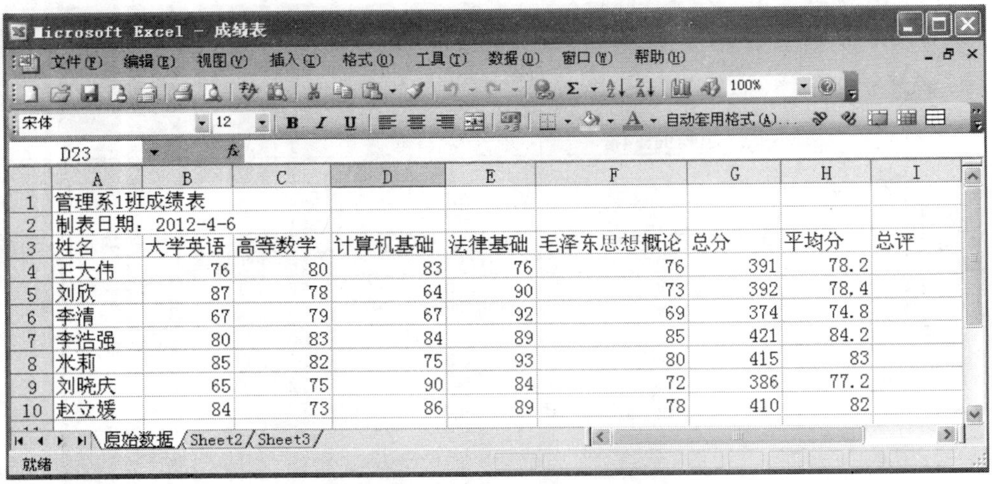

图 4-65　重命名工作表

(4)改变表头数据字体、字号、数据对齐方式:字体为宋体,字号为12,颜色为红色,居中对齐。

(5)加边框,分别将表格的外边框和内边框设置为双实线和虚线格式。

(6)加底纹,标题加浅黄色底纹,表头加浅蓝色底纹,如图4-66所示。

图 4-66　美化表格

5.排序。

将"美化表格"工作表中的数据复制两份到"Sheet2"工作表中,分别用于按一个关键字(如按"总分"升序排列)和多个关键字(如按"姓名"降序和"平均分"升序排序)排序,将"Sheet2"工作表更名为"排序表",结果如图4-67所示。

6.自动筛选与高级筛选。

将"美化表格"工作表中的数据复制两份到"Sheet3"工作表,分别用于自动筛选(只显示总分是前2名的记录)和高级筛选(只显示总评为"优良"、总分大于"420"分的记录),将"Sheet3"

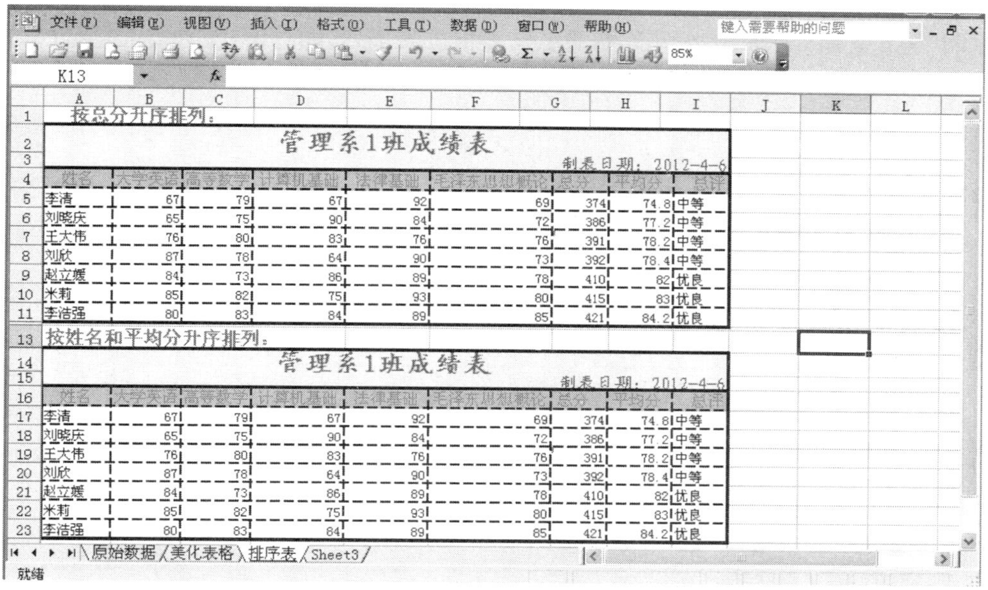

	姓名	大学英语	高等数学	计算机基础	法律基础	毛泽东思想概论	总分	平均分	总评
1	按总分升序排列:								
2	管理系1班成绩表								
3									制表日期: 2012-4-6
5	李清	67	79	67	92	69	374	74.8	中等
6	刘晓庆	65	75	90	84	72	386	77.2	中等
7	王大伟	76	80	83	76	76	391	78.2	中等
8	刘欣	87	78	64	90	73	392	78.4	中等
9	赵立媛	84	73	86	89	78	410	82	优良
10	米莉	85	82	75	93	80	415	83	优良
11	李浩强	80	83	84	89	85	421	84.2	优良
13	按姓名和平均分升序排列:								
14	管理系1班成绩表								
15									制表日期: 2012-4-6
17	李清	67	79	67	92	69	374	74.8	中等
18	刘晓庆	65	75	90	84	72	386	77.2	中等
19	王大伟	76	80	83	76	76	391	78.2	中等
20	刘欣	87	78	64	90	73	392	78.4	中等
21	赵立媛	84	73	86	89	78	410	82	优良
22	米莉	85	82	75	93	80	415	83	优良
23	李浩强	80	83	84	89	85	421	84.2	优良

图 4-67 对数据进行排序

工作表更名为"筛选表",如图 4-68 所示。

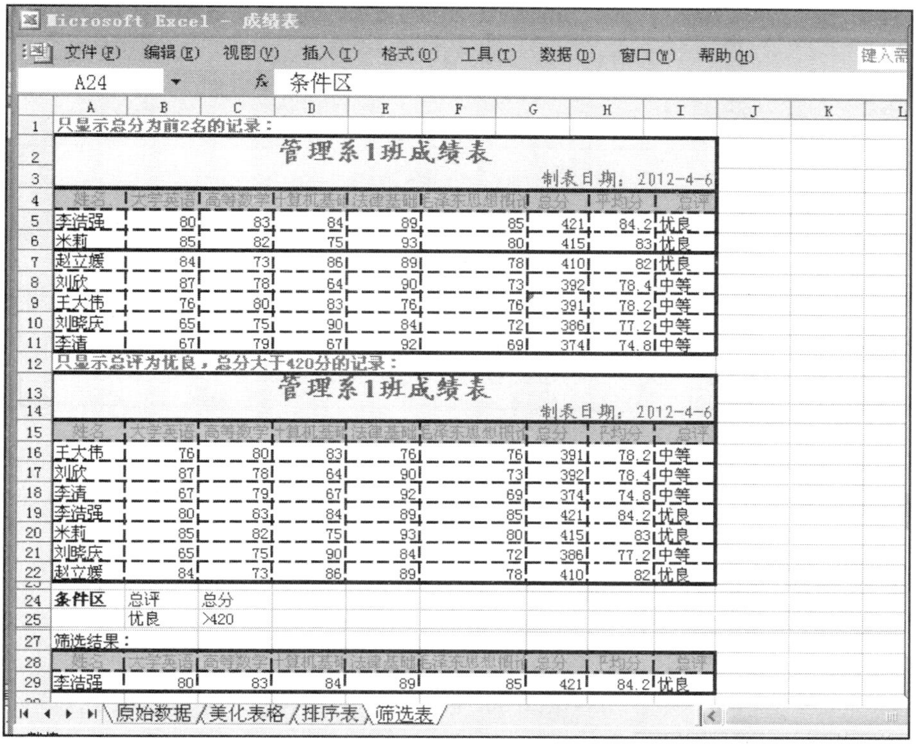

	姓名	大学英语	高等数学	计算机基础	法律基础	毛泽东思想概论	总分	平均分	总评
1	只显示总分为前2名的记录:								
2	管理系1班成绩表								
3									制表日期: 2012-4-6
5	李浩强	80	83	84	89	85	421	84.2	优良
6	米莉	85	82	75	93	80	415	83	优良
7	赵立媛	84	73	86	89	78	410	82	优良
8	刘欣	87	78	64	90	73	392	78.4	中等
9	王大伟	76	80	83	76	76	391	78.2	中等
10	刘晓庆	65	75	90	84	72	386	77.2	中等
11	李清	67	79	67	92	69	374	74.8	中等
12	只显示总评为优良,总分大于420分的记录:								
13	管理系1班成绩表								
14									制表日期: 2012-4-6
16	王大伟	76	80	83	76	76	391	78.2	中等
17	刘欣	87	78	64	90	73	392	78.4	中等
18	李清	67	79	67	92	69	374	74.8	中等
19	李浩强	80	83	84	89	85	421	84.2	优良
20	米莉	85	82	75	93	80	415	83	优良
21	刘晓庆	65	75	90	84	72	386	77.2	中等
22	赵立媛	84	73	86	89	78	410	82	优良
24	条件区	总评	总分						
25		优良	>420						
27	筛选结果:								
29	李浩强	80	83	84	89	85	421	84.2	优良

图 4-68 对数据进行筛选

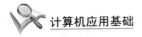

7. 分类汇总。

复制“美化表格”工作表，在新复制的工作表中按某个列（如总评）作分类汇总，并将此工作表重新命名为“分类汇总表”，如图 4-69 所示。

管理系1班成绩表								
							制表日期：2012-4-6	
姓名	大学英语	高等数学	计算机基础	法律基础	毛泽东思想概论	总分	平均分	总评
李浩强	80	83	84	89	85	421	84.2	优良
米莉	85	82	75	93	80	415	83	优良
赵立媛	84	73	86	89	78	410	82	优良
	249	238	245	271	243	1246	249.2	优良 汇总
王大伟	76	80	83	76	76	391	78.2	中等
刘欣	87	78	64	90	73	392	78.4	中等
李清	67	79	67	92	69	374	74.8	中等
刘晓庆	65	75	90	84	72	386	77.2	中等
	295	312	304	342	290	1543	308.6	中等 汇总
	544	550	549	613	533	2789	557.8	总计

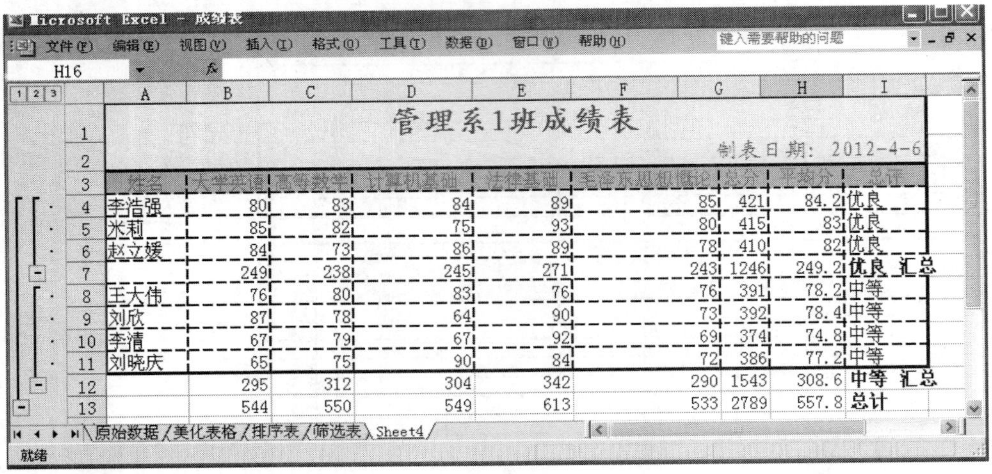

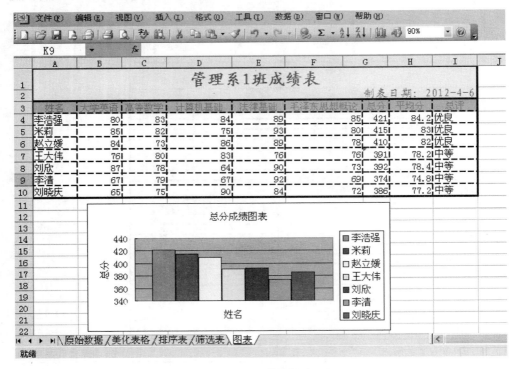

图 4-69　分类汇总结果

8. 统计图表。

按姓名统计的总分柱形图，结果如图 4-70 所示。

管理系1班成绩表								
							制表日期：2012-4-6	
姓名	大学英语	高等数学	计算机基础	法律基础	毛泽东思想概论	总分	平均分	总评
李浩强	80	83	84	89	85	421	84.2	优良
米莉	85	82	75	93	80	415	83	优良
赵立媛	84	73	86	89	78	410	82	优良
王大伟	76	80	83	76	76	391	78.2	中等
刘欣	87	78	64	90	73	392	78.4	中等
李清	67	79	67	92	69	374	74.8	中等
刘晓庆	65	75	90	84	72	386	77.2	中等

图 4-70　最终结果图

9. 保存工作簿,退出 Excel 2003。

练习题

一、单项选择题

1. Excel 工作簿的默认名是(　　)。

　　A. Sheet1　　　　　　B. Excel1　　　　　　C. Xlstart　　　　　　D. Book1

2. 在 Excel 的单元格中要输入一个计算公式,使用(　　)作为前导符。

　　A. ?　　　　　　B. \　　　　　　C. =　　　　　　D. *

3. 在表示同一工作簿内不同工作表的单元格时,工作表名与单元格之间应使用(　　)号。

　　A. .　　　　　　B. :　　　　　　C. !　　　　　　D. *

4. 图表是(　　)。

　　A. 工作表数据的图形表示　　　　　　　　　　B. 图片

　　C. 可以用画图工具进行编辑　　　　　　　　　D. 根据工作表数据用画图工具绘制的

5. Excel 主要应用在(　　)。

　　A. 美术、装潢、图片制作等到各个方面

　　B. 工业设计、机械制造、建筑工程

　　C. 统计分析、财务管理分析、股票分析和经济、行政管理等

　　D. 多媒体制作

6. 在 Excel 工作表中,数据库中的行是一个(　　)。

　　A. 域　　　　　　B. 记录　　　　　　C. 字段　　　　　　D. 表

7. 在 Excel 中,下列地址为绝对地址引用的是(　　)。

　　A. $ D5　　　　　　B. E $ 6　　　　　　C. F8　　　　　　D. $ G $ 9

8. 对单元中的公式进行复制时,(　　)地址会发生变化。

　　A. 相对地址中的偏移量　　　　　　　　　　B. 相对地址所引用的单元格

　　C. 绝对地址中的地址表达式　　　　　　　　D. 绝对地址所引用的单元格

9. 在 Excel 系统默认情况下,单元格地址使用的是(　　)。

　　A. 相对引用　　　　　　B. 绝对引用　　　　　　C. 混合应用　　　　　　D. RC 引用

10. 在降序排序中,在序列中空白的单元格行被(　　)。

　　A. 放置在排序数据清单的最前　　　　　　　B. 放置在排序数据清单的最后

　　C. 不被排序　　　　　　　　　　　　　　　D. 保持原始次序

11. 执行一次排序时,最多能设(　　)个关键字段。

　　A. 1　　　　　　B. 2　　　　　　C. 3　　　　　　D. 任意多个

12. 要选定不相邻的矩形区域,应在鼠标操作的同时,按住(　　)键。

　　A. Alt　　　　　　B. Ctrl　　　　　　C. Shift　　　　　　D. Home

13. 如果用预置小数位数的方法输入数据时,当设定小数是"2"时,输入 56789 表示(　　)。

　　A. 567.89　　　　B. 0056789　　　　C. 5678900　　　　D. 56789.00

14. Excel 单元格 D1 中有公式＝A1＋$ C1,将 D1 格中的公式复制到 E4 格中,E4 格中的公式为(　　)。

A. ＝A4＋$ C4   B. ＝B4＋$ D4   C. ＝B4＋$ C4   D. ＝A4＋C4

15. 在 Excel 系统中，若某单元格的公式为"＝IF("计算机"＞"电脑"，"TRUE"，"FALSE")"，其计算结果为（   ）。

    A. TRUE   B. FALSE   C. 计算机   D. 电脑

16. 公式"＝COUNT(C2：E3)"的含义是（   ）。

    A. 计算 C2：E3 区域内数值的和   B. 计算 C2：E3 区域内数值的个数

    C. 计算 C2：E3 区域内字符个数   D. 计算 C2：E3 区域内数值为 0 的个数

17. 在 Excel 2003 的工具栏中，"∑"符号表示（   ）。

    A. 自动求和   B. 升序   C. 图表向导   D. 降序

18. Excel 总共为用户提供了（   ）种图表类型。

    A. 9   B. 6   C. 102   D. 14

19. 在对数字格式进行修改时，如出现"＃＃＃＃＃＃"，其原因是（   ）。

    A. 格式语法错误   B. 单元格宽度不够

    C. 系统出现错误   D. 以上答案都不正确

20. 一工作表各列数据的第一行均为标题，若在排序时选取标题行一起参与排序，则排序后的标题行在工作表数据清单中将（   ）。

    A. 总出现在第一行   B. 总出现在最后一行

    C. 依指定的排序顺序而定其出现位置   D. 总不显示

二、多项选择题

1. 在 Excel 中，单元格地址的引用方式包括（   ）。

    A. 相对引用   B. 绝对引用   C. 直接引用   D. 间接引用   E. 混合引用

2. Excel【填充】|【序列】命令，提供的类型有（   ）。

    A. 日期   B. 等差序列   C. 等比序列   D. 自动填充   E. 公差序列

3. 下列哪几个 Excel 公式使用了单元格的混合地址引用（   ）。

    A. ＝A$ 10＋A12   B. ＝$ G $ 98＋H65

    C. ＝$ T23＋$ I $ 34   D. ＝F23＋G $ 34

    E. ＝B11＊C10

4. 下列关于 Excel 的叙述中，不正确的是（   ）。

    A. Excel 将工作簿的每张工作表分别作为一个文件夹保存

    B. Excel 允许一个工作簿中包含多个工作表

    C. Excel 的图表不一定与生成该图表的有关数据处于同一张工作表上

    D. Excel 工作表名称由文件名决定

5. 在 Excel 中有关单元格的说法，以下正确的有（   ）。

    A. 单元格的高度和宽度不能调整   B. 同一列单元格的宽度必须相同

    C. 同一行单元格的宽度必须相同   D. 单元格不能有底纹

    E. 单元格边框线可以改变

三、判断题

1. 在 Excel 中，直接处理的对象为工作表，若干工作表的集合称为工作簿。   （   ）

2．在 Excel 工作簿中最多可设置 16 张工作表。　　　　　　　　　　（　　）

3．在公式＝A＄1＋B3 中，A＄1 是绝对引用，而 B3 是相对引用。　　　（　　）

4．Excel 中，每一个工作表存放时都会产生一个新文件。　　　　　　　（　　）

5．在 Excel 中，剪切到剪贴板的数据可以多次粘贴。　　　　　　　　　（　　）

6．绝对引用的含义是：把一个含有单元格地址引用的公式复制到一个新的位置或在公式中填入一个选定的范围时，公式中单元格地址会根据情况而改变。　　　　　　　　　　　　　　　　　　　　　　　　　　　　（　　）

7．在 Excel 中，更改工作表数据的值，其图表不会自动更新。　　　　　（　　）

8．Excel 工作表不能插入来自其他文件的图片。　　　　　　　　　　　（　　）

9．Excel 中，每一个工作表由 65536 行和 256 列组成。　　　　　　　（　　）

10．在 Excel 中，图表一旦建立，其标题的字体. 字形是不可以更改的。　（　　）

四、填空题

1．Excel 工作簿文件的扩展名为_____。

2．新建一个 Excel 工作簿，系统默认的名称为_____。

3．工作簿窗口默认有_____张独立的工作表，最多不能超过_____张工作表。

4．在 Excel 中默认工作表的名称为_____。

5．在 Excel 中，若需将某一个单元格中的文本内容分行显示，在编辑时换行应使用组合键_____。

6．在 Excel 中，单元格 A5 的绝对引用方式可表示为_____。

7．Excel 的公式以_____开头。

8．若 A1 单元格中的公式为“＝B3＋C4”，则将此公式复制到 B2 单元格后将变成_____。

9．在 Excel 中，若在 A4 单元格地址栏中输入公式“＝45＞10”，则显示结果为_____。

10．在 Excel 的公式“＝AVERGE(C5：D8)”计算中，该公式所求单元格平均值的单元格个数是_____。

第 5 章　中文 PowerPoint 2003 的应用

通过以上章节的学习，我们已经了解到 Word 2003 可以帮助我们处理日常的文档，Excel 2003 可以帮助我们计算、统计和分析数据。本章要学习的 PowerPoint 2003（以下简称 Power-Point）可以帮助我们制作生动形象、图文并茂的演示文稿，它和 Word 2003、Excel 2003 等应用软件一样，也是微软（Microsoft）公司推出的 Office 2003 办公系列软件的组件之一，利用 Power-Point 可以制作贺卡、相册、发言稿、多媒体课件、广告宣传册等。

随着办公自动化在工作中的普及，PowerPoint 的应用越来越广。通过对本章的学习，读者将掌握 PowerPoint 的基础知识和基本应用，制作并美化演示文稿。

5.1　PowerPoint 的基本知识

利用 PowerPoint 制作的文件叫"演示文稿"，它是 PowerPoint 管理数据的文件单位，以独立的文件形式存储在磁盘上，其文件扩展名为 ppt。演示文稿中的每一页叫做一张幻灯片，它是演示文稿的组成单位，一个演示文稿可以包括多张幻灯片，每张幻灯片都是演示文稿中既相互独立又相互联系的内容。

5.1.1　PowerPoint 的启动和退出

类似 Word 和 Excel，PowerPoint 的启动和退出的方法很多，这里介绍常用的几种方法。

1）启动 PowerPoint

以下 3 种方式均可启动 PowerPoint：

①单击任务栏【开始】|【所有程序】|【Microsoft Office】|【Microsoft Office PowerPoint 2003】命令。

②如果 Windows 桌面设置了 PowerPoint 的快捷方式，直接双击桌面上的 PowerPoint 图标。

③找到要打开的 PowerPoint 文件，双击该文件即可启动 PowerPoint。

2）退出 PowerPoint

以下 3 种方式均可退出 PowerPoint：

①单击 PowerPoint 窗口右上角的【关闭】按钮⊠。

②单击 PowerPoint 窗口中的【文件】|【退出】命令。

③按下键盘上的快捷组合键〈Alt＋F4〉。

5.1.2　PowerPoint 的工作界面

在成功启动 PowerPoint 后，系统会自动创建一个默认文件名为"演示文稿 1"的空白演示文稿，这便是 PowerPoint 的工作界面，如图 5-1 所示。该工作界面主要由标题栏、菜单栏、工具栏、编辑区、备注窗格、状态栏、幻灯片窗格、任务窗格、大纲窗格、视图切换按钮等部分组成。

1）标题栏

位于屏幕的最顶部,用来显示当前正在使用的软件名称和演示文稿的名称。其右侧是常见的【最小化】、【最大化】/【还原】、【关闭】按钮。

2）菜单栏

位于标题栏的下方,包含了 PowerPoint 的所有控制功能。有【文件】、【编辑】、【视图】、【插入】、【格式】、【工具】、【幻灯片放映】、【窗口】、【帮助】等 9 个菜单项。每一组菜单就是一套相关操作和命令的集合。单击某菜单项,可以打开对应的菜单,执行相关的操作命令。

3）工具栏

位于菜单栏的下方,是菜单栏的直观化,它是将一些常用的命令用图标按钮代替,集中在一起形成工具栏。因此工具栏中的所有按钮,都可以在菜单栏里找到,并且通过工具栏进行操作和通过菜单进行操作的结果是一样的。

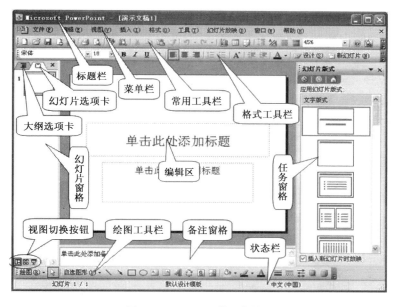

图 5-1 PowerPoint 的工作界面

第一次打开 PowerPoint 编辑环境时,通常只有常用工具栏、格式工具栏和绘图工具栏,其他工具栏的打开可以通过在工具栏上的任意位置单击鼠标右键,在弹出的快捷菜单中选择要打开的工具栏名称,名称前有"√"的表示已经打开,反之表示该工具栏还没有打开。

4）编辑区

默认情况下,编辑区是窗口中面积最大的区域,在幻灯片的中央,用来对幻灯片的内容进行编辑和修改。可以添加文本,插入图片、表格、图片、文本框、电影、声音、超级链接和动画等。

5）备注窗格

位于幻灯片编辑区的下部,是用来为幻灯片添加说明或注释的窗口。该窗口的内容在编辑时起到提示用户的作用,在幻灯片放映时不显示。

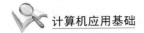

6）状态栏

位于窗口最底部，用来显示演示文稿的一些相关信息，如总共有多少张幻灯片、当前是第几张幻灯片等。

7）幻灯片窗格

此窗格中有两个选项卡，一个是默认的"幻灯片"选项卡，由幻灯片的缩略图组成，使用缩略图能更方便地通过演示文稿导航观看设计、更改的效果。也可以重新排列、添加或删除幻灯片；另一个是"大纲"选项卡，在"大纲"选项卡中，可以输入文本内容、移动幻灯片、更改演示文稿的设计和计划，为读者组织材料、编写大纲提供了简明的环境。

8）视图切换按钮

位于备注窗口左下方，通过这些按钮可以用不同的方式查看演示文稿。PowerPoint 中有4 种不同的视图，包括普通视图、幻灯片浏览视图、幻灯片放映视图以及备注页视图，用户可以通过【视图】下拉菜单在各个视图之间进行切换，也可以单击视图切换按钮（除备注页视图外）进行视图切换。视图切换按钮如图 5-1 所示，将鼠标悬停在这些按钮上，会自动出现对应的视图切换名称。

①普通视图：是主要的编辑视图，可用于撰写和设计演示文稿。图 5-1 就是普通视图方式下的演示文稿。

②幻灯片浏览视图：在此视图中，演示文稿中所有的幻灯片以缩略图的形式按顺序显示出来，用户可以看到整个演示文稿的外观，因而可以很轻松地组织幻灯片，在幻灯片和幻灯片之间进行移动、复制、删除等编辑操作，还可以设置幻灯片的放映方式，设置动画效果等。但是，在该视图下不能对幻灯片中的对象进行编辑。如图 5-2 所示为幻灯片浏览视图下的演示文稿。

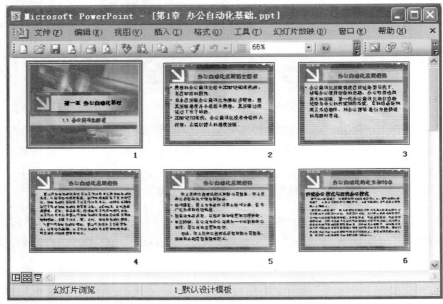

图 5-2　幻灯片浏览视图

③幻灯片放映视图🖳:使幻灯片占据整个计算机屏幕,就像一台实际的放映机在放映演示文稿。在该视图中,可以看到图形、图像、影片、动画元素及切换效果。

④备注页视图📄:单击【视图】菜单中的【备注页】命令,进入幻灯片备注视图,可以在备注栏中添加备注信息(备注是演示者对幻灯片的注释或说明),备注信息只在备注视图中显示出来,在演示文稿放映时不会出现,如图 5-3 所示。

9)任务窗格

位于窗口右侧,用来显示设计文稿时经常用到的命令。PowerPoint 会随不同的操作需要显示相应的任务窗格,每个任务窗格可以完成一项或多项命令。单击任务窗格顶部右边的下拉按钮▼即可弹出一个下拉菜单,以便用户选择相应的任务或命令。如图 5-4 所示为【开始工作】任务窗格的下拉菜单。若不小心关闭了任务窗格,可从【视图】|【任务窗格】或按快捷键〈Ctrl＋F1〉再次打开任务窗格。

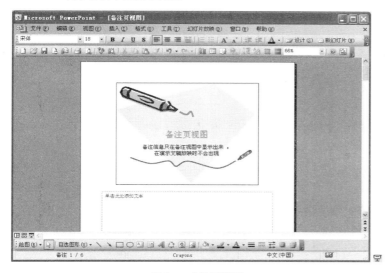

图 5-3　备注页视图

图 5-4　任务窗格下拉菜单

5.2　演示文稿的制作

5.2.1　创建、打开和保存演示文稿

1)创建演示文稿

演示文稿就是指 PowerPoint 的文件,它默认的文件为"演示文稿 1",扩展名为 ppt。演示文稿有不同的表现形式,如幻灯片、大纲、讲义、备注页等。其中幻灯片是最常用的演示文稿形式。创建新的演示文稿最常用的方法有 3 种。

(1)用【空演示文稿】创建

"空演示文稿"就是不含任何建议内容和设计模板的演示文稿。创建空演示文稿的随意性很大,能充分满足自己的需要,因此可以创建具有自己风格和特点、符合自己需要的演示文稿。创建一个空演示文稿可以按照下述步骤进行。

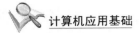

①启动 PowerPoint,在菜单栏单击【文件】|【新建】命令,打开【新建演示文稿】任务窗格,如图 5-5 所示。

②在【新建演示文稿】任务窗格下方单击【空白演示文稿】链接,打开【幻灯片版式】任务窗格,如图 5-6 所示。

图 5-5 打开【新建演示文稿】任务窗格

图 5-6 【幻灯片版式】任务窗格

③该任务窗格中包含 31 个已设计好的幻灯片版式,单击可以从中为新幻灯片选择一个合适的版式。

(2)【根据设计模板】创建

根据设计模板创建演示文稿,可以方便地使用幻灯片定义了的颜色和文本样式,迅速建立具有专业水平的演示文稿。PowerPoint 提供了数十种经过专家细心设计的演示文稿模板,包括颜色、背景、主题、大纲结构等内容,供用户选择。这些模板文件存放在 Microsoft Office 目录下的一个专门存放演示文稿模板的子目录 Templates 中,模板是以 pot 为扩展名的文件。如果 PowerPoint 提供的模板不能满足要求的话,也可自己设计模板格式,保存为模板文件即可。利用模板建立演示文稿可按下述步骤进行。

①在如图 5-5 所示【新建演示文稿】任务窗格中,单击【根据设计模板】链接,打开【幻灯片设计】任务窗格,如图 5-7 所示。

②在【幻灯片设计】任务窗格中单击相应的设计模板,该模板就被应用到当前的演示文稿中。

(3)【根据内容提示向导】创建

内容提示向导提供了多种不同主题及结构的演示文稿示范,例如:贺卡、培训、论文、学期报告、商品介绍等。

图 5-7 【幻灯片设计】任务窗格

【根据内容提示向导】新建演示文稿,可以选择演示文稿的样式和类型,该模板会提供有关幻灯片的文本建议,用户只需键入所需的文本。然后 PowerPoint 会自动生成一个按照专业化方式组织演示文稿内容的大纲。具体步骤如下。

①在【新建演示文稿】任务窗格中,单击【根据内容提示向导】链接,打开如图 5-8 所示的【内容提示向导】对话框。

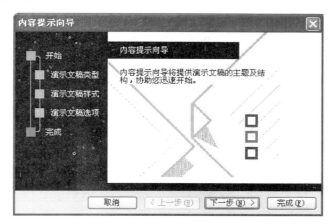

图 5-8 【内容提示向导】之一

②单击下一步按钮,在打开如图 5-9 所示的对话框,用鼠标单击左边的类型按钮,右边的列表框中就出现了该类型包含的所有文稿模板。如果单击【全部】按钮,右边列表框中显示全部的文稿模板,假设选择"贺卡"模板选项。

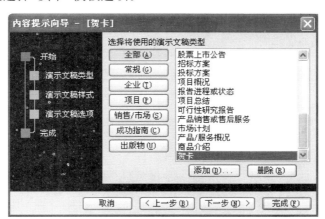

图 5-9 【内容提示向导】之二

③单击【下一步】按钮,进入输出类型选择对话框,如图 5-10 所示。在该对话框中选择演示文稿的输出类型,即演示文稿将用于什么用途。可以根据不同的要求选择合适的演示文稿格式,这里是一组单选按钮,如选择【屏幕演示文稿】。

④单击【下一步】按钮,进入演示文稿标题设置对话框,如图 5-11 所示。在该对话框中可以输入演示文稿的标题,还可以设置在每张幻灯片中都希望出现的信息,将其加入到页脚位置。

⑤标题设置完成后,单击【下一步】按钮,在出现的对话框中,单击【完成】按钮,即可创建出符合要求的演示文稿,如图 5-12 所示。

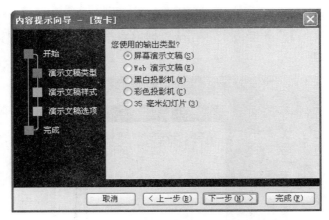

图 5-10 【内容提示向导】之三

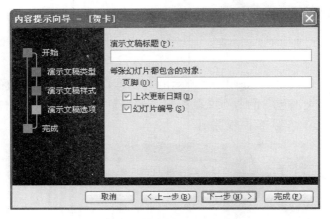

图 5-11 【内容提示向导】之四

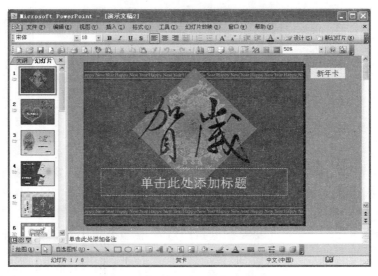

图 5-12 完成演示文稿的创建

2）保存演示文稿

完成演示文稿的制作后，一定要将演示文稿文件保存起来。在编辑、修改演示文稿时也要养成随时保存的好习惯，以避免因断电、死机等意外事故造成的文件损失。在 PowerPoint 中可使用以下方法保存演示文稿。

①在菜单栏依次单击【文件】|【保存】命令。

②单击常用工具栏上的【保存】按钮 。

③按快捷键〈Ctrl＋S〉。

如果是第一次保存演示文稿，则会弹出【另存为】对话框，如图 5-13 所示，在该对话框中设置好保存位置、文件名和保存类型，再单击【保存】按钮。若要把文稿以另外的文件名或文件类型保存，则可执行【文件】菜单中的【另存为】命令，也会弹出【另存为】对话框，用户可以按需要进行设置、保存。

图 5-13　【另存为】对话框

3）打开已有的演示文稿

下列 2 种方法都可以打开一个已经存在的演示文稿。

①找到要打开的演示文稿，双击之。

②在 PowerPoint 主窗口界面中执行【文件】|【打开】命令，或在主窗口界面工具栏中单击【打开】按钮 ，在弹出的【打开】对话框中找到要打开的文件并选中，然后单击【打开】按钮，如图 5-14 所示。

5.2.2　添加幻灯片内容

幻灯片是演示文稿中最重要的部分，整个演示文稿就是有一张张幻灯片按照一定的顺序排列组成的，每一张幻灯片都包含着一个相对独立的内容。本节介绍在幻灯片中添加一些基本对象的方法，如文本、图形、图表、多媒体对象等，这些都是制作幻灯片的基础。

1）输入文本内容

通常，在幻灯片中添加文本最简易的方式就是在"占位符"中直接输入文本。这里的"占位

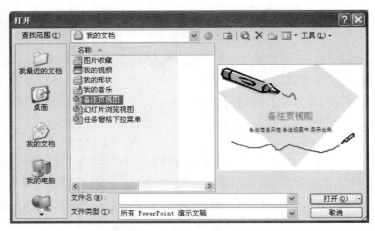

图 5-14 【打开】对话框

符"是指创建新幻灯片时出现的虚线方框。这些方框都是作为一些对象存在的,如幻灯片标题、文本、图片、表格、组织结构图和剪贴画等的"占位符",单击标题、文本等占位符可以添加文字,双击图表、表格等占位符可以添加相应的对象。

(1)使用占位符输入文本

启动 PowerPoint 后,系统会自动插入一张幻灯片,如图 5-15 所示。在该幻灯片中共有两个文本占位符,从占位符提示文本可以看出,可以在两个占位符中分别输入演示文稿的主标题和副标题。单击标题占位符,把光标定位到占位符中,可直接在其中的输入标题内容。如果要输入幻灯片的副标题,可单击副标题占位符,输入副标题内容即可。

图 5-15 使用占位符输入文本

(2)使用文本框输入文本

如果要在占位符之外的其他位置输入文本,可以在幻灯片中插入文本框。具体操作如下:在菜单栏依次单击【插入】|【文本框】|【水平|垂直】,然后在需要输入文本的位置上单击,

即可出现一个空的文本框,在文本框中可输入文本,如图 5-16 所示。输入完毕后,在文本框外的任意位置处单击,即可完成文本的输入。

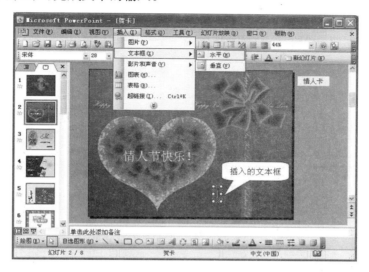

图 5-16　使用文本框输入文本

2)插入图形对象

在幻灯片中插入的图形对象有剪贴画、文件中的图片、自选图形、艺术字、组织结构图等。在 PowerPoint 中插入对象方法与 Word 相同,下面分别予以简要介绍。

(1)插入剪贴画

在幻灯片中插入剪贴画,具体操作步骤如下:

①在幻灯片中单击鼠标,选中要插入剪贴画的幻灯片。

②执行【插入】|【图片】|【剪贴画】菜单命令,打开【剪贴画】任务窗格,如图 5-17 所示。

③在【剪贴画】任务窗格中的【搜索文字】框中输入关键字,如"计算机",单击【搜索】按钮,即可搜索到与"计算机"相关的剪贴画,单击要插入的剪贴画,即可将剪贴画插入到指定的幻灯片中。

④单击选中插入的剪贴画,用拖拉的方法调整好剪贴画的大小,并将其定位在幻灯片上合适的位置。

(2)插入图片

在 PowerPoint 中,还可以将文件中的其他图形文件插入到幻灯片中,插入图片的方法很简单,具体操作步骤如下:

①在幻灯片中单击鼠标,选中要插入图片的幻灯片。

②执行【插入】|【图片】|【来自文件】菜单命令,打开【插入图片】对话框,如图 5-18 所示。

③在【查找范围】下拉列表中选择图片文件的路径,再选择要插入的图片,单击【插入】按钮,即可将图片插入到幻灯片中。

图 5-17　【剪贴画】任务窗格

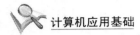

图 5-18 【插入图片】对话框

④单击选中插入的图片,用拖拉的方法调整好图片的大小,并将其定位在幻灯片上合适的位置。

(3)插入艺术字

艺术字是具有特殊效果的文字,是美化文稿的一种方式,如果使用得当,幻灯片会产生更好的视觉效果。具体操作如下:

①在幻灯片中单击鼠标,选中要插入艺术字的幻灯片。

②执行【插入】|【图片】|【艺术字】菜单命令,打开【艺术字库】对话框,如图 5-19 所示。

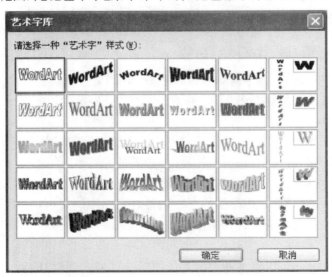

图 5-19 【艺术字库】对话框

③单击选中合适的艺术字样式,然后单击【确定】按钮,弹出如图 5-20 所示【编辑"艺术字"文字】对话框。

④在打开的【编辑"艺术字"文字】对话框中输入文字内容,选择好合适的字体、字号后单击【确定】按钮。

⑤单击选中插入的艺术字,拖动相应的尺寸控点调整艺术字的大小,待鼠标指针变成双十

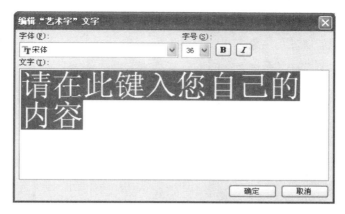

图 5-20 【编辑"艺术字"文字】对话框

字箭头时按住鼠标左键并拖动鼠标,即可调整艺术字在幻灯片中的位置。

（4）插入自选图形

在幻灯片中,绘制自选图形可有两种方法,一种是执行【插入】|【图片】|【来自文件】菜单命令,另一种则是利用【绘图】工具栏中的工具来绘制自选图形。【自选图形】菜单中提供了多种图形,包括线条、连接符、基本形状、箭头汇总、流程图、动作按钮等,每一类所包含的图形均可在幻灯片中直接画出。【绘图】工具栏如图 5-21 所示。

图 5-21 【绘图】工具栏

通过绘图工具栏可知,在幻灯片中插入文本框、剪贴画、艺术字等对象,也可以利用绘图工具栏操作,如图 5-22 所示。

绘图工具栏的应用与 Word 的操作方法类似。例如,在幻灯片中插入一个一箭穿心的图形,具体操作步骤如下:

①单击【自选图形】下拉列表中【基本形状】类型下的心形图形。

②将鼠标移动到幻灯片中的绘图位置（变为绘图用的十字形）,按住左键拖动鼠标,即见到一个不断改变大小的心形图形,大小合适后释放鼠标。

注:此时图形周围用 8 个空心小圆圈,是用来调整图形大小的,在"心"的上边有一个绿色的实心小圆圈,是用来调整心形方向的。编辑该幻灯片的任何时候用鼠标单击该图形,都会出现这 9 个小圆圈。其实,用绘图工具绘出的自选图形都具有这 9 个调整用的小圆圈。

③将鼠标指针移到绿色的方向调整圈上,按住鼠标左键将心形图形旋转适当角度。

④在选中该图的情况下,单击【填充颜色】按钮 左边的下拉按钮,在弹出的选项中选择"其他填充颜色",弹出【颜色】对话框,选择一种红色,将心形图形着上红色。

⑤单击工具栏【复制】按钮,再单击【粘贴】按钮,并适当调整位置,绘制出两个错开放置的心形图形。

⑥单击【绘图】工具栏【箭头】按钮,在心形图形上画直线箭头,并用鼠标右键单击箭头,在

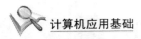

弹出的快捷菜单中选择【叠放次序】|【置于底层】命令,得到如图 5-22 所示的效果。

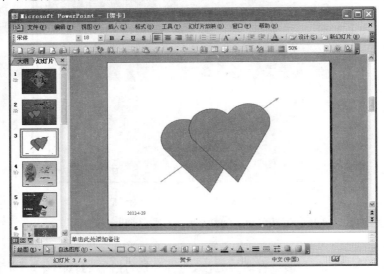

图 5-22　自画"一箭穿心"图形

⑦双击箭头,或用鼠标右键单击箭头,在弹出的快捷菜单中选择【设置自选图形格式】,弹出【设置自选图形格式】对话框,如图 5-23 所示。在此对话框中可设置自选图形的颜色、箭头形状等。

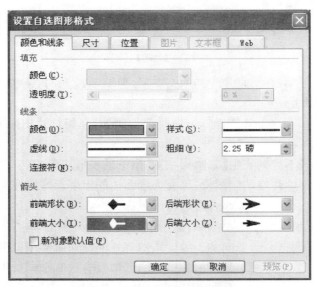

图 5-23　【设置自选图形格式】对话框

3)插入图表

在 PowerPoint 中可以将 Excel 中制作好的统计图表直接通过复制和粘贴的方法应用到幻灯片中。对于一些小型的统计图,也可以直接在幻灯片中插入。具体操作步骤如下:

①在幻灯片中单击鼠标,选择插入的位置。

②单击常用工具栏上的【插入图表】按钮 ，或者选择【插入】|【图表】命令。将在幻灯片中插入一个图表，如图 5-24 所示。

在图 5-25 中的数据表中输入新的数据取代数据表中的样本数据，创建新的图表对象。数据输入结束后将数据表窗口关闭。若需要对数据表进行编辑，则执行【插入】|【图表】命令，或双击图表重新进入编辑状态，编辑完成后，在图表区域外单击可返回 PowerPoint，新建图表即被插入到当前幻灯片中，其位置可以通过移动对象来进行调整。

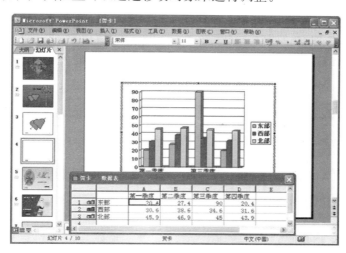

图 5-24　插入图表

4）插入声音和影片

在幻灯片中除了可以插入图片外，还可以插入影片、声音等多媒体对象，这样可以制作出声色俱佳的幻灯片。

在幻灯片中插入声音有 3 个来源：剪辑管理器中的声音、文件中的声音、CD 音乐。当插入声音时，在幻灯片中出现一个声音图标。

在幻灯片中插入现有声音文件的具体操作步骤如下：

①选中要添加声音的幻灯片。

②执行【插入】|【影片和声音】|【文件中的声音】菜单命令，弹出【插入声音】对话框，如图 5-25 所示。

③在该对话框的【查找范围】中选择声音文件所在的位置。

④在下方的列表框中选择要插入的声音文件，如"二泉映月"，然后单击确定按钮。弹出如图 5-26 所示的对话框，根据需要选择【自动】播放或【在单击时】播放。选定后，在当前幻灯片中会出现一个黄色的声音图标 。放映该幻灯片后，即可自动或单击该图标播放选定的声音。

说明：这样添加的声音一般只在当前幻灯片放映时播放，当幻灯片切换后，就终止播放。若要该声音在随后的多张幻灯片的放映过程中持续播放，则需要进行专门的设置，方法如下：

①用鼠标右键单击声音图标，在弹出的菜单中选择【自定义动画】命令，在工作区右边弹出【自定义动画】任务窗格，可以在任务窗格中看到所添加的声音文件。

②用鼠标右键单击声音文件，在弹出的菜单中选择【效果选项】，弹出【播放 声音】对话框。

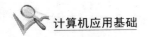

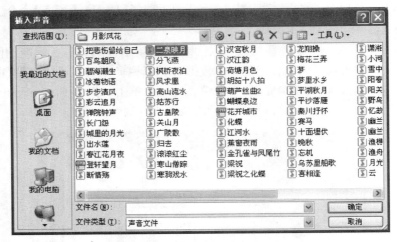

图 5-25 【插入声音】对话框

图 5-26 提示对话框

在【效果】选项卡中的【停止播放】域,设置在放映了多少张幻灯片之后停止该声音的播放。当然,在【播放 声音】对话框中还可以进行有关声音播放的其他设置。

5.2.3 编辑幻灯片

编辑幻灯片是指对幻灯片进行修改、插入、删除、移动、复制等操作。通常在"普通视图"或"幻灯片浏览视图"下,能够比较直观和方便的对幻灯片进行各种复制,移动和删除等操作。

1)选择幻灯片

在普通视图或幻灯片浏览视图下,所有的幻灯片都会以缩小的图表显示在屏幕上,如图 5-27 左侧幻灯片视图窗格和图 5-28 的浏览视图。

如果要选择单张幻灯片,则单击相应的幻灯片即可,此时被选中的幻灯片周围有一个深蓝色的框,如图 5-27 和图 5-28 所示。如果要选择多张连续、不连续的幻灯片或全部的幻灯片,方法与 Windows 操作中选择多个文件的方法相同,在此不再赘述。

2)插入新幻灯片

首先选中要插入新幻灯片位置的前一张幻灯片,然后可以通过下面 3 种方法添加新幻灯片。

①快捷键法。按下组合键〈Ctrl+M〉即可快速添加一张新的幻灯片。

②回车键法。在"普通视图"下,将鼠标定位在左侧窗格中要添加幻灯片位置的前一张幻灯片上,然后按下回车键,即可快速插入一张新的幻灯片。

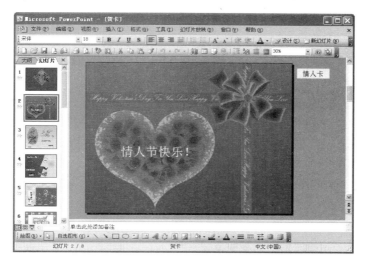

图 5-27 普通视图

图 5-28 幻灯片浏览视图

③命令法。在菜单栏中依次单击【插入】|【新幻灯片】命令,也可以新增一张空白幻灯片。

④通过常用工具栏的快捷按钮 新幻灯片(N) ,单击此按钮即可新建一张幻灯片。

新建幻灯片后,在幻灯片右侧的任务窗格会自动转变为【幻灯片版式】任务窗格,在其中选择需要的幻灯片版式后即可。

3)复制幻灯片

将已制作好的幻灯片复制到其他位置上,便于用户直接使用和修改。复制幻灯片的操作步骤如下:

①在幻灯片浏览视图或普通视图下,选择要复制的幻灯片,执行【编辑】|【复制】命令或单击常用工具栏上的【复制】按钮 ,将该幻灯片被保存到剪贴板中。

②将光标定位在复制的目标位置上。

③执行【编辑】|【粘贴】命令或单击常用工具栏上的【粘贴】按钮，完成复制。

4）移动幻灯片

移动幻灯片是把演示文稿中的某一张幻灯片从原来的位置移动的另一位置，即调整幻灯片的顺序。移动幻灯片的操作步骤如下：

①在幻灯片浏览视图或在普通视图下的幻灯片视图窗格中，选中要移动的幻灯片。

②按住鼠标左键不放，拖动所选定的幻灯片到合适的位置，松开鼠标左键即可。拖动鼠标时，可以看见一条水平线（在普通视图下的左窗格）或竖直线（在浏览视图）随着鼠标移动而移动，该水平线或竖线表示幻灯片在移动过程中当前所处的位置。

当然，也可以选定要移动的幻灯片后，利用【剪切】、【粘贴】命令来实现幻灯片的移动。

5）删除幻灯片

当演示文稿中某张幻灯片需要被删除时，可按下面步骤进行：

①在幻灯片浏览视图或普通视图下的左边的幻灯片视图窗格，选中要删除的幻灯片。

②按下键盘上的【Delete】键；或者右击鼠标，在弹出的菜单中单击【删除幻灯片】命令，或者通过菜单栏执行【编辑】|【删除幻灯片】命令，都可以删除指定的幻灯片。

5.3 演示文稿的美化

要把幻灯片制作得美观，只插入一些简单的对象是不够的，还需要对幻灯片进行美化。因此，使用不同风格的幻灯片外观是十分重要的。PowerPoint 的一大特色就是可以根据创作者的需要使一个演示文稿的幻灯片具有相同的外观或者各不相同的外观。控制幻灯片外观的方法主要有 4 种：设计模板、母版、配色方案和动画方案。我们可以运用这 4 种方法调整整个演示文稿的全局外观设计，也可以根据需要做一些局部修改与润色，如其中个别幻灯片的色彩、背景、动画、顺序以及整体的调整等。本节将介绍演示文稿外观的设计。

5.3.1 套用设计模板

套用设计模板是控制演示文稿统一外观最方便、最快捷的一种方法，它包含了预定义的格式和配色方案。PowerPoint 提供的设计模板是专业人员精心设计的，使用这些模板可以帮助用户快速创建完美的幻灯片。套用设计模板，具体操作步骤如下：

①打开要套用模板的演示文稿。首先确定幻灯片右侧任务窗格已经打开，若未打开可从【视图】菜单中选择【任务窗格】，在任务窗格下拉列表中选择【幻灯片设计】，打开【幻灯片设计】任务窗格，然后单击【设计模板】，如图 5-29 所示。

②将鼠标指针指向要套用的设计模板缩略图，则在模板的右侧会出现一个下三角按钮（如图 5-30）。单击该下三角按钮，会弹出一个下拉菜单，若选择【应用于选定幻灯片】选项，则只有选定的幻灯片套用所选的设计模板；若选择【应用于所有幻灯片】选项，则演示文稿中所有的幻灯片将套用选定的设

图 5-29　应用设计模板

计模板。

注意：由于每个设计模板的版式都不完全相同，所以在更换设计模板后整个演示文稿的版式有可能会与预先设想的完全不同。

5.3.2 使用幻灯片母版

当录入完所有幻灯片的内容后，很可能希望根据内容的多少来统一调整一下每张幻灯片的大标题及各级小标题的字体、字号、对齐方式等。这时一定不要逐张地去修改幻灯片，那样一方面会非常麻烦，另一方面还未必能做到使各张幻灯片整齐划一。

PowerPoint 中有一类特殊的幻灯片，叫【幻灯片母版】，专门用于设置文稿中每张幻灯片的预设格式，这些格式包括每张幻灯片标题及正文文字的位置和大小、项目符号的样式、背景图案等。PowerPoint 母版可以分成 4 类：幻灯片母版、标题幻灯片母版、讲义母版和备注母版。其中最常用的是幻灯片母版，它控制的是除标题幻灯片版式以外的所有幻灯片的格式。其他母版如标题幻灯片母版控制的通常是演示文稿的第一张幻灯片，它相当于幻灯片的封面，所以单独列出来设计。讲义母版用于控制幻灯片以讲义形式打印的格式。备注母版主要提供演讲者备注使用的空间以及设置备注幻灯片的格式。它们的操作都可以通过【视图】|【母版】中的相应命令进行。

使用幻灯片母版，首先要进入幻灯片母版视图，然后才可以进行相关的操作，如：更改文本格式、向母版中插入对象、设置幻灯片的背景、添加页眉页脚等。进入幻灯片母版视图，具体操作如下：

打开演示文稿，在菜单栏依次单击【视图】|【母版】|【幻灯片母版】，进入幻灯片母版视图，同时弹出【幻灯片母版视图】工具栏，如图 5-30 所示。

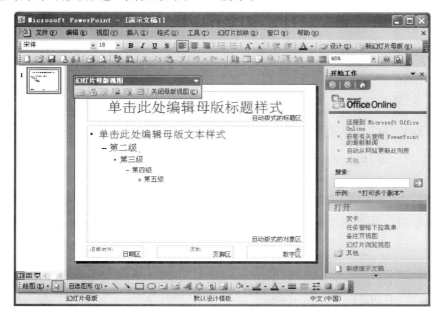

图 5-30　幻灯片母版视图

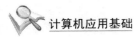

该母版中有 5 个占位符(标题区、对象区、日期区、页脚区、数字区),用来确定幻灯片母版的版式。这些占位符中的提示文字在幻灯片中不会真正地显示,占位符也不会显示。用户可以在占位符中设置文本格式,以便幻灯片在真正加入文字时可以采用预设的格式。

①更改文本格式。在幻灯片母版中选择对应的占位符,例如标题样式或文本样式等,可以设置字符格式、段落格式等。修改母版中某一对象格式,就是同时修改除标题幻灯片外的所有幻灯片对应对象的格式。

②设置页眉、页脚和幻灯片编号。这通过选择【视图】|【页眉页脚】命令,在【页眉和页脚】对话框中的【幻灯片】选项卡中设置,如图 5-31 所示。

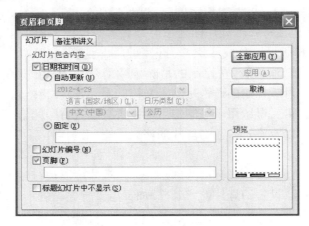

图 5-31 【页眉和页脚】对话框

③向母版插入对象。要使每一张幻灯片都出现某个图片或其他对象,可以向母版中插入该对象。在母版中插入对象后,虽然可以在每一张幻灯片中看到它,却不能对其进行单独修改它。

母版修改完后,单击【幻灯片母版视图】工具栏中的【关闭母版视图】按钮退出母版视图,回到原状态观看调整后的效果。可以发现,上述的排版调整结果在每一张幻灯片上都产生了作用。利用这一功能,可以将艺术图形或文本(如作者姓名或公司徽标等)显示在每张幻灯片上。

5.3.3 调整幻灯片背景

背景也是幻灯片外观设计中的一个部分,我们可以将幻灯片的背景设置成不同的颜色、阴影、纹理或图案,也可以直接使用图片作为幻灯片背景。

调整幻灯片的背景可以在幻灯片或者母版上进行,但是每张幻灯片只能使用一种背景类型,不能同时采用几种类型。例如,可以采用阴影背景、纹理背景,或者以图片作为背景,但是每张幻灯片上只能使用一种背景。更改背景时,可以将这项改变只应用于当前幻灯片,或者应用于所有的幻灯片和幻灯片母版。调整背景的步骤如下:

①打开相应的演示文稿,在普通视图方式下,选中待调整的某张幻灯片。

②在菜单栏依次单击【格式】|【背景】,或者在要调整的幻灯片上右击,在弹出的快捷菜单中,打开【背景】对话框,如图 5-32 所示。

③单击【背景填充】域下方的下拉按钮,在打开的下拉列表中有一排供选择的背景颜色与

【其他颜色】和【填充效果】命令,如图 5-33 所示。

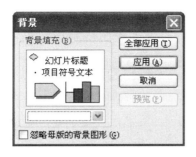

图 5-32 【背景】对话框   图 5-33   背景填充下拉列表

如果要设置背景颜色,可以选择【自动】选项组中的 8 种颜色之一,若没有找到合适的颜色,单击【其他颜色】,打开【颜色】对话框,从对话框中选择一种满意的颜色。

④如果不想以单一的一种颜色作为背景,可以使用一些填充效果作为背景,如纹理、过渡、图案和图片等。具体操作是,在图 5-33 中单击【填充效果】,打开【填充效果】对话框,如图 5-34 所示。

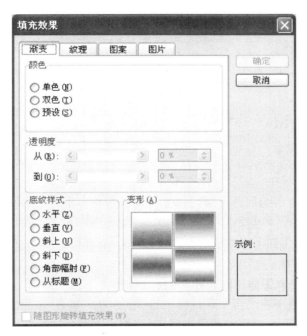

图 5-34   填充效果【渐变】选项卡

该对话框中有【渐变】、【纹理】、【图案】和【图片】4 个选项卡,可用于改变 4 种填充效果。【渐变】选项卡用于调整背景色由浅至深的变化效果;【纹理】选项卡用于选择不同的纹理(如大理石等)作为背景;【图案】选项卡和【图片】选项卡用于选择不同图案和图片作为背景。

单击【纹理】标签,出现如图 5-35 所示的【纹理】选项卡,【纹理】选项卡中列出多种标准纹

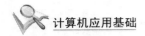

理的式样,单击其中比较满意的一种,然后单击【确定】按钮。这时可以从【背景】对话框中的预览窗口上看到新纹理下的效果。单击【背景】对话框中的【预览】按钮,这时可以看到幻灯片上出现了纹理的变化。如果满意,单击【应用】按钮,选定的幻灯片背景设置完成。若单击【全部应用】按钮,把完成的设置应用到这个演示文稿中的每一张幻灯片上。

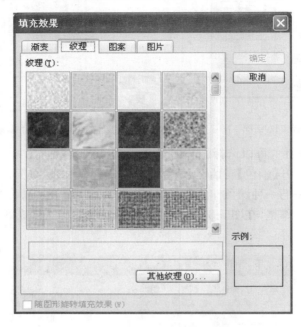

图 5-35　填充效果【纹理】选项卡

⑤也可以将背景的填充效果改为图案或图片,方法同上。

5.3.4　应用配色方案

在幻灯片的设计模板中,幻灯片的各部分如文本、背景、强调文字等,都已进行了协调配色,这些协调配色就是所谓的配色方案。每个设计模板均带有几套不同的配色方案。当用户为演示文稿选择了一种设计模板以后,该模板会自动应用它所带的默认配色方案于演示文稿中。应用配色方案的操作如下:

①选中要应用配色方案的幻灯片。

②在菜单栏单击【格式】|【幻灯片设计】,打开编辑区右边的【幻灯片设计】任务窗格,单击【配色方案】,在任务窗格中弹出多个配色方案选项,如图 5-36 所示。

③将鼠标指针指向需要应用的配色方案,则在配色方案图标的右侧会出现一个下拉按钮,单击该下拉按钮,会弹出一个下拉菜单,如图 5-36 所示。若选择【应用于选定幻灯片】选项,则只有选定的幻灯片套用所选的配色方案;若选择【应用于所有幻灯片】选项,则演示文稿中所有的幻灯片将都应用选定的配色方案。

如果用户对当前的这个默认配色方案不满意,可以单击配色方案任务窗格下方的【编辑配色方案】,通过弹出的【配色方案】对话框,可以对配色方案进行调整。在这里不再赘述,有需要的读者可以参阅有关资料。

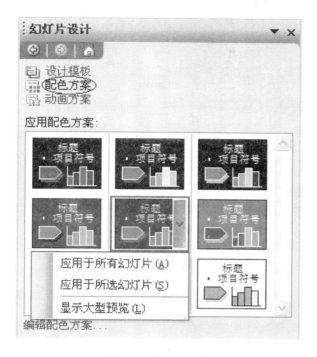

图 5-36 应用配色方案

5.3.5 应用幻灯片版式

所谓幻灯片版式,就是在幻灯片上安排文字、图片、表格和动画的相对位置。版式的设计是幻灯片制作中最重要的环节,一个好的布局自然会有良好的演示效果。通过在幻灯片中巧妙地安排各个对象的位置,能够更好地达到吸引观众注意力的目的。

创建新幻灯片时,用户可从 PowerPoint 提供的 31 种幻灯片版式中进行选择,这 31 种版式分为文字版式、内容版式、文字和内容版式以及其他版式四种。例如,有包含标题、文本和图表占位符的,也有包含标题和剪贴画占位符的。标题和文本占位符可以保持演示文稿中的幻灯片母版的格式,也可以移动或重置其大小和格式,使之可与母版不同,还可以在创建幻灯片之后修改其版式。应用一个新的版式时,所有的文本和对象都保留在幻灯片中,但是可能需要重新排列它们以适应新版式。

改变某张幻灯片布局的操作步骤方法是:

①在"普通视图"方式下,选中要调整的某张幻灯片。

②单击任务窗格下拉菜单中【幻灯片版式】,或单击【格式】菜单中的【幻灯片版式】,打开【幻灯片版式】任务窗格,如图 5-37 所示,在该任务窗格中列出了一系列的幻灯片版式缩略图。

③鼠标悬停在缩略图上可以显示当前版式的名称,并且缩略图右侧会出现一个下拉菜单按钮,如图 5-37 所示的"标题和文本"版式。单击自己喜欢的某一种布局方案,则该种版式就会被应用到当前选中的幻灯片。

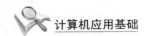

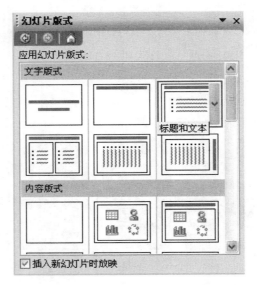

图 5-37　应用幻灯片版式

5.3.6　添加幻灯片动画效果

所谓动画效果,就是当打开幻灯片时,幻灯片的各个主要对象不是一次全部显示,而是按照某种规律,以动画的形式逐个显示出来。在幻灯片中使用动画效果将使演示文稿看起来更加生动,对观众更有吸引力。幻灯片中的动画效果有两类,一类是 PowerPoint 自带的动画方案,一类是用户自己添加的动画效果。

1)动画方案的应用

为幻灯片设置动画方案的具体操作步骤如下。

①选择要应用动画方案的幻灯片。

②在菜单栏单击【幻灯片放映】|【动画方案】,打开【幻灯片设计】的【动画方案】任务窗格,如图 5-38 所示。

③选中【自动预览】复选框,然后在【应用于所选幻灯片】列表框中选择要应用的动画方案,将预览到所选幻灯片的动画效果。

如果让所有幻灯片都应用相同的动画方案,只需在选定应用的动画方案后单击【应用于所有幻灯片】按钮即可。

2)自定义动画

自定义动画设置,可以更改幻灯片上对象的显示顺序,以及每个对象的播放时间,设置任何符合要求的动画效果。自定义动画设置的方法是:

①选择要添加自定义动画的幻灯片对象。

②在菜单栏依次单击【幻灯片放映】|【自定义动画】,打开如图 5-39 所示的【自定义动画】任务窗格。

图 5-38　应用动画方案

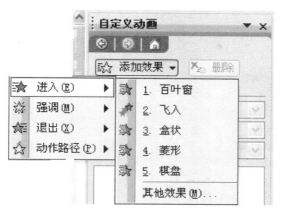

图 5-39 应用自定义动画

③在【自定义动画】任务窗格中,用鼠标单击左上角的【添加效果】按钮,弹出一个下拉命令列表,可以设置各个对象的【进入】、【强调】、【退出】、【动作路径】等效果。

若要使文本或对象按某种效果进入幻灯片,则选择【进入】,并选择一种效果。

如果在放映幻灯片时,需要突出强调某个对象,则选择【强调】,并选择一种效果。

若想使文本或对象使用某种效果在某一时刻离开幻灯片,则选择【退出】,再单击选择一种效果。

如果想让文本或对象按照特定的路径进行运动,则选择【动作路径】,并选择一种效果。

现以【进入】效果为例进行说明。在图 5-39 所示中依次单击【添加效果】|【进入】选项,会弹出其级联菜单。在级联菜单中选择一种需要的自定义动画效果即可。

④如果单击【其他效果】选择,则会弹出【更改进入效果】对话框,如图 5-40 所示。

图 5-40 【更改进入效果】对话框

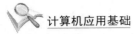

在列表框中选择以一种喜欢的自定义动画效果,勾选【预览效果】复选框,可以即时查看动画效果。

⑤单击【确定】按钮,幻灯片内对象将显示出动画效果标记,如图 5-41 所示。

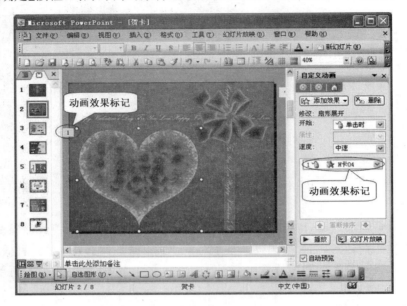

图 5-41　幻灯片对象动画设置后的窗口显示

⑥在任务窗格中的【开始】下拉列表中选择一种动画效果的开始方式。

如果选择【单击时】选项,在幻灯片放映时,单击才会播放动画效果;如果选择【之前】选项,在幻灯片放映时,该动画效果和前一个动画效果同时播放;如果选择【之后】选项,在幻灯片放映时,该动画效果在前一个动画效果结束时自动播放。

⑦在任务窗格的【速度】下拉列表中选择自定义动画的播放速度。

⑧右击任务窗格中的动画效果项,在弹出的快捷菜单中选择【效果选项】,可以对动画效果进行进一步的设置,如图 5-42 所示。

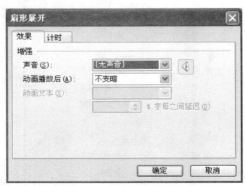

图 5-42　动画效果进一步设置

如果对动画效果不满意,要删除某种效果,可在自定义动画列表中选定动画项目,按【删除】按钮,即可删除选定的动画效果项。

5.3.7　创建交互式演示文稿

交互式演示文稿是在放映时允许通过鼠标的点击而跳转到不同的位置。通过创建交互式放映,可以控制幻灯片放映时跳转到目标幻灯片,或者启动另一个程序,或者链接到互联网上的任何一个地方。在 PowerPoint 中可以通过超链接和动作按钮来设置交互式放映。

1)创建超链接

可以将超链接功能创建在任何幻灯片的对象上,如文本、图形、表格或图片等。为某个幻灯片对象创建超链接的步骤如下:

①选中某一幻灯片,选择要建立超级链接功能的对象,如文本或图片等。

②依次单击【插入】|【超链接】或用鼠标右击选中的对象,在弹出的快捷菜单中选择【超链接】,打开的【插入超链接】对话框,如图 5-43 所示。

图 5-43　【插入超链接】对话框

③根据对话框设置一种链接,可以是已有的各种格式的文档、PowerPoint 演示文稿、幻灯片或网址。

④单击【确定】按钮后,选定的文本或图形即具有超链接功能。如果要删除超链接,则只需要选中设有超链接的对象,用鼠标右键单击该对象,在弹出的快捷菜单中选择【删除超链接】即可。

2)动作按钮

PowerPoint 提供了预先制作好的动作按钮供用户使用,可将这些动作按钮插入到演示文稿中,并为之建立连接。操作方法如下:

①选择要添加动作按钮的幻灯片。

②在菜单栏依次单击【幻灯片放映】|【动作按钮】,会弹出一个子菜单,该子菜单中有多个预先设计好的动作按钮,如图 5-44 所示。从中选择一个合适的图形按钮并单击(将鼠标指针移动到按钮选项上,会出现黄色的提示框,说明按钮的作用)。

③鼠标移动到幻灯片中,鼠标指针形状变成十字形,在幻灯片中想要插入按钮的位置单击该处(一般将按钮放在幻灯片的左、右下角),或者按住鼠标左键拖动画出一个大小适当的动作按钮,松开鼠标左键后,弹出的【动作设置】对话框,如图 5-45 所示。

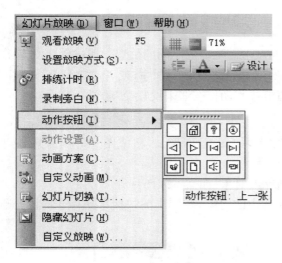

图 5-44　插入动作按钮子菜单　　　　　图 5-45　【动作设置】对话框

④在该对话框中有【单击鼠标】和【鼠标移过】两个选项卡，分别用来设置鼠标单击或移动时按钮的动作，这个动作可以定义为连接到某个位置或是运行某个应用程序。选中【单击鼠标】选项卡，选择【超链接到】按钮，并在其下拉列表中选择要链接的目标。链接的目标可以是文件、幻灯片、网页地址、音频、视频等。

⑤勾选【播放声音】复选框，在下拉列表中可以设置一种单击动作按钮时的声音效果。

⑥全部设置完后，单击【确定】按钮，即可完成动作按钮的插入，如图 5-46 所示。用此方法可以在幻灯片中插入多个连接到不同位置和目标对象的动作按钮。

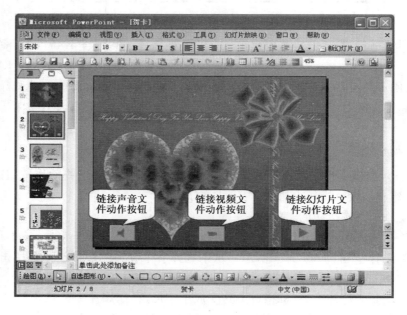

图 5-46　动作按钮设置效果

5.4　演示文稿的放映与打包

制作好的演示文稿可以直接在 PowerPoint 下播放以全屏幕方式查看演示文稿的实际播放效果。

如果演示文稿中加入了视频、音频等信息,或插入了链接文档,则在放映过程中可以通过简单的操作显示这些信息和文档内容。

利用演示文稿在屏幕上演示,最大的好处是可以在幻灯片中添加特殊效果,切换效果,这样不仅能突出重点,又能在讲演时增加视觉效果,达到突出主题的目的。

5.4.1　设置幻灯片的切换效果

切换效果是指在幻灯片放映过程中,由一张幻灯片切换到另一张幻灯片时,可以为其设定不同的切换形式。

设置幻灯片切换效果的具体操作步骤如下:

①选中要设置切换效果的幻灯片。

②在菜单栏依次单击【幻灯片放映】|【幻灯片切换】,打开如图 5-47 所示的【幻灯片切换】任务窗格。

③在【幻灯片切换】任务窗格的【应用于所选幻灯片】列表框中选择要应用的切换方式。

④在【修改切换效果】选项中选择幻灯片的切换速度和幻灯片切换时播放的声音,如在【速度】下拉列表中选【中速】,在【声音】下拉列表中选【风铃】声,如果要使幻灯片放映过程中始终留有声音,则选中【循环播放,到下一声音开始时】复选框。

⑤在【换片方式】选项中选择幻灯片的切换方式。若手动换片,选择【单击鼠标时】复选框。若自动换片,则选中【每隔】复选框,并输入间隔时间,如 2 秒。

⑥如果勾选了任务窗格的【自动预览】复选框,则会在幻灯片编辑区中自动播放所选的幻灯片切换效果,如果没有选中【自动预览】复选框,单击【播放】按钮,也可预览幻灯片的切换效果。

图 5-47　【幻灯片切换】任务窗格

⑦如果要将所设置的切换效果应用于所有幻灯片上,则单击【应用于所有幻灯片】按钮。如果要取消所选幻灯片的切换效果,在【幻灯片切换】任务窗格的【应用于所选幻灯片】列表框中,选择【无切换】即可。

5.4.2　设置放映方式

打开要设置放映方式的演示文稿,点击菜单中的【幻灯片放映】|【设置放映方式】会弹出如图 5-48 所示的【设置放映方式】对话框。在该对话框中,可以设置放映类型、放映范围、换片方式等。

1)放映类型

在放映类型选项中,有 3 种不同的放映方式:

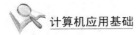

①演讲者放映（全屏幕）。这是一种默认放映方式，是一种由演讲者控制的放映方式。该方式下可采用自动或人工方式放映，并且可全屏幕放映；可以暂停演示文稿的播放；可在放映过程中录制旁白，还可投影到大屏幕放映。

②观众自行浏览（窗口）。该方式用于在小窗口中放映演示文稿，并提供一些对幻灯片的操作命令，如移动、复制、编辑和打印幻灯片，还显示"Web"工具栏。此种方式下，不能使用鼠标翻页，可以使用键盘上的翻页键。

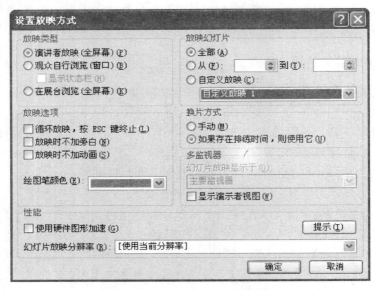

图 5-48 【设置放映方式】对话框

③在展台浏览（全屏幕）：此方式可以自动运行演示文稿，并全屏幕放映幻灯片。一般在展示产品时使用这种方式，但需事先为各幻灯片设置自动进片定时，并选择换片方式下的"如果存在排练时间，则使用它"的复选框。自动放映过程结束后，会再重新开始放映。

2）放映范围设置

在【放映幻灯片】栏目下可设置幻灯片的放映范围。设置幻灯片放映范围的方式有：

①全部：从第一张幻灯片一直播放到最后一张幻灯片。

②从……到……：从某个编号的幻灯片开始放映，直到放映到另一个编号的幻灯片结束。

③自定义放映：选择菜单【幻灯片放映】下的【自定义放映】命令，通过下拉列表可以选择用户自己定义的不同放映方式、内容和范围。

在对话框中设置播放范围后，幻灯片放映时，会按照设定的方式、范围播放。

3）放映选项设置

通过设置放映选项，可以选定幻灯片的放映特征包括：

①循环放映，按 Esc 键终止：选择此复选框，放映完最后一张幻灯片后，将会再次从第一张幻灯片开始放映，若要终止放映，则按 Esc 键。

②放映时不加旁白：选择此复选框，放映幻灯片时，将不播放幻灯片的旁白，但并不删除旁白。不选择此复选框，在放映幻灯片时将同时播放旁白。

③放映时不加动画:选择此复选框,放映幻灯片时,将不播放幻灯片上的对象所加的动画效果,但动画效果并没删除。不选择此复选框,则在放映幻灯片时将同时播放动画。

④绘图笔颜色:选择合适的绘图笔颜色,可在放映幻灯片时在幻灯片上书写文字,画圈、线、点等。

4)换片方式设置

幻灯片放映时的换片方式的设置方法有:

①手动:选择该单选框,可通过键盘按键或单击鼠标换片。

②如果存在排练时间,则使用它:若给各幻灯片加了自动换片定时,则选择该单选框。

5.4.3　放映演示文稿

1)放映演示文稿

编辑好演示文稿后,在打印幻灯片之前,可先观看放映效果。根据幻灯片的用途和用户的需求,可以有多种放映方式。放映时可以确定两种起始位置。

①第一张幻灯片开始放映。可以单击菜单【幻灯片放映】|【观看放映】,或者单击【视图】|【幻灯片放映】,或者按功能键 F5。

②从当前幻灯片开始放映。单击【从当前幻灯片开始放映】按钮🖳或者按功能键〈Shift〉+F5。

当屏幕正在处于幻灯片的放映状态时,单击鼠标左键,将切换到放映下一张幻灯片。单击鼠标右键可以打开幻灯片演示控制菜单。利用演示控制菜单就可以进行演示文稿放映过程的控制。

2)及时指出文稿重点

在放映演示文稿过程中,可以在文稿中画出相应的重点内容:方法是右击鼠标,在弹出的快捷菜单中选择【指针选项】|【圆珠笔】,或【毡尖笔】,或【荧光笔】,此时,鼠标箭头会变成一个小点或一个小方块,用户可以在屏幕上画出相应的重点内容。

若要选择绘图笔颜色,可在右击时弹出的快捷菜单中选择【指针选项】|【墨迹颜色】,在弹出的级联菜单中选择一种想要的颜色,如图 5-49 所示。

5.4.4　打包演示文稿

不同的计算机软件的运行环境不尽相同,有的计算机没有安装 PowerPoint,要想播放演示文稿,可以使用打包功能将演示文稿所需的所有文件和字体合并到一起。打包演示文稿的过程如下:

①打开要打包的演示文稿。

②在菜单栏依次单击【文件】|【打包成 CD】命令,打开【打包成 CD】对话框。如图 5-50所示。

③单击【复制到文件夹】按钮打开【复制到文件夹】对话框,如图 5-51 所示。

④在【文件及名称】框中输入文件夹的名称。

⑤在【位置】框中输入文件夹保存的路径,或单击右侧的【浏览】按钮选择文件夹保存的路径,单击【确定】按钮,幻灯片播放器和幻灯片一起被打包存放到指定的文件夹中。

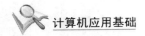

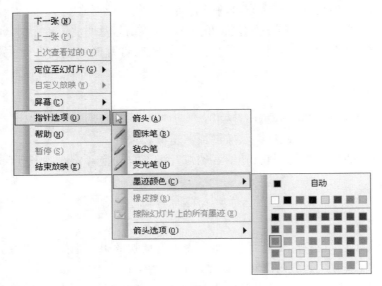

图 5-49　设置绘图笔颜色

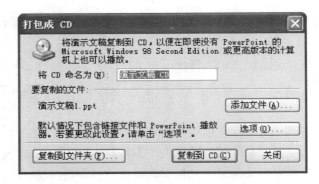

图 5-50　【打包成 CD】对话框

图 5-51　【复制到文件夹】对话框

⑥如果在【打包成 CD】对话框中单击【复制到 CD】按钮,则幻灯片播放器和幻灯片将被打包并刻录到 CD 盘上。但是,事先要确定计算机上已经安装了刻录工具软件,并在驱动器中放置了 CD 盘片。

5.5　打印演示文稿

制作完毕的演示文稿,不但可以进行演示,也可以将其打印出来。

5.5.1　页面设置

在打印演示文稿之前,必须先把幻灯片的大小和方向设置好,确保打印出来的效果能够满足要求。在菜单栏依次单击【文件】|【页面设置】命令,打开【页面设置】对话框,如图 5-52 所示。

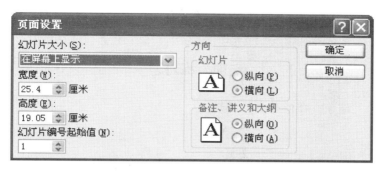

图 5-52　【页面设置】对话框

在幻灯片大小下拉列表中设置幻灯片的大小。

在幻灯片编号起始值输入框用于设置打印演示文稿的编号起始值(可以右边的增、减按钮完成设置)。

方向域用于设置打印方向。

5.5.2　设置打印选项

打印页面设置好后,还要对打印机、打印范围、打印份数、打印内容等进行设置或修改。在菜单栏依次单击【文件】|【打印】命令,打开打印对话框,如图 5-53 所示。

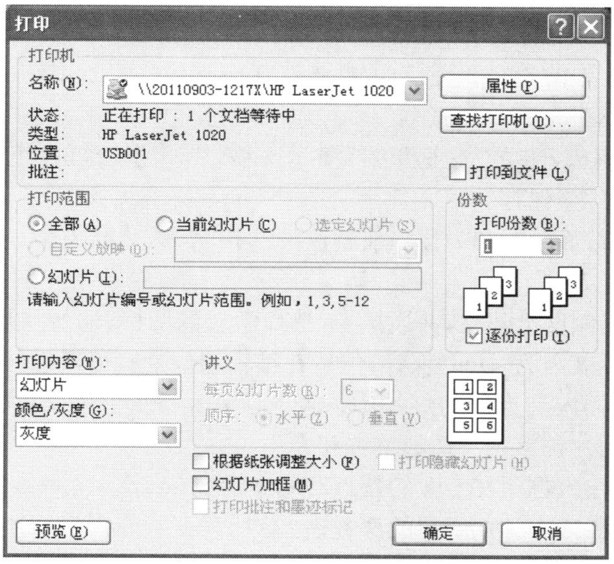

图 5-53　【打印】对话框

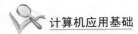

计算机应用基础

①打印范围:用于设置要打印演示文稿的范围,确定是打印【当前幻灯片】还是打印演示文稿中的【全部】幻灯片。当然也可以通过编号选择打印部分幻灯片。

②打印内容:打印内容包括幻灯片、讲义、备注页和大纲视图等。如果在列表中选择【讲义】,则【讲义】域里的内容变为可用状态。在【讲义】域里可以设置每一页纸能打印多少张幻灯片。

③颜色/灰度:用于设置幻灯片打印的颜色,为了打印清晰,一般在列表中选择【黑白】选项。

实训与练习题

 实训 5-1　演示文稿的建立与编辑

【实训内容】

1.利用【内容提示向导】建立演示文稿

通过【内容提示向导】对话框的引导,选取演示文稿类型【企业】中的【商务计划】,选取演示文稿样式为【屏幕演示文稿】,设置演示文稿标题和页脚,并以 P0. PPT 为文件名保存在指定的文件夹中,然后关闭该文档。

2.利用【空演示文稿】建立演示文稿

(1)有 3 张幻灯片的"自我介绍"演示文稿,结果以 P1. PPT 为文件名保存在指定的文件夹中。

(2)第 1 张幻灯片采用【标题和文本】版式,标题处分两行填入"自我介绍"和你的姓名,文本处填写你从小学开始的简历。

(3)第 2 张幻灯片采用【标题和表格】版式,标题处填入你所在的省市和高考时的学校名称,表格由 2 行 5 列组成,内容为你高考的 4 门课程名、总分及对应的分数。

(4)第 3 张幻灯片采用【标题、文本与剪贴画】版式,标题处填入"个人爱好和特长";文本处以简明扼要的文字填入你的爱好和特长;剪贴画选择你所喜欢的图片或你的照片。

3.利用【设计模版】建立演示文稿

(1)采用【Radial】模板,建立"专业介绍"演示文稿,由 3 张幻灯片组成,其中第一张为封面,结果以 P2. PPT 文件名保存。

(2)第 1 张幻灯片封面的标题为你目前就读的学校名称,并插入学校的图标;副标题为你的专业名称。

【提示】若学校的校园网已建立,并连接上,选择学校的图标,通过快捷菜单的【图片】【另存为】命令,将图标以扩展名为"JPG"保存;然后在编辑幻灯片时可通过【插入】【图片】【来自文件】命令将学校图标插入到当前幻灯片中。若无法获得学校图标,可随意选择一个图片插入。将插入的图标或图片调整到合适的位置和大小。

(3)第 2 张幻灯片输入你所在专业的特点和基本情况。

(4)第 3 张幻灯片插入本学期学习的课程表。

4.对建立的 P1. PPT 演示文稿按规定的要求设置外观

(1)演示文稿加入日期、页脚和幻灯片编号。使演示文稿中所显示的日期和时间随着机器内时钟的变化而变化;幻灯片编号从 100 开始,字号为 24 磅,并将其放在右下方;在"页脚区"输入作者名,作为每页的注释。

【提示】幻灯片编号设置首先选择【视图】|【页眉和页脚】命令,在其对话框中将【幻灯片编号】复选框选中,表示幻灯片有编号的显示;然后选择【文件】|【页面设置】命令,在其对话框设置幻灯片的起始编号。

要设置日期、页脚和幻灯片编号等的字体,必须选择【视图】|【母板】|【幻灯片母板】命令,打开【幻灯片母版视图】界面。

在不同区域选中对应的域进行字体的设置,还可以将域的位置移动到幻灯片的任意位置。

(2)利用母版进行统一设置幻灯片的格式。对标题设置方正舒体、48 磅、粗体;在右上方插入你所在学校的"校徽"图标。

【提示】利用【视图】|【母版】|【幻灯片母版】命令,对标题样式按所需的进行设置,插入所需的图片。这时,所有的幻灯片的标题具有相同的字体,每张幻灯片具有相同的图片。

(3)逐一设置格式。对第 1 张幻灯片的文本设置为"楷体、粗体、32 磅",段前 0.5 行,项目符号的符号为"●";对第二张幻灯片的表格外边框设置为 2.25 磅框线,内为 1.5 磅框线,表格内容水平、垂直居中。

(4)设置背景。利用【格式】|【背景】命令,在【填充效果】中选择【渐变】|【预设】|【雨后初晴】预设颜色。

(5)插入对象。

①对第 2 张幻灯片插入图表,内容为表格中的各项数据。

【提示】插入图表操作,不能像操作 Excel 那样先选中表格中的数据,再插入图表。在 PowerPoint 中,选中的数据在插入后不起作用,必须先插入图表,系统显示默认的图表数据,然后双击图表,进入编辑状态,再填入表格中的数据,覆盖系统默认的数据。

②对第 3 张幻灯片,将标题文字"个人爱好与特长"改为"艺术字库"中样式。

【提示】利用【插入】|【图片】|【艺术字】命令,插入艺术字。

5.对 P2.PPT 演示文稿进行美化

【思考题】

(1)除了可以将编辑的幻灯片保存为演示文稿,还可以保存为哪些类型的文档?

(2)在幻灯片浏览视图中,如何在第一张幻灯片前插入一张新的幻灯片?

 实训 5-2　设置幻灯片的播放效果

【实训内容】

1.设置幻灯片内的动画效果

(1)对建立的 P1.PPT 内第 1 张幻灯片中的标题部分,采用"自顶部"、"飞入"的动画,"风铃"声音,"单击鼠标"时产生动画效果;文本部分即个人经历,采用"自左侧"、"切入"的动画,"鼓掌"声音,在"前一事件"2 秒后,按项一条一条地产生动画效果。

【提示】

①打开 P1.PPT 演示文稿,在【普通视图】方式下,单击标题栏【幻灯片放映】|【自定义动画】命令,打开【自定义动画】任务窗格(在窗口右侧)。

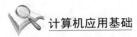

②单击第 1 张幻灯片的标题部分,选中标题框,然后单击"自定义动画任务窗格"中【添加效果】|【飞入】。则标题即被添加"飞入"动画效果,同时在任务窗格中被显示出来。如图 5-54。

图 5-54 【自定义动画】任务窗格

③选择【开始】时刻"单击时",【方向】"自顶部",【速度】"快速"。

④双击已添加的"飞入"动画效果选项,弹出【飞入】效果对话框,如图 5-55。在【效果】选项卡中,单击【声音】下拉列表,选择"风铃",然后按【确定】按钮。

⑤用同样方法为文本部分设置"左侧切入"的动画。双击"切入"动画效果选项,弹出【切入】效果对话框,如图 5-56 所示。单击【计时】选项卡,设置【开始】"之后",【延迟】2 秒。

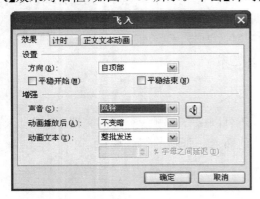

图 5-55 【飞入】效果对话框

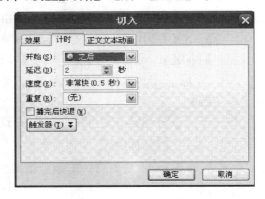

图 5-56 【切入】效果对话框

(2)对 P1. PPT 的第 3 张幻灯片的"艺术字"对象设置"螺旋"效果;对图片对象设置"自右侧"、"飞入"效果;对文本设置"向下擦除"的效果。动画出现的顺序:首先为图片对象,随后文本,最后艺术字。

(3)对设置有动画的幻灯片切换到"幻灯片放映"视图,观看动画效果。

2. 设置幻灯片间的切换效果

使建立的 P1. PPT 演示文稿内各幻灯片间的切换效果分别采用水平百叶窗、溶解、盒状展开、随机等方式。设置切换速度为"快速",换片方式通过单击鼠标。

【提示】

①打开演示文稿 P1.PPT,在【普通视图】或【幻灯片浏览视图】方式下,单击标题栏【幻灯片放映】|【幻灯片切换】命令,打开【幻灯片切换】任务窗格(在窗口右侧)。

②单击要设置切换效果的幻灯片,在右侧任务窗格中为其选定一种切换方式即可。

③在任务窗格下方,设定【速度】为"快速",【换片方式】为"单击鼠标时"。

3. 演示文稿中的超级链接

(1)创建超级链接。将 P1.PPT 中的第 1 张幻灯片的"自我介绍"这几个文字处插入超级链接,链接到第 3 张幻灯片处;在第 2 张幻灯片的标题处插入超级链接,链接任一 Word 文档。

【提示】参看"5.3.7 创建交互式演示文稿"一节。

(2)设置动作按钮。在演示文稿 P2.PPT 内的每一张幻灯片下方放置动作按钮,分别可跳转到上一张,再在第 1 张幻灯片下方放置另一动作按钮,可跳转到 P1.PPT。

【提示】参看"5.3.7 创建交互式演示文稿"一节。

4. 插入多媒体对象

即从【插入】|【影片和声音】命令中选择对应的子命令。

将 P1.PPT 中第 1 张幻灯片的"自我介绍"处插入一声音文件,当需要播放声音时单击此处,播放一段快乐的音乐。

将 P1.PPT 中第 3 张幻灯片处插入一段影片文件。

【提示】参看"5.2.2 添加幻灯片内容"一节中"4. 插入声音和影片"。

5. 放映演示文稿

(1)排练计时。对 P1.PPT 文件利用"排练计时"功能,设定播放所需要的时间。

(2)设置不同放映方式。将 P1.PPT 和 P2.PPT 放映方式分别设置为"演讲者放映"、"观众自行浏览"、"在展台放映"及"成循环放映方式",并且和排练计时结合,在放映时观察效果。

实训 5-3　综合练习题

在元旦节即将来临之际,请你用 PowerPoint 制作一张新年贺卡。将制作完成的演示文稿以"P3.PPT"为文件名存于指定的文件夹中。要求如下:

标题:新年问候;

其他文字内容:祝全校师生员工新年快乐!

图片内容:绘制或插入你认为合适的图形(至少一幅)。

基本要求:

(1)标题用艺术字;

(2)文稿中文字、背景等颜色自定;

(3)自拟设置各对象的动画效果,播放时延时 1 秒自动出现。

【思考题】

(1)是否在任何视图方式中都能添加自定义动画?

(2)在进行超级链接时,超级链接的跳转对象是否一定要已经存在? 能否先设置超级链接再创建跳转对象?

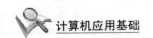

习题

一、单相选择题

1. PowerPoint 演示文档存盘时,其默认的扩展名为(　　)。
　　A. PNT　　　　　　　B. PPT　　　　　　　C. POT　　　　　　　D. DOC

2. 双击幻灯片文件名就直接进入播放的 PowerPoint 文件,其扩展名是(　　)。
　　A. PPT　　　　　　　B. PPS　　　　　　　C. POT　　　　　　　D. RTF

3. 在 PowerPoint 软件的(　　)视图中,可方便地对幻灯片进行移动、复制、删除等操作。
　　A. 普通　　　　　　　B. 幻灯片浏览　　　C. 备注页　　　　　　D. 幻灯片放映

4. 在 PowerPoint 的第一张幻灯片上,为某对象设置了超级链接是链接到本演示文稿的第七张幻灯片,如将该对象复制到第二张幻灯片上,这时第二张幻灯片上该对象链接的是(　　)张幻灯片。
　　A. 第一张　　　　　　B. 第六张　　　　　　C. 第七张　　　　　　D. 第八张

5. 在 PowerPoint 中,(　　)设置能够应用幻灯片模版改变幻灯片的背景、标题字体格式。
　　A. 幻灯片版式　　　　B. 幻灯片设计　　　C. 幻灯片切换　　　D. 幻灯片放映

6. 要使制作的背景对所有幻灯片生效,应在背景对话框中选择(　　)。
　　A. 应用　　　　　　　B. 取消　　　　　　　C. 全部应用　　　　D. 确定

7. 在演示文稿放映过程中,可随时按(　　)键中止放映。
　　A. Enter　　　　　　　B. ESC　　　　　　　C. Pause　　　　　　D. Ctrl

8. 用 PowerPoint 软件制作的演示文稿的核心是(　　)。
　　A. 标题　　　　　　　B. 讲义　　　　　　　C. 幻灯片　　　　　　D. 母版

9. PowerPoint 演示文稿在放映时能呈现多种动态效果,这些效果(　　)。
　　A. 完全由放映时的具体操作决定　　　　B. 需要在编辑时设定相应的放映属性
　　C. 与演示本身无关　　　　　　　　　　D. 由系统决定,无法改变

10. 在 PowerPoint 软件的幻灯片视图中,如果当前内容版式为空白的幻灯片,要想输入文字(　　)。
　　A. 应当直接输入新的文字　　　　　　　B. 应当首先插入一个新的文本框
　　C. 必须切换到浏览视图中去输入　　　　D. 必须切换到大纲视图中去输入

二、多项选择题

1. 在 PowerPoint 的幻灯片浏览视图中,可进行的工作有(　　)。
　　A. 复制幻灯片　　　　　　　　　　　　B. 删除幻灯片
　　C. 幻灯片文本内容的编辑修改　　　　　D. 重排演示文稿所有幻灯片次序
　　E. 设置幻灯片的动画效果

2. 在使用 PowerPoint 幻灯片放映视图演示文稿过程中,要结束放映,可操作的方法有(　　)。
　　A. 按 ESC 键　　　　B. 按〈Ctrl＋E〉键　　　C. 按 Enter 键
　　D. 单击鼠标右键,从弹出的快捷菜单中选择"结束放映"
　　E. 单击放映屏幕左下角的长方形按钮,在弹出的菜单中选择"结束放映"

3. 在幻灯片上插入的超级链接可以连接到( )。

    A. 某个指定文件   B. 本文件中的某张幻灯片

    C. 其他文件中的某张幻灯片   D. Internet 上的某个网页

    E. Internet 的某个网站

4. 在幻灯片上可以设置动画的对象有( )。

    A. 文本   B. 图片   C. 图表   D. 背景   E. 影片

5. 在下列视图中,可编辑、修改幻灯片内容的视图有( )。

    A. 幻灯片视图   B. 幻灯片浏览视图

    C. 幻灯片放映视图   D. 大纲视图

    E. 备注页视图

三、判断题

1. 在 PowerPoint 的大纲视图下按下〈Ctrl＋A〉组合键可以选定整个大纲内的所有文本。

                                                      ( )

2. 在 PowerPoint 幻灯片上使用超链接可以改变幻灯片的播放顺序。 ( )

3. 在 PowerPoint 中,各张幻灯片之间均可使用不同的版式。 ( )

4. 在 PowerPoint 的大纲视图中,可以增加、删除、移动幻灯片。 ( )

5. 演示文稿中的任何文字对象都可以在大纲视图中编辑。 ( )

6. 在幻灯片视图中,单击一个对象后,按住 Ctrl 键,再单击另一个对象,则两个对象均被选中。 ( )

7. 要放映幻灯片,不管是使用【幻灯片放映】菜单的【观看放映】命令放映,还是单击【视图控制】按钮栏上的【幻灯片放映】按钮放映,都要从第一张开始放映。 ( )

8. 在 PowerPoint 中,必须给每一张幻灯片赋予一个文件名才能保存。 ( )

9. 在 PowerPoint 软件中,选择"格式"菜单下的"幻灯片配色方案"与"背景"功能的作用是相同的。 ( )

10. PowerPoint 中的空演示文稿模板是不允许用户修改的。 ( )

四、填空题

1. 用 PowerPoint 应用程序所创建的用于演示的文件称为_____,其扩展名为_____,模板文件扩展名为_____。

2. 幻灯片删除可以通过快捷键_____键或_____菜单下的【删除幻灯片】命令。

3. 在 PowerPoint 中,可以为幻灯片中的文字、形状、图形等对象设置动画效果,设计基本动画的方法是先在_____视图中选择好对象,然后选用_____菜单中的_____命令。

4. 用 PowerPoint 制作好幻灯片后,可以根据需要使用 3 种不同的放映方法放映幻灯片,这 3 种放映类型是_____、_____和_____。

5. 在 PowerPoint 的编辑状态下,要在当前的幻灯片文件中增加一张幻灯片,可以在_____菜单下选择"新幻灯片"命令。

第6章　计算机网络基础与应用

6.1　计算机网络基础知识

随着计算机应用的不断发展,个人计算机(Personal Computer,简称 PC)越来越普及,Internet 已逐渐进入到千家万户。一方面众多用户要共享信息资源,另一方面各计算机之间也要互相传递信息进行通信。由此促使计算机向网络化发展,将分散的计算机连接成网,组成计算机网络。计算机网络在带给人们娱乐的同时,也给我们的生活带来了极大的方便,如办公自动化、网上订票、网上购物等。计算机网络是现代通信技术与计算机技术相结合的产物。

6.1.1　计算机网络概述

计算机网络,就是把分布在不同地理区域独立的计算机通过专用网络设备,利用通信线路互连成一个规模大、功能强的网络系统,从而使众多的计算机可以方便地互相传递信息,共享硬件、软件、数据信息等资源。通俗地说,网络就是通过电缆、电话线或无线通信等互联的计算机的集合。

计算机网络主要功能包括资源共享、网络通信、集中管理、分布式处理;其中资源共享中的资源包括:

①硬件资源:各种类型的计算机、大容量存储设备、计算机外部设备。

②软件资源:包括各种应用软件、工具软件、语言处理程序、数据库管理系统等。

③数据资源:包括数据库文件、数据库、办公文档资料、企业报表等。

④信道资源:通信信道可以理解为光、电信号的传输介质。通信信道的共享是计算机网络中最重要的共享资源之一。

网络通信是利用通信通道传输各种类型的信息,包括数据信息和图形、图像、声音、视频流等信息。利用网络的通信功能,可以发送电子邮件、打网络电话、举行视频会议等。

计算机网络从 20 世纪 60 年代开始发展至今,经历了从简单到复杂、从单机到多机、由终端与计算机之间的通信演变到计算机与计算机之间的直接通信,经历了四个发展阶段:

第一代计算机网络是面向终端的计算机网络。面向终端的计算机网络又称为联机系统,建于 20 世纪 60 年代初,是第一代计算机网络。它由一台主机和若干个终端组成,较典型的有1963 年美国空军建立的半自动化地面防空系统(SAGE),其结构如图 6-1 所示。在这种联机方式中,主机是网络的中心和控制者,终端(键盘和显示器)分布在各处并与主机相连,用户通过本地的终端使用远程的主机。

第二代计算机网络是以共享资源为目的的计算机通信网络。面向终端的计算机网络只能在终端和主机之间进行通信,不同的主机之间无法通信。从 20 世纪 60 年代中期开始,出现了多个主机互联的系统,可以实现计算机和计算机之间的通信。真正意义上的计算机网络应该是计算机与计算机的互连,即通过通信线路将若干个自主的计算机连接起来的系统,称之为计算机—计算机网络,简称为计算机通信网络。

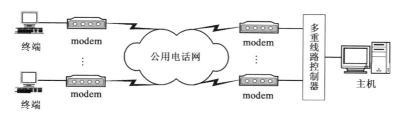

图 6-1 第一代计算机网络结构示意图

计算机通信网络在逻辑上可分为两大部分：通信子网和资源子网，二者合一构成以通信子网为核心，以资源共享为目的的计算机通信网络，如图 6-2 所示。用户通过终端不仅可以共享与其直接相连的主机上的软、硬件资源，还可以通过通信子网共享网络中其他主机上的软硬件资源。

第三代计算机网络是建立了 OSI（开放式系统互连）参考模型和 TCP/IP（传输控制协议/网际协议）的标准化网络。

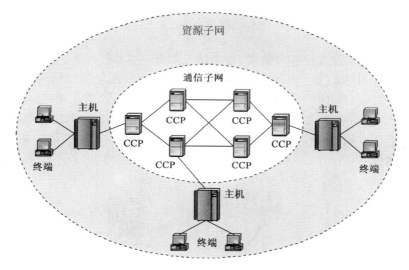

图 6-2 第二代计算机网络结构示意图

第四代计算机网络就是目前我们所使用的网络互连和高速网络，特别是 1993 年美国宣布建立国家信息基础设施（National Information Infrastructure，NII）后，全世界许多国家纷纷制订和建立本国的 NII，从而极大地推动了计算机网络技术的发展，使计算机网络进入一个崭新的阶段，这就是计算机网络互连与高速网络阶段。目前，全球以 Internet 为核心的高速计算机互联网络已经形成，Internet 已经成人类最重要的、最大的知识宝库。网络互连和高速计算机网络就成为第四代计算机网络。

1）网络拓扑结构

在建立计算机网络时，要根据准备联网计算机的物理位置、链路的流量和投入的资金等因素来考虑网络所采用的布线结构。一般用拓扑方法来研究计算机网络的布线结构。最基本和常见的网络拓扑结构形式有：

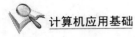

（1）总线型结构（Bus）

总线型结构网络采用一般分布式控制方式，各结点都挂在一条共享的总线上，如图 6-3 所示。采用广播方式进行通信（网络上的所有结点都可接收到同一信息），总线型结构主要用于局域网。

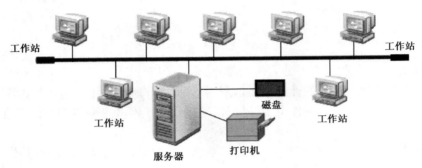

图 6-3　总线型结构

（2）星型结构（Star）

星型结构的网络采用集中控制方式，每个结点都有一条唯一的链路和中心节点相连，节点之间的通信都要经过中心节点并由其进行控制，如图 6-4 所示。星型结构的特点是结构形式和控制方法比较简单，便于管理和服务；每个连接只接一个节点，若连接点发生故障，只影响一个节点，不会影响整个网络；但对中心节点的要求较高，当中心节点出现故障时会造成全网瘫痪。所以对中心节点的可靠性和冗余度（可扩展端口）要求很高。星型结构是小型局域网常采用的一种拓扑结构。

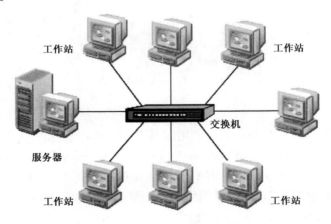

图 6-4　星型结构

（3）树型结构（Tree）

树型结构实际上是星型结构的发展和扩充，是一种倒树型的分级结构，具有根结点和各分支结点，如图 6-5 所示。这种结构的特点是结构比较灵活，易于进行网络的扩展，一般是中大型局域网常采用的一种拓扑结构。

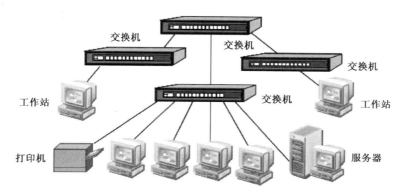

图 6-5　树型结构

（4）环型结构（Ring）

环型拓扑为一封闭的环状，如图 6-6 所示。

这种拓扑网络结构采用非集中控制方式，各节点之间无主从关系。环中的信息单方向地绕环传送，途经环中的所有节点并回到始发节点。仅当信息中所含的接收地址与途经节点的地址相同时，该信息才被接收，否则不予理睬。故其通信方式与总线型结构一样，也为广播方式。其特点是结构比较简单、安装方便，传输率较高，其可靠性比较差，当某一节点出现故障，会引起通信中断。

环型结构是组建大型高速局域网的主干网常采用的拓扑结构。

（5）网型结构（Mesh）

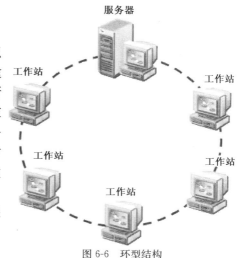

图 6-6　环型结构

网型结构实际上是一种不规则形式，它主要用于广域网，如图 6-7 所示。

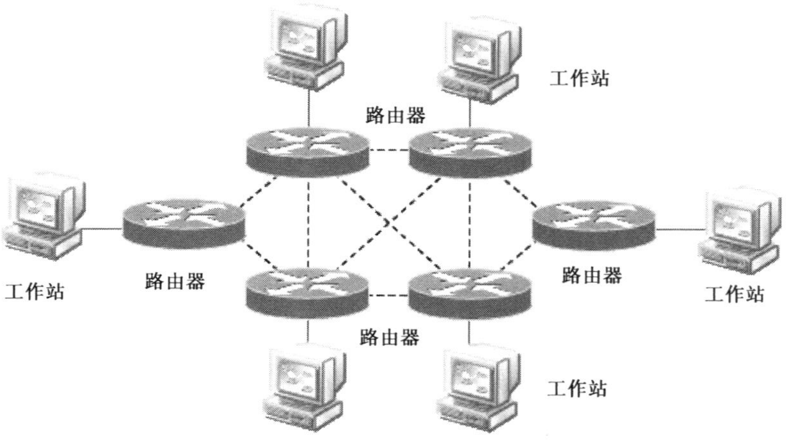

图 6-7　网型结构

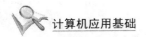

网型结构中两任意节点之间的通信线路不是唯一的,若某条通路出现故障或拥挤阻塞时,可绕道其他通路传输信息,因此它的可靠性较高,但它的成本也比较高。

该结构常用在广域网的主干网中。如我国的教育科研网(CERNET)、公用计算机互联网(CHINANET)等。

2)计算机网络的分类

计算机网络种类繁多,性能各异,可按不同的方法分类:按分布地理范围的大小分类,按网络的用途分类,按采用的传输媒体或管理技术分类等。使用最普遍的分类方法是按照网络节点分布的地理范围进行分类,可分为局域网、城域网和广域网等。

(1)局域网(Local Area Network,LAN)

局域网通常局限在较小的范围(如1km左右),它常分布在一栋大楼或相距不远的几栋建筑里。结构简单,可靠性好、建网容易、布局灵活、便于扩展,因此局域网技术得到了快速发展。在局域网发展的初期,一个学校或工厂往往只拥有一个局域网,但现在局域网已被广泛使用,一个学校或企业大都拥有许多个局域网。因此,又出现了校园网或企业网的名词。

(2)城域网(Metropolitan Area Network,MAN)

城域网即城市区域网,其作用范围介于广域网和局域网之间,例如作用范围是一个城市,可跨越几个街区,甚至整个的城市。城域网是在一个城市内部组建的计算机信息网络,提供全市的信息服务,也可以是一种公共设施,用来将多个局域网进行互连。城域网的传送速率较高,由于城域网与局域网使用相同的体系结构,有时也常并入局域网的范围进行讨论。

(3)广域网(Wide Area Network,WAN)

广域网的涉及范围很大,可以是一个国家或洲际网络,规模十分庞大且复杂,作用范围通常为几十到几千公里,如Internet。广域网是因特网的核心部分,其任务是通过长距离(例如,跨越不同的国家)传送数据。由于跨越的范围较大,传输速度较低。联入广域网的计算机属于各个单位或个人所拥有,因此广域网属于多个用户或多个单位所共有。

6.1.2 因特网

因特网(Internet)是一个基于 TCP/IP 协议的全球范围互连网络,它把世界各国(地区)、机构的数以百万计的网络,上亿台计算机连接在一起,包含了难以计数的信息资源,向全世界用户提供信息服务。

Internet 仍在高速发展,它没有排他性,现存的各种网络均可与 Internet 相连,各行各业(教育科研部门、政府机关、企业及个人等)均可加入 Internet 之中,因此 Internet 是一个理想的信息交流媒体。利用 Internet 能够快捷、方便、安全、高速地传递文字、图形、音频、视频等各种各样的信息,它代表着当代计算机体系结构发展的一个重要方向。正是由于 Internet 的成功和发展,人类社会的生活理念也正在发生着深刻的变化。

由于在 Internet 提供的各种服务或访问方式(如 ftp、http、gopher、mailto、news 等)中,均要使用到一个重要的概念:统一资源定位符(Uniform Resource Locator,URL),因此我们先对此概念进行讲解。

统一资源定位符(URL)是对可以从因特网上得到的资源的位置和访问方法的一种简洁的表示。URL 给资源的位置提供一种抽象的识别方法,并用这种方法给资源定位。只要能够对资源定位,系统就可以对资源进行各种操作,如存取、更新、替换和查找等。

上述"资源"是指在因特网上可以被访问的任何对象,包括文件目录、文件、文档、图像、声音等,以及与因特网相连的任何形式的数据。资源还包括电子邮件的地址和 USERNET 新闻组,或 USERNET 新闻组中的报文。

URL 相当于一个文件名在网络范围的扩展,因此 URL 是与因特网相连的机器上的任何可访问对象的一个指针。由于对不同对象的访问方式不同(如通过 WWW,FTP 等),所以 URL 还指出读取某个对象时所使用的访问方式。这样,URL 的一般形式如下(即由以冒号隔开的两大部分组成,并且在 URL 中不区分字符的大、小写,但标点符号必须为英文):

<URL 的访问方式>://<主机>:<端口>/<路径>

URL 访问方式中,最常用的有三种,即 ftp(文件传送协议 FTP),http(超文本传送协议 HTTP)和 news(USERNET 新闻)。主机一项是必须的,而端口和路径,则有时可省略。例如某学校教务系统的 URL 是 http://10.10.2.250,其中 http 是访问方式,主机地址为 10.10.2.250,端口和路径省略,默认端口为 80 端口。

6.1.3　TCP/IP 协议

TCP/IP 协议,包含了一系列构成互联网基础的网络协议。这些协议最早发源于美国国防部的 ARPA 网项目。TCP/IP 模型也被称作 DoD 模型(Department of Defense Model)。TCP/IP 字面上代表了两个协议:TCP(传输控制协议)和 IP(网际协议),通俗而言:TCP 负责发现传输的问题,有问题就发出信号,要求重新传输,直到所有数据安全正确地传输到目的地。而 IP 是给因特网的每一台电脑规定一个地址。从协议分层模型方面来讲,TCP/IP 由四个层次组成:网络接口层、网络层、传输层、应用层。

(1)网络接口层实际上并不是因特网协议组中的一部分,但是它是数据包从一个设备的网络层传输到另外一个设备的网络层的方法。这个过程能够在网卡的软件驱动程序中控制,也可以在载体或者专用芯片中控制。这将完成如添加报头准备发送、通过实体媒介实际发送这样一些数据链路功能。另一端,链路层将完成数据帧接收、去除报头并且将接收到的包传到网络层。

(2)网络层解决在一个单一网络上传输数据包的问题。随着因特网技术的出现,在这个层上添加了附加的功能,这就是将数据从源网络传输到目的网络。这就牵涉到在网络组成的网上选择路径将数据包传输到目的地,这就是因特网。在因特网协议组中,IP 完成数据从源发送到目的地的基本任务。IP 能够承载多种不同的高层协议的数据。

(3)传输层的协议,能够解决诸如端到端的可靠性(数据是否已经到达目的地?)和保证数据按照正确的顺序到达这样的问题。在 TCP/IP 协议组中,传输协议也包括所给数据应该送给哪个应用程序。TCP 是一个可靠的、面向连接的传输机制,它提供一种可靠的字节流保证数据完整、无损并且按顺序到达。TCP 尽量连续不断地测试网络的负载并且控制发送数据的速度以避免网络过载。另外,TCP 试图将数据按照规定的顺序发送。

(4)应用层包括所有和应用程序协同工作,并利用基础网络交换那些应用程序专用数据的协议。应用层是大多数与网络相关的程序,是为了通过网络与其他程序通信所使用的层。这个层的处理过程是应用所特有的;数据从网络相关的程序以这种应用内部使用的格式进行传

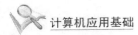

送,然后被编码成标准协议的格式。一些特定的程序被认为运行在这个层上。它们提供服务直接支持用户应用。

6.1.4　Internet 的连接与测试

随着 Internet 的普及和飞速发展,连接 Internet 的方式有很多,在 Internet 范围越来越广时,不得不提到一个词——互联网服务提供商(Internet Service Provider,ISP),它是众多企业和个人用户接入 Internet 的驿站和桥梁。当计算机连接 Internet 时,它并不直接连接到 Internet,而是采用某种方式与 ISP 提供的某一种服务器连接起来,通过它再接入 Internet。按其提供的增值业务,ISP 大致可分为两类,一类以 Internet 接入服务为主的接入服务提供商(Internet Access Provider,IAP),另一类以 Internet 信息内容服务为主的内容服务提供商(Internet Content Provider ,ICP)。随着 Internet 在我国的迅速发展,提供 Internet 服务的 ISP 也越来越多。

总体来看,Internet 的连接分为单机和局域网方式两种接入,单机连接 Internet 主要应用在家庭用户,ISP 通过提供用户名和密码,用户通过拨号接入。局域网方式连接通常应用在大中小企业和各机构,例如多数院校的校园网就是通过局域网方式连接 Internet。

1)IP 地址的概念

Internet 是一个基于 TCP/IP 协议的全球范围互连网络,在网络中,用于进行网络通信的设备(如路由器、服务器、工作站等)统称为主机。在 IP 网络中,每一个主机必须有一个专门的地址用于标识自己,该地址称为 IP 地址。在网络上主机的 IP 地址必须是唯一的,如果两个或多个计算机的 IP 地址因为相同而发生冲突,则这些计算机就无法正确地访问和使用网络。

IP 地址是形式上是一个 32 位的二进制数,通常用带点的十进制数字表示(简称点分十进制数)。每个 IP 地址分为 4 段,每段由一个 8 位二进制数组成,段与段之间用小圆点“.”隔开,如202.202.240.33。IP 地址在结构上包含两个部分:网络地址和网络中的主机地址,网络地址用于反映主机所在的网络称为网络标识,主机地址用于反映其所处网络中的序列号,称为主机标识。

IP 地址是第三层地址,用于网络中的逻辑寻址,是进行 IP 路由选择的基本依据,又被称为逻辑地址或协议地址。

2)IP 地址的分类

IP 地址分为 A、B、C、D、E 等 5 类,如图 6-8 所示,其中用于给主机分配地址的为 A、B、C 类。

①A 类地址:高 8 位表示网络地址(最高位为 0),低 24 位为主机地址。相应地,有 2^7-2 个 A 类网,一个 A 类网可以有 $2^{24}-2$ 台主机。

②B 类地址:高 16 位表示网络地址(最高两位为 10),低 16 位表示主机地址。相应地,共有 2^{14} 个 B 类网,每个 B 类网可以拥有 $2^{16}-2$ 台主机。

③C 类地址:高 24 位表示网络地址(最高三位为 110),低 8 位表示主机地址。相应地,共有 2^{21} 个 C 类网,每个 C 类网可以拥有 2^8-2 台主机。

凡 IP 地址中的主机地址部分为全“1”者表示本网的广播地址,主机地址部分为全“0”者表示本网的网络地址,这些地址不可用作主机的 IP 地址。

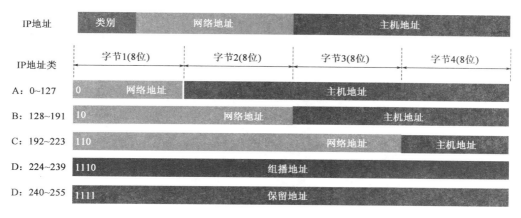

图 6-8 IP 地址分类

3）子网掩码

子网掩码（Subnet Mask）的功能是告知主机或路由设备，其 IP 地址的哪一个部分是网络地址部分，哪一部分是主机地址部分。子网掩码采用与 IP 地址相同的编址格式，即 4 个 8 位一组的 32 位二进制数。但在子网掩码中，与相应 IP 地址中的网络部分对应的位全为"1"，与主机部分对应的位全为"0"。与 A、B、C 三类 IP 地址对应的缺省子网掩码分别为：225.0.0.0（A 类）、255.255.0.0（B 类）、255.255.255.0（C 类）。

通过将子网掩码与 IP 地址进行逻辑"与"操作，可确定所给定的 IP 地址网络地址。IP 网络中的每一个主机在进行 IP 包的发送前，均要用本机的子网掩码对源 IP 地址和目标 IP 地址进行逻辑与操作，提取源和目标网络地址以判断两者是否仅位于同一网段中。

4）Internet 连通测试

测试连接 Internet 是否成功可基于 TCP/IP 协议的四层结构由上到下或由下到上的方式，排除故障通常采用由下到上的方式。通常可采用 ipconfig 命令和 ping 命令检查网络的工作情况。

①用 ipconfig 命令检查网络的设置是否与预期的一致。

在命令提示符下输入"ipconfig"后按回车键，显示出 IP 配置信息，如图 6-9 所示。

如果需要查看 TCP/IP 详细配置信息，请运行"ipconfig /all"。

注意：ipconfig 命令有多个参数可以配合使用，这些参数的具体用法可以通过在命令行中输入"ipconfig /?"查看帮助。

②用 ping 命令检查 PC 机与指定站点的通信情况。

利用"ping"工具可进行网络连通性的测试。要测试本机与网络中的某台计算机（假设其 IP 地址为 192.168.1.101），则相应的命令为：

ping 192.168.1.101

若上述 ping 命令给出了正确的结果，如图 6-10 所示，则说明网络至少在网络层及网络层以下各层的工作状态都是正常的。若 ping 不能给出网络连通的结果，则表明出现了网络故障，而且故障的原因可能在网络层、数据链路层或物理层。ping 命令后面除了可以跟 IP 地址外还可以跟域名地址。

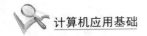

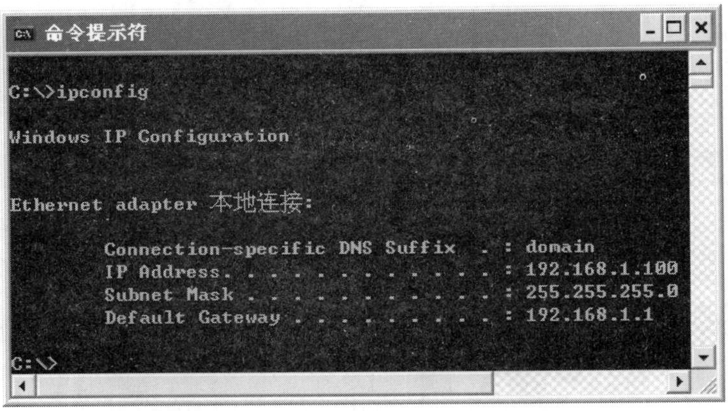

图 6-9 查看 IP 配置信息

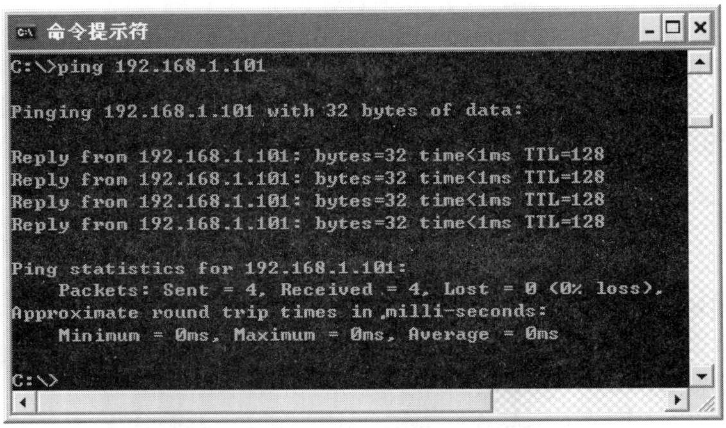

图 6-10 检查网络的连通性

6.1.5 Internet 提供的服务

Internet 能使我们现有的生活、学习、工作以及思维模式发生根本性的变化。无论来自何方，Internet 都能把我们和世界连在一起。Internet 提供的常用服务有 WWW、FTP、Telnet 和 E-mail。

①WWW（World Wide Web）服务：它是目前应用最广的一种基本互联网应用，我们每天上网都要用到这种服务。通过 WWW 服务，只要用鼠标进行本地操作，就可以到达世界上的任何地方。WWW 是以超文本标记语言（Hypertext Markup Language，HTML）与超文本传输协议（Hypertext Transfer Protocol，HTTP）为基础，能够以十分友好的接口提供 Internet 信息查询服务的多媒体信息系统。

②FTP（File Transfer Protocol）服务：顾名思义，就是专门用来传输文件的协议。简单地说，支持 FTP 协议的服务器就是 FTP 服务器。在 FTP 的使用当中，用户经常遇到两个概念："下载"（Download）和"上传"（Upload）。"下载"文件就是从远程主机拷贝文件至自己的计算机上；"上传"文件就是将文件从自己的计算机中拷贝至远程主机上。用 Internet 语言来说，用

户可通过客户机程序向(从)远程主机上传(下载)文件。

③Telnet(远程登录)服务:远程登录是指在网络通信协议 Telnet 的支持下,用户本地的计算机通过 Internet 连接到某台远程计算机上,使自己的计算机暂时成为远程计算机的一个仿真终端。Telnet 采用客户机/服务器工作方式,进行远程登录时需要满足以下条件:在本地计算机上必须装有包含 Telnet 协议的客户程序;必须知道远程主机的 IP 地址或域名;必须知道登录标识与口令。当然 Telnet 服务由于在通信过程中数据是以明文传输有一定的安全隐患,现已被 SSH 协议所替代。

④E-mail(电子邮件)服务:电子邮件是一种利用计算机网络交换电子信件的通信手段,电子邮件不仅使用方便,而且还具有传递迅速和费用低廉的优点。电子邮件不仅能传递文字信息,还可以传递图像、声音、动画等多媒体信息。电子邮件系统采用客户机/服务器工作模式,由邮件服务器端与邮件客户端两部分组成。邮件服务器端包括发送邮件服务器和接收邮件服务器两类。发送邮件服务器又被称为 SMTP(Simple Mail Transfer Protocol)服务器,当发信方发出一份电子邮件时,SMTP 服务器依照邮件地址送到收信人接收邮件服务器中。接收邮件服务器为每个电子邮箱用户开辟了一个专用硬盘空间,用于暂时存放对方发来的邮件。当收件人将自己的计算机连接到接收邮件服务器并发出接收指令后,客户端通过邮局协议 POP3(Post Office Protocol Version 3)或交互式邮件存取协议 IMAP(Interactive Mail Access Protocol)读取电子信箱内的邮件。当电子邮件应用程序访问 IMAP 服务器时,用户可以决定是否在 IMAP 服务器中保留邮件副本。而访问 POP3 服务器时,邮箱中的邮件被拷贝到用户的计算机中,不再保留邮件的副本。

6.2　浏览器操作

6.2.1　基本知识

浏览器是 WWW 服务的客户端浏览程序,是专用于浏览网页的客户端软件。用于向 WWW 服务器发送各种请求,并对从服务器发送来的超文本信息和各种多媒体数据格式进行解释、显示和播放。常用的浏览器有 Microsoft Internet Explorer、Netscape Navigator、Maxthon、Mozilla Firefox、Google Chrome 等。

Internet Explorer(简称 IE)是 Windows 操作系统自带的一款浏览器,也是目前世界上使用最广泛的浏览器软件。

6.2.2　浏览器的基本操作

1)启动 Internet Explorer

在 Windows 操作系统下,执行【开始】|【所有程序】|【Internet Explorer】启动 IE 浏览器或双击桌面上的 Internet Explorer 图标，启动 IE 浏览器。

2)Internet Explorer 界面组成

Internet Explorer 的界面与之前学的Word、Excel 等基本类似,由"标题栏"、"菜单栏"、"工具栏"、"地址栏"、"主窗口"和"状态栏"组成,如图 6-11 所示。

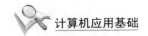

标题栏 ————

菜单栏 ————

工具栏 ————

地址栏 ————

主窗口 ————

状态栏 ————

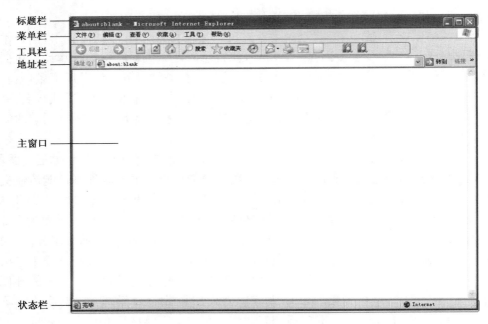

图 6-11　IE 浏览器界面

3）工具栏中常用的按钮

【后退】按钮：用于退回到访问的前一个网页中。刚打开 IE 时，该按钮呈灰色显示，表示当前按钮不可用，当访问了不同网页后，该按钮由灰色变成深色显示，表示可用，单击该按钮可以返回到访问的前一个网页中。

【前进】按钮：用于转到下一显示页。当单击了【后退】按钮回到前一网页后，该按钮则会变成深色显示，表示可用。单击该按钮可以打开网页之后曾访问过的网页。

【停止】按钮：在浏览网页过程中，因通信线路太忙或出现故障而导致网页在很长时间内不能完全显示，单击此按钮可以停止对当前网页的载入。

【刷新】按钮：单击此按钮，可以及时阅读网页更新后的信息和浏览终止载入的网页。

【主页】按钮：单击此按钮，可以单击此按钮可以返回到起始网页。

【收藏夹】按钮：通过将网页添加到【收藏夹】列表，同时在 IE 窗口的左侧显示【收藏夹】窗格。

【历史】按钮：单击将立即在主窗口左侧开辟一窗格显示最近时期的浏览历史。网页保存的天数在【Internet 选项】对话框中设置或清除。

6.2.3　设置 IE 浏览器

1）IE 主页的设置

右击桌面上的图标，在弹出的快捷菜单中单击【属性】命令，弹出【Internet 属性】对话框；在【常规】选项卡中的【可以更改主页】的输入框中输入默认登录主页的网址（如：www. cqjky. com），单击【确定】按钮完成主页的设置。或双击桌面图标，在浏览器的主菜单中选择

【工具】→【Internet 选项】,打开【Internet 选项】对话框;选择【常规】选项卡,设置起始页,如图 6-12 所示。

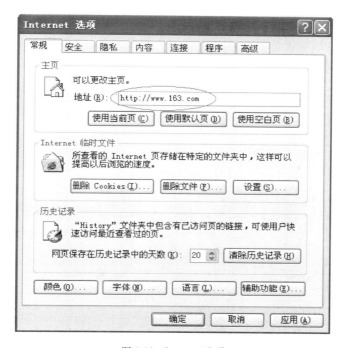

图 6-12　Internet 选项

2)清除历史记录

右击在桌面图标 ,在弹出的快捷菜单中单击【属性】,在【常规】选项卡中单击【清除历史记录】按钮,即可清除用户以前访问过的网站。或双击桌面图标 ,在浏览器的主菜单中选择【工具】|【Internet 选项】,打开【Internet 选项】对话框;选择【常规】选项卡,单击【清除历史记录】按钮,如图 6-13 所示。

3)网页保存

在浏览器的菜单栏上单击【文件】|【另存为】,弹出【另存为】对话框,选择保存的位置,在【文件名】栏中输入保存的文件名,单击【保存】按钮,完成当前网页的保存。

4)图片保存

选中要保存的图片并单击鼠标右键,在弹出的快捷菜单中单击【图片另存为...】,选择保存的位置,在"文件名"栏中输入保存的文件名,单击【保存】按钮,完成图片的保存。

6.2.4　网页搜索

互联网可以说是一个取之不尽、用之不竭的信息宝库,如何才能找出我们感兴趣和关心的信息呢,主要通过搜索引擎。搜索引擎是指根据一定的策略、运用特定的计算机程序从互联网上搜集信息,在对信息进行组织和处理后,为用户提供检索服务,将用户检索相关的信息展示给用户的系统。搜索引擎包括全文索引、目录索引、元搜索引擎、垂直搜索引擎、集合式搜索引

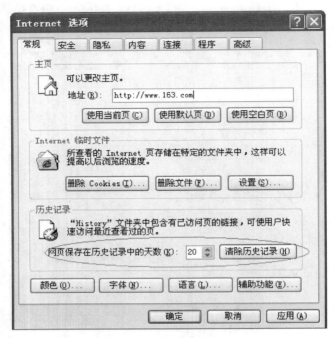

图 6-13　清除历史记录设置

擎、门户搜索引擎与免费链接列表等。百度和谷歌等是搜索引擎的代表。下面以百度为例,搜索"重庆交通职业学院"网址。

①双击桌面图标 ,在地址栏中输入"www. baidu. com",单击【转到】按钮或回车键。如图 6-14 所示。

图 6-14　百度页面

②如在输入框中输入"重庆交通职业学院",单击【百度一下】或回车键,如图 6-15 所示。

③搜索结果的页面中选择第一个"重庆交通职业学院"链接即可获得重庆交通职业学院网址,如图 6-16 所示。

图 6-15　百度输入页面

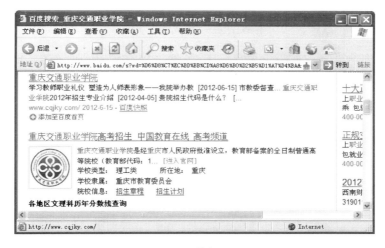

图 6-16　搜索页面

6.3　文件传输操作

在互联网上遨游时，我们经常需要下载或上传一些文件，这就需要 FTP（文件传输协议）。本节将通过浏览器、FTP 客户端软件 CuteFTP、BT 软件 Bitcomet 来介绍文件传输。

6.3.1　使用浏览器传输文件

通过 IE 浏览器下载"你最珍贵. mp3"这首 mp3 歌曲文件。

①双击桌面 图标，在地址栏中输入"http://mp3. baidu. com"，单击【转到】按钮或回车键，如图 6-17 所示。在输入框中输入"你最珍贵"。

②单击【百度一下】按钮，弹出搜索结果的页面，如图 6-18 所示。

③单击一个链接弹出如图 6-19 所示的在线播放页面，并开始播放"你最珍贵. mp3"，根据"请点击"右边的提示，单击歌曲文件的链接地址，弹出【文件下载】对话框，在该对话框中选择

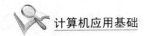

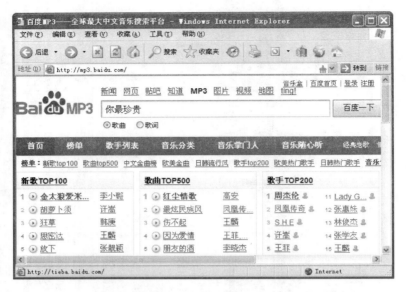

图 6-17　mp3. baidu. com 页面

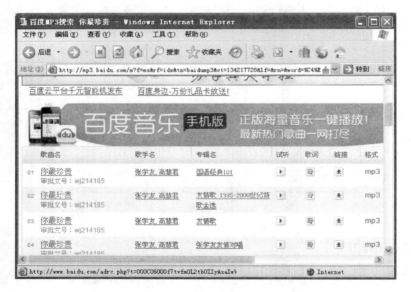

图 6-18　歌曲搜索页面

【保存】命令，弹出【另存为】对话框，在【另存为】对话框中选择保存位置，单击【保存】命令便开始下载选择的歌曲文件。

6.3.2　使用 FTP 客户端软件传输文件

通过 CuteFTP 软件下载、上传文件。

①在安装该软件后，双击桌面"🖥"图标，此时还没有与任何 FTP 站点建立连接，因此只能在左边的窗口中显示本地主机中的内容，出现如图 6-20 所示界面。

图 6-19　歌曲下载页面

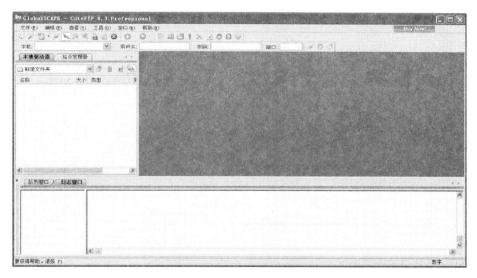

图 6-20　CuteFTP 软件界面

②单击【文件】|【新建】|【FTP 站点】命令或〈Ctrl＋N〉快捷键,弹出如图 6-21 所示对话框,填入相应内容,点击【连接】按钮。

CuteFTP 与 FTP 站点建立连接以后,就会在右边的窗口中显示站点目录中的内容,还可以看到与远程主机连接的状态,如图 6-22 所示。

③在右边远程主机窗口双击想要下载的文件即可下载,下载信息在队列窗口中可以看到,左边窗口显示本地主机信息,也可将本地主机上的文件上传到远程主机,只需选中想要上传的

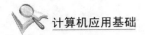

图 6-21 【站点属性】对话框

图 6-22 FTP 连接状态界面

文件单击右键，在弹出的快捷菜单中，单击【上传】命令即可（前提是远程主机允许你有上传文件的权限）。

6.3.3 BT 传输文件

BitComet（比特彗星）是一个完全免费的 BitTorrent（BT）下载管理软件，也称 BT 下载客户端，同时也是一个集 BT/HTTP/FTP 为一体的下载管理器。BitComet 拥有多项领先的 BT

下载技术,有边下载、边播放的独有技术,也有方便友好的使用界面。最新版又将 BT 技术应用到了普通的 HTTP/FTP 下载,可以通过 BT 技术加速下载速度。

下载的种子文件扩展名为. torrent,包含了一些 BT 下载所必需的信息:

①资源的名称,如果是资源是目录形式,还有目录树中每个文件的路径信息和文件名。

②文件的大小信息。

③对资源实际文件按照固定大小进行分块后,每块进行 SHA1hash 运算得到的若干特征值的集合。

④torrent 文件的创建时间、制作者填写的注释以及制作者的信息等。

⑤至少一个 announce 地址,对应于 Internet 上部署的一个 Tracker 服务器。

在系统中安装了 BitComet 后,利用 BitComet 下载文件的具体操作步骤如下:

①在浏览器中,用鼠标右键单击 torrent 文件链接,选择在弹出的块捷菜单中选择【使用 BitComet 下载】命令,调用 BitComet 下载并打开 torrent 文件,如图 6-23 所示。

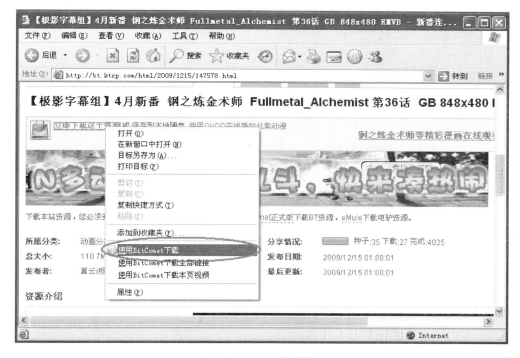

图 6-23 torrent 下载界面

②运行硬盘上的 torrent 文件。切换到 BitComet 窗口。单击 BitComet 主菜单【文件(F)】|【打开 Torrent 文件(O)】(如图 6-24 所示)。在弹出的"打开 Torrent 文件"对话框中,选择一个 torrent 文件,如图 6-25 所示。

③在弹出的 BT 任务下载对话框中,选择保存路径、选择下载文件,点击【立即下载】按钮开始下载,如图 6-26 所示。

这时在 BitComet 任务列表中,可以看到 BT 任务正在下载中(绿色向下箭头表示 BT 任务正在下载),如图 6-27 所示。

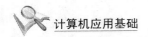

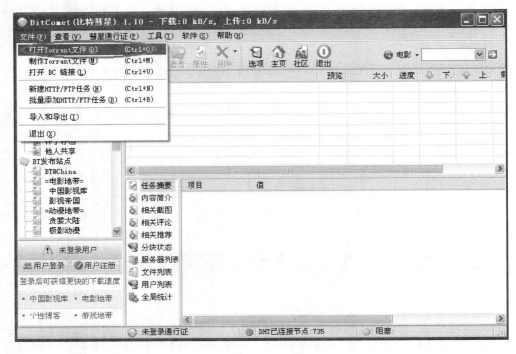

图 6-24　BitComet 软件界面

图 6-25　打开对话框

BT 任务下载完成后,会自动转为上传状态(红色向上箭头表示 BT 任务正在做种上传),如图 6-28 所示。

说明:系统安装了 BitComet 软件之后,对于浏览器中任何一个下载链接,用户用鼠标右键单击,并在弹出的快捷菜中选择【使用 BitComet 下载】命令,都会弹出一个【新建 HTTP/FTP 下载任务】对话框,用户在选择保存位置后,单击【立即下载】命令,即可完成相应的下载。

图 6-26　任务属性界面

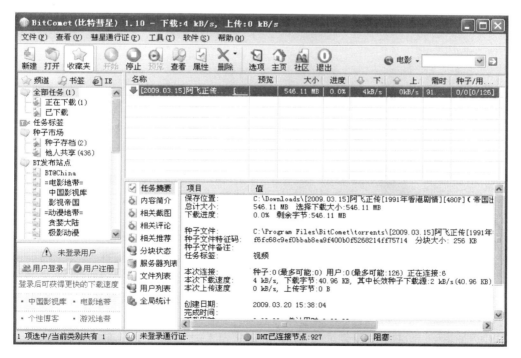

图 6-27　任务下载界面

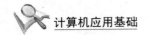

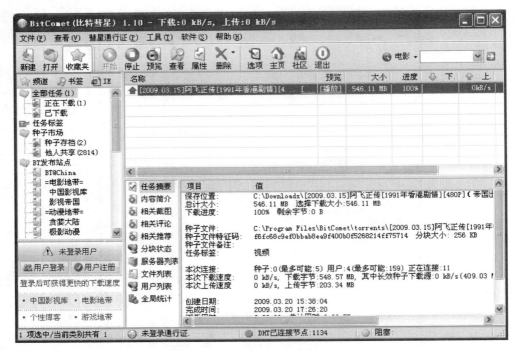

图 6-28　任务上传界面

6.4　电子邮件操作

6.4.1　基本知识

电子邮件就是通过 Internet"邮寄"的信件。电子邮件的成本比邮寄普通信件低得多,而且投递无比快速,不管多远,最多只要几分钟;另外,它使用起来也很方便,无论何时何地,只要能上网,就可以通过 Internet 发电子邮件,或者打开信箱阅读他人发来的邮件。因为它有这么多好处,所以使用过电子邮件的人,多数都不愿意再提起笔来写信了。

电子邮件的英文名字是 E-mail,或许,在一位朋友递给你的名片上就写着类似这样的联系方式:E-mail:luck@163.net。这就是一个电子邮件地址,符号@是电子邮件地址的专用标识符,它前面的部分是对方的信箱名称,后面的部分是信箱所在的位置,这就好比信箱 luck 放在"邮局"163.net 里。当然这里的邮局是 Internet 上的一台用来收信的计算机,当收信人取信时,就把自己的电脑连接到这个"邮局",打开自己的信箱,取走自己的信件。

目前,用于收发电子邮件总体归为两类:一类以 WEB 方式,通过浏览器登录到邮件服务器进行收发邮件,此种方式前提条件必须能够实时连接到邮件服务器上,收发的邮件正文不能保存到本地主机上;第二类是采用专门收发电子邮件的客户端软件,比如 Outlook、Foxmail 等,此种方式可以将收发的电子邮件保存到本地主机上,可随时查看,不需要网络连接。以下通过 Outlook 软件来设置电子邮件账户、接收阅读电子邮件、编写和发送电子邮件。

6.4.2 设置电子邮件账户

通过 Outlook 软件设置个人 QQ 电子邮件账户的操作如下：

①首先用 IE 打开 mail. qq. com，登录自己的 QQ 邮箱，然后点击"设置|账户|POP3/IMAP/SMTP 服务"，把"开启 POP3/SMTP 服务"的对勾打上，最后点"保存更改"。

②启动 Outlook Express(【开始】|【程序】|【Outlook Express】)。点击主菜单下的【工具】|【账户】命令，如图 6-29 所示。

图 6-29 工具菜单界面

③在弹出的【Internet 账户】对话框中选择【邮件】选项卡，单击【添加】|【邮件】命令，如图 6-30 所示。

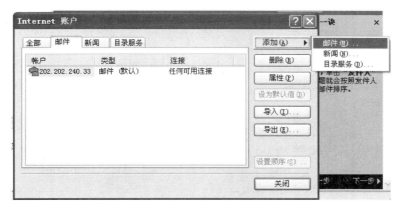

图 6-30 【Internet 账户】对话框

④在弹出的【Internet 连接向导】对话框中的"显示名"框输入用户要求在信箱中显示的姓名，如：QQ 邮箱。此姓名将出现在用户所发送邮件的"发件人"一栏。然后单击【下一步】按钮，如图 6-31 所示。

⑤在弹出的对话框中的"Internet 电子邮件地址"框输入用户的邮箱地址，如：mailteam@qq. com，再单击【下一步】按钮，如图 6-32 所示。

⑥在弹出的对话框中的"接收邮件(POP3、IMAP 或 HTTP)服务器"框中输入 pop. qq.

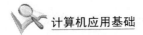

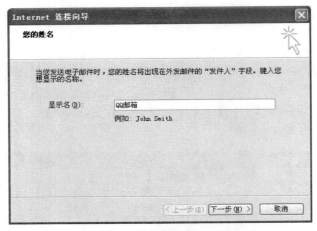

图 6-31　显示名设置界面

图 6-32　电子邮件地址设置界面

com,在"发送邮件服务器(SMTP)"框中输入 smtp. qq. com,然后单击【下一步】,如图 6-33
所示。

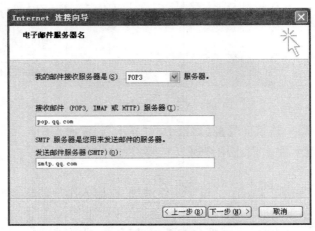

图 6-33　电子邮件服务器名设置接口

⑦在弹出的对话框中的"账户名"框输入用户的 QQ 邮箱用户名（仅输入@前面的部分），在"密码"框输入用户的邮箱密码，然后单击【下一步】，如图 6-34 所示。

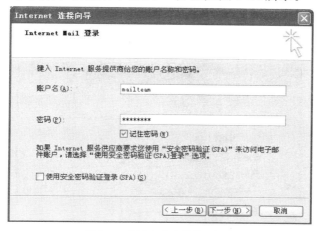

图 6-34　账户名和密码设置界面

⑧在弹出的对话框中点击【完成】按钮，保存配置。

⑨单击 Outlook 的主菜单【工具】|【账户】命令，弹出【Internet 账户】对话框（图 6-30），选择【邮件】选项卡，选中刚才设置的账号，单击【属性】按钮，弹出【属性】对话框，如图 6-35 所示。

⑩在【属性】对话框中，选择【服务器】选项卡，勾选"我的服务器需要身份验证"，点击【确定】按钮，如图 6-35 所示。

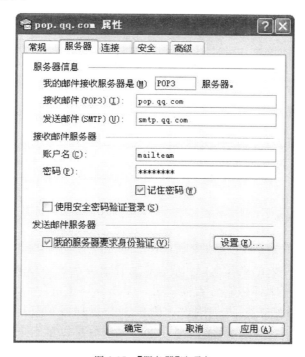

图 6-35　【服务器】选项卡

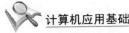

 计算机应用基础

⑪如果用户希望在服务器上保留邮件副本，则在【属性】对话框中单击【高级】选项卡。勾选"在服务器上保留邮件副本"。此时下边设置细则的勾选项由禁止（灰色）变为可选（黑色），如图 6-36 所示。设置完成后单击【确定】按钮，完成 Outlook Express 配置。

至此，用户可以收发 QQ 邮件了。

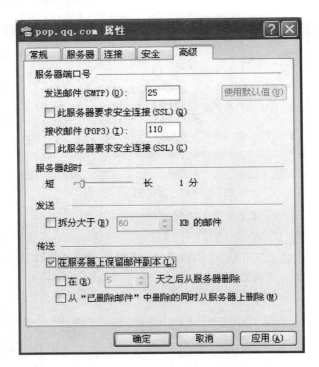

图 6-36　高级选项卡设置

6.4.3　接收与阅读邮件

执行菜单中的【工具】|【发送和接收】|【接收全部邮件】命令，或单击工具栏的按钮【发送和接收】，可接收邮件。打开收件箱文件夹，即可以右边窗口中选择并阅读邮件信息，如图 6-37 所示。

6.4.4　编写与发送邮件

单击主菜单的【文件】|【新建】命令新建邮件，或直接按〈Ctrl＋N〉键，弹出新建邮件窗口，在收件人栏输入收件人的电子邮箱（邮箱地址必须写全，如：test@qq.com），在主题栏输入邮件标题，正文中编写邮件内容。若需要可以单击窗口上的【插入】|【文件附件】命令，或单击工具栏上的【附件】按钮，添加附件。附件大小依据各邮件服务器要求而定，一般不超过 10MB 大小为宜，如图 6-38 所示。邮件编写完成后可以单击主菜单的【文件】|【发送邮件】命令，或单击工具栏上的【发送】按钮，发送邮件。当然也可以保存好新编写的邮件，以后发送。

280

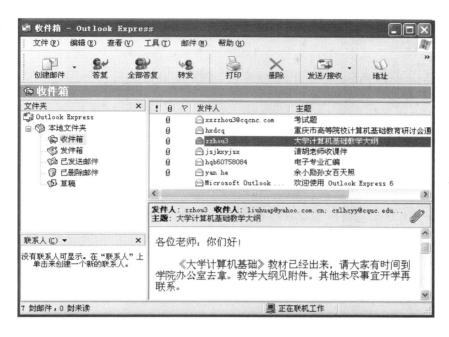

图 6-37　收件箱界面

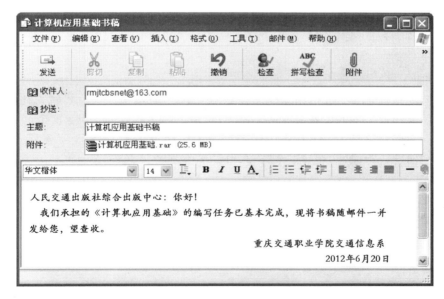

图 6-38　新建邮件窗口

6.5　互联网交流常用软件操作

随着互联网时代的日益发展,人与人之间交流方式也多种多样,如 BBS、IM(即时通信)、视频会议、博客、播客、微博等,都是当前人们通过网络进行交流的方式。

6.5.1 网上论坛

论坛又名网络论坛（BBS），全称为 Bulletin Board System（电子公告板）或者 Bulletin Board Service（公告板服务）。是 Internet 上的一种电子信息服务系统。它提供一块公共电子白板，每个用户都可以在上面书写，可发布信息或提出看法。它是一种交互性强，内容丰富而及时的 Internet 电子信息服务系统。用户在 BBS 站点上可以获得各种信息服务，发布信息，进行讨论聊天等。

论坛就其专业性可分为以下 2 类：

（1）综合类论坛

综合类的论坛包含的信息比较丰富和广泛，能够吸引几乎全部的网民来到论坛，但是由于广便难于精，所以这类的论坛往往存在着一些弊端，即不能全部做到精细和面面俱到。通常大型的门户网站有足够的人气和凝聚力以及强大的后盾支持，能够把门户类网站做到很强大，但是对于小型规模的网络公司，或个人简略的论坛站，就倾向于选择专题性的论坛，来做到精致。

（2）专题类论坛

此类论坛是相对于综合类论坛而言，专题类的论坛，能够吸引真正志同道合的人一起来交流探讨，有利于信息的分类整合和搜集，专题性论坛对学术科研、教学都起到重要的作用，例如购物类论坛、军事类论坛、情感倾诉类论坛、电脑爱好者论坛、动漫论坛等，这样的专题性论坛能够在单独的一个领域里进行版块的划分设置。有的论坛，把专题性直接做到最细化，这样往往能够取到更好的效果。

6.5.2 博客

博客最初的名称是 Weblog，由 web 和 log 两个单词组成，按字面意思就为网络日记，后来喜欢新名词的人把这个词的发音故意改了一下，读成 we blog，由此，blog 这个词被创造出来。中文意思即网志或网络日志，不过，在中国内地有人往往也将 blog 本身和 blogger（即博客作者）均音译为"博客"。"博客"有较深的含义："博"为"广博"；"客"不单是"blogger"更有"好客"之意。

现在人人都可以申请注册博客，就像电子邮箱一样，通常采用一些大型的门户类网站推出的免费博客发布平台建立自己的博客，也有些专业人士通过专用的博客程序如 WordPress 设计建立自己的博客。

申请注册博客非常简单，以新浪博客为例，只需简单地填写一些信息就可注册个人博客，如图 6-39 所示。

6.5.3 QQ 通信

QQ 是腾讯公司开发的一款基于 Internet 的即时通信（IM）软件。腾讯 QQ 支持在线聊天、视频电话、点对点断点续传文件、共享文件、网络硬盘、自定义面板、QQ 邮箱等多种功能，并可与移动通信终端等多种通信方式相连。

目前腾讯公司将 QQ、QQ 音乐、QQ 邮箱、QQ 空间、QQ 微博集成实现一个账号多种应

第 6 章　计算机网络基础与应用

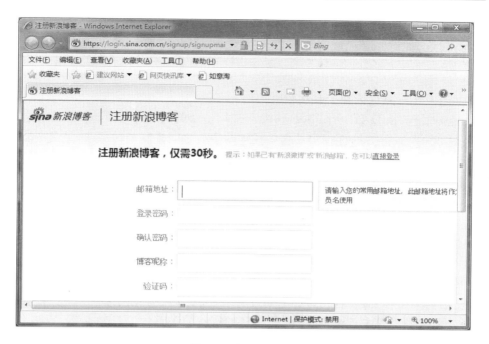

图 6-39　注册博客界面

用。如图 6-40 所示为申请 QQ 的界面。

图 6-40　QQ 注册

即时通信软件除了 QQ 外，还有 ICQ、MSN、淘宝旺旺等。

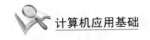

6.5.4　社会化网络服务

Social Networking Service(简称SNS,社会化网络服务)是Web 2.0体系下的一个技术应用架构。

SNS基于六度分隔理论和150法则运作。

六度分隔理论(Six Degrees of Separation)最早是由美国哈佛大学的社会心理学家米尔格伦在20世纪60年代提出的,他指出社会中任何两个人之间建立某种联系,最多需要6个人。

150法则(Rule of 150)认为150是我们可以与之保持社交关系的人数的最大值。无论你曾经认识多少人,或者通过一种社会性网络服务与多少人建立了弱链接,那些强链接仍然符合150法则。

这个理论的通俗解释是:"在人脉网络中,要结识任何一位陌生的朋友,中间最多只要通过六个朋友就可以达到目的。"

放在Web 2.0的背景下,每个用户都拥有自己的Blog、自己维护的Wiki、社会化书签或者Podcast。用户通过Tag、RSS或者IM、邮件等方式连接到一起,"按照六度分隔理论,每个个体的社交圈都不断放大,最后成为一个大型网络,这就是社会化网络(SNS)。"社会化网络是由多个节点(通常是个人或组织)通过一种或多种特殊的关系(如友谊、交易、Web链接等)相互连接组成的网络结构。

目前流行的社会化网络主要有国内的开心网(图6-41)、人人网、朋友网(图6-42)等,目前开心网已与人人网合并,海外主要是Facebook、Twitter、MySpace、YouTube等。

图6-41　人人网界面

图 6-42　朋友网界面

6.6　网上购物

网上购物,就是通过互联网检索商品信息,并通过电子订购单发出购物请求,然后填上私人支票账号或信用卡的号码,厂商通过邮购的方式发货,或是通过快递公司送货上门。国内的网上购物,一般付款方式是款到发货(直接银行转账、在线汇款)、担保交易(淘宝支付宝、百度百付宝、腾讯财付通等)、货到付款等。目前,国内主流的大型购物网站有淘宝网、京东商城、亚马逊、当当网等。

6.6.1　网上购物网站介绍

以淘宝网(www.taobao.com)为例,如图 6-43 所示,淘宝网有琳琅满目的商品,分门别类有非常多的商品,可以说只有你想不到的商品,没有你买不到的商品。

在众多的卖家中有个体商户,也有品牌商城;有正品行货,提供三包服务的;也有非正品,提供店铺保修的。如何选择令自己满意的商品,建议在淘宝网上购物前先学习一下淘宝网首页底部的新手专区的内容,如图 6-44 所示。

亚马逊中国(www.amazon.cn)秉承"以客户为中心"的理念,承诺"天天低价,正品行货",致力于从低价、选品、便利三个方面为消费者打造一个百分百可信赖的网上购物环境。如图 6-45 所示,为消费者提供图书、音乐、影视、手机数码、家电、家居、玩具、健康、美容化妆、钟表首饰、服饰箱包、鞋靴、运动、食品、母婴、运动、户外和休闲等 28 大类,超过 260 万种的产品,通过"购物免运费"服务以及"货到付款"等多种支付方式,为中国消费者提供便利、快捷的网购体验。

当当网(www.dangdang.com)由国内著名出版机构科文公司、美国老虎基金、美国 IDG 集

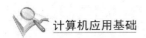

图 6-43　淘宝网页面

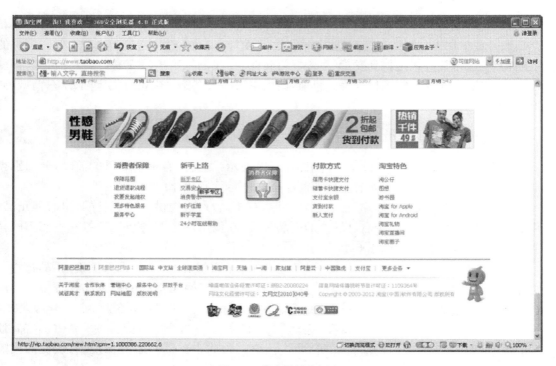

图 6-44　淘宝网新手专区

图 6-45　亚马逊(中国)页面

团、卢森堡剑桥集团、亚洲创业投资基金(原名软银中国创业基金)共同投资成立,最早由专注图书音像制品,现已发展包括图书音像、美妆、家居、母婴、服装和 3C 数码等几十个大类,超过 100 万种商品,在库图书近 60 万种,百货近 50 万种的综合性中文网上购物商城,如图 6-46 所示。

图 6-46　当当网页面

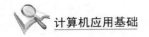

6.6.2 淘宝网购物

我们以淘宝网为例介绍如何在网上购物。在购物前必须先注册。整个注册过程淘宝网首页底部新手专区都有步骤演示，包括搜索宝贝、购买宝贝、支付货款、收货评价等，如图 6-47 所示。

图 6-47　淘宝网新手专区

以购买 Apple IPhone4S 为例，在淘宝网首页宝贝一栏输入 iPhone4S，点击搜索，如图 6-48 所示，可以看到有大量的商家有此商品，默认按人气由高到低排序，你也可以根据销量、信誉、价格重新排序，如果有商家给出该商品价格过低，要谨慎考虑能否购买。

6.7　网页制作的基本知识

6.7.1　FrontPage 简介

FrontPage 是微软公司出品的一款网页制作入门级软件。FrontPage 使用方便简单，会用 Word 就能做网页，所见即所得是其特点。该软件结合了设计、程式码、预览 3 种模式。Microsoft FrontPage 的当前版本（同时也是最后一个版本）是 FrontPage 2003，将不再推出新的版本。2006 年，微软公司宣布 Microsoft FrontPage 被 Microsoft SharePoint Designer 新产品替代。

FrontPage 2003 整个操作界面和 Word、Excel 等组件都大同小异，整个界面的组成就不一一介绍，如图 6-49 所示。

图 6-48　搜索页面

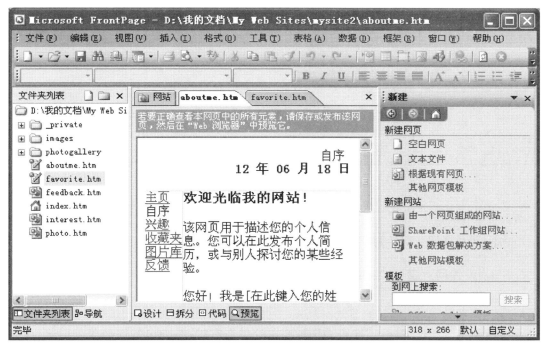

图 6-49　FrontPage 界面

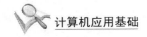

6.7.2　创建站点与打开站点

1)创建站点

单击【文件】|【新建】命令,在右侧【新建】任务窗格中选择【其他网站模板】,弹出一个对话框,有不同的模板供用户选择。用户选择一个满足要求的模板后,修改、指定新网站的位置,然后单击【确定】按钮,会自动生成一个网站,如图 6-50 所示。

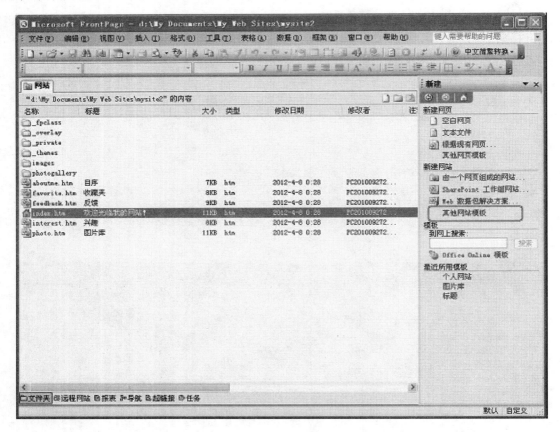

图 6-50　生成网站界面

2)打开站点

单击【文件】|【打开网站】命令,选中所要打开的网站名称,单击【打开】,如图 6-51 所示。

6.7.3　设置网页属性、发布站点

1)设置网页属性

选中需要修改属性的网页,在页面任意空白处单击右键,在弹出的快捷菜单中选择【网页属性】,单击【文件】|【属性】命令,弹出【网页属性】对话框,如图 6-52 所示,可以对网页属性进行设置、修改。

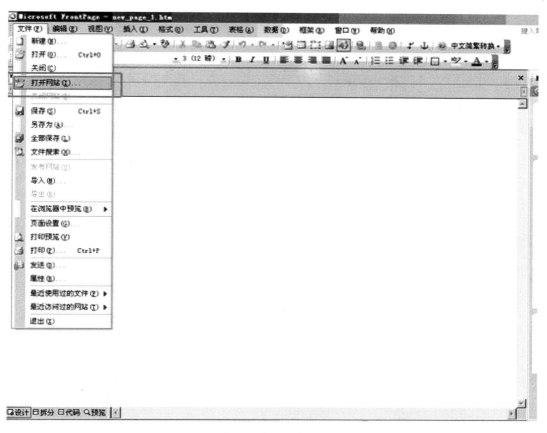

图 6-51　打开网站界面

图 6-52　设置页面属性

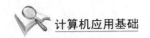

2)发布站点

在打开一个站点后,用鼠标单击【文件】|【发布网站】,或单常用工具栏上的【发布网站】按钮,弹出【远程网站属性】对话框,在【远程网站属性】选项卡中,选择远程 Web 服务器类型,通常采用的是 FTP 类型,如图 6-53 所示。相应的设置完成后,单击【确定】按钮完成发布。

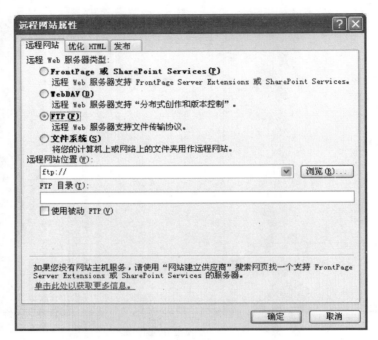

图 6-53　远程网站属性对话框

6.7.4　静、动态文字的添加与设置

1)插入静态文字

新建或选择一个网页,单击工作区左下方的【设计】按钮，进入设计视图,任意输入一段文字,修改字体类型等信息,然后单击工作区下方的【预览】按钮，进入预览视图查看效果,如图 6-54 所示。

2)插入动态文字

单击【插入】|【Web 组件】命令,或点击工具栏中的【Web 组件】按钮，打开【插入 web 组件】对话框,如图 6-55 所示,在【组件类型】列表中选择"动态效果",在【选择一种效果】列表中选择"字幕"或其他效果,然后单击【完成】按钮,弹出【字幕属性】对话框,如图 6-56 所示,在【文本】栏输入"欢迎光临我的个人网站!",其他选项如图 6-56 所示。最后单击【确定】按钮,返回工作区,单击【预览】按钮，进入预览视图,或单击【文件】|【在浏览器中预览】命令,或直接按 F12 键,在浏览器中观看动态文字的动态效果。

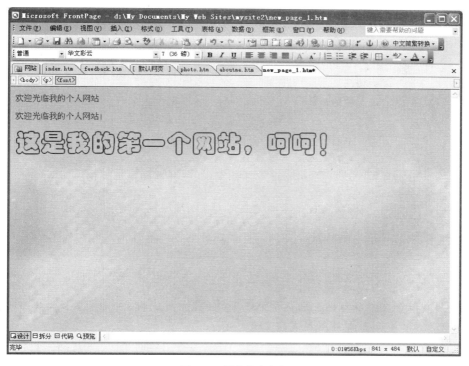

图 6-54　插入静态文字

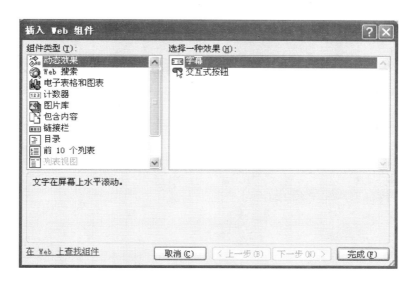

图 6-55　插入 Web 组件对话框

6.7.5　图像的插入与设置

图像插入分为两类，单一图像插入和以图片库的形式插入。

单一图像插入单击【插入】|【图片】|【来自文件】命令，或单击工具栏中的【插入文件中的图

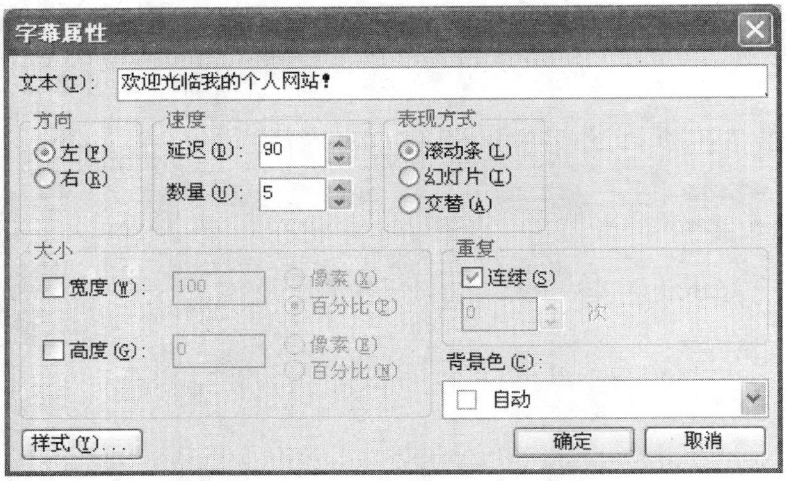

字幕属性

文本(T): 欢迎光临我的个人网站！

方向
◉ 左(F)
○ 右(R)

速度
延迟(D): 90
数量(U): 5

表现方式
◉ 滚动条(L)
○ 幻灯片(I)
○ 交替(A)

大小
□ 宽度(W): 100
□ 高度(G): 0
○ 像素(X)
◉ 百分比(P)
○ 像素(E)
○ 百分比(N)

重复
☑ 连续(S)
0   次

背景色(C):
□ 自动

样式(Y)...   确定   取消

图 6-56　字幕属性对话框

片】按钮，在弹出的【图片】对话框中，选择本机上的图片或网上的图片插入到网页中。插入的图片通过右键单击图片，在弹出的快捷菜单中选择【图片属性】命令，弹出【图片属性】对话框，可以在该对话框中调整图片的相关设置。

以图片库的形式插入时，可以通过布局设置显示多幅图片效果。单击【插入】|【web 组件】命令，或点击工具栏中的【Web 组件】按钮，打开【插入 web 组件】对话框，如图 6-57 所示，在【组件类型】列表中选择"图片库"，在【选择图片库选项】列表中选择"蒙太奇"或其他版式，然后单击【完成】按钮，弹出【图片属性】对话框，如图 6-58 所示，通过【添加】按钮为图片库添加图片，图片可以来自文件或数码相机、扫描仪等。对添加的每一幅图片，均可以在该对话框中调整大小，增加说明文字等。单击【确定】按完成图片的插入，单击工作区左下方的预览按钮预览，可以看到插入图片库后的效果，如图 6-59 所示。

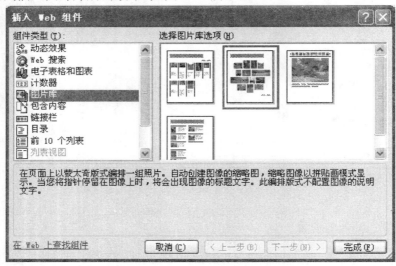

图 6-57　Web 组件对话框

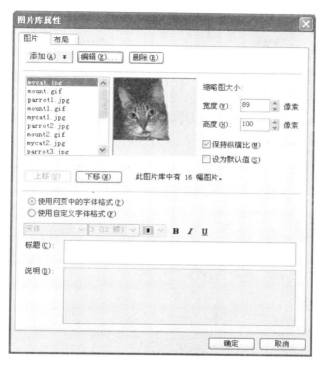

图 6-58　图片库属性

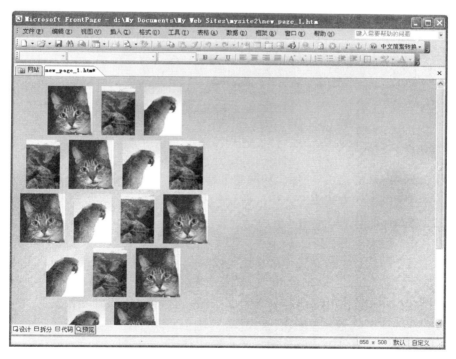

图 6-59　预览效果

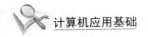

6.7.6　视频、超链接的插入与设置

FrontPage 2003 插入视频、音频等多媒体文件是以插件的形式表示，这些多媒体文件播放需要浏览器支持。

单击【插入】|【Web 组件】或单击工具栏中的【Web 组件】按钮，弹出【插入 Web 组件】对话框，如图 6-60 所示。在【组件类型】列表中选择"高级控件"，在【选择一个控件】列表中选择"插件"，单击【完成】按钮，弹出【插件属性】对话框，在该对话框中填写数据源，修改大小等属性，单击【确定】按钮，保存网页，完成多媒体音、视频的插入。在预览视图中查看、播放效果。

超链接的设置有很多种方式，常用方式可以选中对象单击右键，单击【超链接】命令，弹出【插入超链接】对话框，选择相应文件或网页即可。

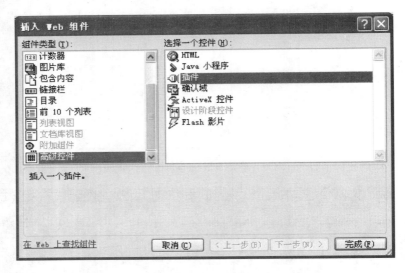

图 6-60　插入 Web 组件

6.7.7　表单、表格、框架的插入与设置

表单用于表现特殊的信息，使用户和网站进行交互。我们经常在网站上申请账号，注册个人信息等都是通过表单的方式提交。FrontPage 2003 中表单包括文本框、文本区、文件上载、复选框、选项按钮等元素。

下面利用文本区元素制作一个提交意见的表单。

单击【文件】|【新建】命令，在工作区右边弹出的任务窗格中选择"空白网页"，输入文本"请提供宝贵意见："，设置字体、字号，单击【插入】|【表单中】|【文本区】命令，插入文本区，适当调整大小，如图 6-61 所示。单击【预览】按钮，可查看效果。

用类似的方法还可以插入表格、嵌入式框架等控件。

表格和嵌入式框架可以设置整个网页的布局，调整文本等对象的位置。嵌入式框架可以把网页窗口分成多个部分，每个部分都是独立的页面，嵌入式框架的显示需要浏览器的支持。用鼠标右键单击表格或嵌入式框架，在弹出的快捷菜单中选择【表格属性】命令，或【嵌入式框

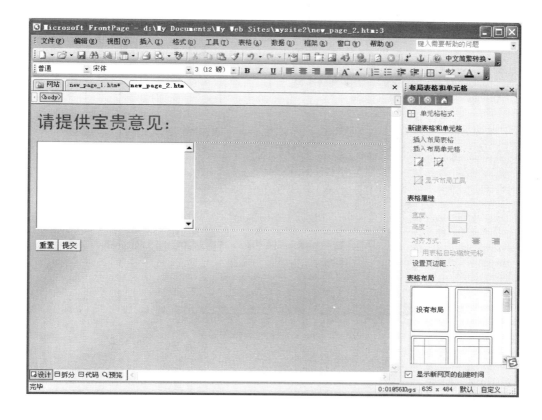

图 6-61　表单界面

加属性】命令,弹出属性话框,可以对表格或嵌入式框架进行设置,以便获得更满意的效果,具体操作可参阅有关图书资料。

案例:配置计算机上网环境

某同学购置了一台个人计算机,现希望通过宽带连接上网,请完成上网环境的设置。

提示:个人计算机通过宽带连接上网需具备以下 3 个条件:

①个人计算机已安装配置好操作系统。

②个人计算机已配置有网卡。

③运营商提供的宽带线路已具备并测试通过。

下面以个人计算机(操作系统为 Windows XP)为例,完成计算机上网环境的配置。

①点击【开始】菜单,选择【控制面板】,在【控制面板】中找到并单击【Internet 选项】命令,弹出【Internet 属性】对话框,选择【连接】选项卡,单击【建立连接】按钮,如图 6-62 所示。

②在弹出的【新建连接向导】对话框中,单击【下一步】按钮,在弹出的对话框中选择第一项"连接到 Internet(C)"后又单击【下一步】按钮。

③在弹出的对话框中选择"手动设置我的连接(M)"后单击【下一步】按钮。

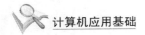

图 6-62 【Internet 属性】对话框

④在弹出的对话框中选择"用要求用户名和密码的宽带连接来连接(U)",单击【下一步】按钮,如图 6-63 所示。

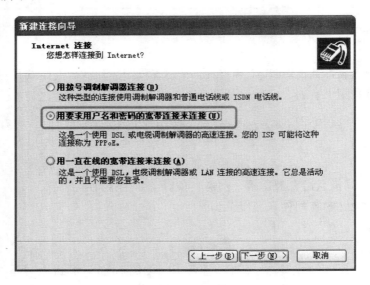

图 6-63 Internet 连接方式

⑤随后根据对话框的提法输入用户名 ISP、密码等信息。

提示:目前家庭宽带上网都基本上采用运营商提供的用户名和密码认证。

输入 ISP 名称,这里的 ISP 名称没有严格要求,可任意输入,例如"电信宽带",单击【下一步】,输入用户名和密码,这里的用户名和密码是申请宽带上网时运营商提供给你的用户名和密码,输入完后,点击【下一步】,选中"在我的桌面上添加一个到此连接的快捷方式(S)",方便以后使用,点击【完成】按钮,完成配置,如图 6-64 所示。

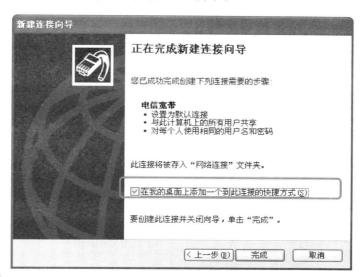

图 6-64 完成向导

这时,在桌面上会出现电信宽带的图标,双击图标,点击连接即可上网了。

思考题:

本案例是以个人计算机通过家庭宽带单机上网,如果需要多台计算机共用一条宽带线路同时上网需要什么条件和配置。

实训与练习题

实训 6-1   浏览器的使用和电子邮箱的使用

【实训内容】

(1)使用 IE 浏览器浏览网页,并添加到收藏夹中,设置学校网站为默认主页。

(2)利用 Outlook 客户端软件配置电子邮箱,能够正常的收发邮件。

实训 6-2   网页制作

【实训内容】

设计制作关于个人简介、爱好等内容的网页,要求网页中有文字、图片、超链接等内容。

练习题

一、单项选择题

1. http://www.cqjky.com 中 http 代表(   )。

    A. 主机   B. 地址   C. 协议   D. TCP/IP

2. 在 Internet 中,一个 IP 地址由(   )位二进制数组成。

A. 8   B. 16   C. 32   D. 64

3. 在计算机网络中,表征数据传输可靠性的指标是( )。

    A. 传输率   B. 误码率   C. 信息容量   D. 频带利用率

4. 下面( )是正确的电子邮箱名称。

    A. lxx. 163. net   B. lxx. 163. net. com   C. lxy@. 163. net   D. lxy@163. net

5. 计算机之间通过各种传输介质相连,按传输速度由慢到快来排列,顺序正确的是( )。

    A. 双绞线、同轴电缆、光纤   B. 同轴电缆、双绞线、光纤

    C. 同轴电缆、光纤、双绞线   D. 双绞线、光纤、同轴电缆

6. 以下操作系统中,不是网络操作系统的是( )。

    A. Novell   B. Windows 2000   C. Window NT   D. MS-DOS

7. 计算机局域网与广域网最显著的区别是( )。

    A. 后者可传输的数据类型要多于前者   B. 前者网络传输速度较慢

    C. 前者传输范围相对较小   D. 前者的误码率较高

8. 用来补偿数字信号在传输过程中的衰减损失的设备是( )。

    A. 集线器   B. 中继器   C. 调制解调器   D. 路由器

9. UPS 是指( )。

    A. 中央处理器   B. 大功率稳压器   C. 不间断电源   D. 用户处理系统

10. 广域网和局域网的英文缩写分别是( )。

    A. ISDN 和 ATM   B. FFDI 和 CBX

    C. Internet 和 Intranet   D. WAN 和 LAN

11. 下面的 IP 地址表示正确的是( )。

    A. 203. 10. 14. 50   B. 256. 14. 0. 56   C. 15. 258. 67. 11   D. 256. 45. 34. 0

二、多项选择题

1. 计算机网络的功能有( )。

    A. 远程通信   B. 资源共享

    C. 游戏   D. 集中管理和分布处理

    E. 文件传输

2. 使用网络,用户必须有( )。

    A. 账户   B. 口令

    C. 授权   D. 资源

    E. 电子邮件地址

3. 在下列叙述中,错误的是( )。

    A. 实现计算机联网的最大好处是实现资源共享

    B. 局域网比广域网大

    C. 电子邮件只能传送文本文件

    D. FTP 是文件传输协议

    E. 在计算机网络中,有线网和无线网使用的传输介质均为双绞线、同轴电缆或光纤

三、判断题

1. 在计算机网络中 WAN 是指局域网，Internet 是指互联网。　　　　　（　　）
2. 发送电子邮件不是直接发送到接收者的计算机中。　　　　　　　　（　　）
3. 必须借助专门的软件才能在网上浏览网页。　　　　　　　　　　　（　　）
4. 使用电话线、电缆、通信卫星等传输介质将多台计算机相连就组成计算机网络。（　　）
5. 使用动态 IP 地址和静态 IP 地址都能访问 Internet。　　　　　　　（　　）
6. 网卡和 Modem 的功能相同。　　　　　　　　　　　　　　　　　（　　）
7. Internet 网的域名和 IP 地址之间的关系是一对多。　　　　　　　　（　　）
8. 网络程序 Telnet 是在 ISO/OSI 参考模型的应用层。　　　　　　　（　　）
9. 利用一条线路传输多路信号的技术是线路复用技术。　　　　　　　（　　）
10. 使用电子邮件需要 POP 和 SMTP 协议支持。　　　　　　　　　　（　　）

四、填空题

1. 在 Internet 网中，用来进行数据传输控制的协议是＿＿＿＿＿＿。
2. 计算机网络设备中，Hub 是指＿＿＿＿＿＿。
3. 在计算机网络中，通常把提供并管理共享的计算机称为＿＿＿＿＿＿。
4. 在 Internet 中远程登录用＿＿＿＿＿＿网络通信协议实现。
5. 世界上最大的计算机互连网络是＿＿＿＿＿＿。
6. FTP 的意思是＿＿＿＿＿＿＿＿＿＿＿＿＿＿＿＿＿＿＿＿＿＿＿＿＿。

第7章 数据库技术基础

7.1 数据库系统概述

在计算机出现以前,人们用手工的方式收集、整理、管理各类数据。在计算机出现以后,各类数据的管理由手工方式向计算机管理转变,数据库技术能够对计算机中大量的数据进行有组织、有结构的管理,它产生于 20 世纪 60 年代末,是数据管理的最新技术,也是计算机科学领域中的重要分支,是信息系统的核心和基础,它的出现极大地促进计算机应用向各行各业的渗透。

7.1.1 数据库的基本概念

在介绍数据库技术前说明几个概念:数据、信息、数据管理、数据库、数据库管理系统、数据库系统。

数据——是用来描述和记录现实世界中客观事物的性质、状态及其相互关系的物理符号或媒体,它是数据库中存储的基本对象(单元)。

信息——是经过加工并对接收的行为有现实或潜在影响的数据。

数据是信息的表现形式而信息是数据的内涵。

数据管理——是利用计算机软硬件技术对数据进行有效收集、表示、存储、加工与再加工处理、传输和应用的过程。数据库技术就是数据管理的实用技术,包括数据收集、分类、组织、编码、存储、检索、传输和维护等环节。

数据库(Database,简称 DB)——是长期存储在计算机内有组织的、可共享的大量数据的集合。

数据库管理系统(DBMS)——是位于用户与操作系统之间的一层数据管理软件,是一个大型复杂的软件系统。

数据库系统(DBS)——是能够提供界面让用户创建数据库和检索、修改数据,还能提供系统组件管理存储数据。数据库系统是一个庞大的有机整体。

7.1.2 数据库技术的发展

数据库技术的发展过程是一个由低级到高级、由简单到逐步完善的过程,随着计算机技术的发展,数据库技术大致经过人工管理阶段、文件系统管理阶段和数据库系统阶段这 3 个发展阶段。

人工管理阶段出现在 20 世纪 50 年代中期以前,数据库技术主要用于科学计算,数据作为程序的组成部分不能独立存在,数据和程序不具有独立性;数据不能长期保存;系统中没有对数据进行管理的软件。

文件系统管理阶段出现在 20 世纪 50 年代后期至 60 年代中期。数据库技术不但用于科学计算,还用于信息管理等方面。程序和数据有了一定的独立性,程序和数据分开存储;数据文件可以长期保存在外存储器上并可以多次存取;数据的存取以记录为基本单位,并出现了多种文件组织,但数据冗余度大;缺乏数据独立性;数据不能集中管理。

数据库系统阶段始于 20 世纪 60 年代末,标志是 IBM 公司开发的 IMS 产品,以及 E. F. Codd 发表的关系数据库理论的论文。数据库系统阶段实现数据共享,减少数据冗余;采用特定的数据模型;具有较高的数据独立性;有统一的数据、控制功能。

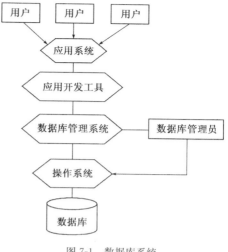

图 7-1　数据库系统

7.1.3　数据库系统

数据库系统是把有关计算机硬件、软件、数据和人员组合起来为用户提供信息服务的系统,由硬件、软件、数据库、数据库管理系统、各类人员组成,如图 7-1 所示。数据库系统具有用户界面多样性、数据独立性、数据完整性、并发控制等特点。

7.1.4　数据模型

数据模型是实现现实世界中一组客观事物的抽象,是描述数据的一种形式,根据不同角度和不同的应用层次,可分为:概念模型、逻辑模型、物理模型。

概念模型是一种以全局性的不涉及具体问题的数据视图方式刻画面向客观世界中数据库用户的概念化结构的模型,常用的概念模型包括 E-R 模型。

逻辑模型是一种以局部性供用户使用的数据视图方式、面向用户和系统、涉及 DBMS 的具体技术的模型,常用的逻辑模型包括层次模型、网状模型、关系模型和面向对象模型。

物理模型是一种在计算机操作系统和相关物理硬件支持下,通过具体的 DBMS 设计并保存在外存上的数据模型,又称为外部模型。

我们通常所说的数据模型普遍指的都是逻辑模型,应用最多的就是关系模型。在关系模型中,一个关系就是一个表,关系名就是表名,一个数据库就是由大量的表(关系)所组成。表的行称之为记录,表的列称之为属性。

数据模型的组成要素包括数据结构、数据操作、数据约束 3 部分内容。

7.1.5　常见的数据库开发平台与数据库系统

目前,市面上常见的数据库开发平台包括:Visual Foxpro、Access、SQL Server;DB2;Oracle;MySQL 等。

Oracle 是当今最大的数据库公司。它是世界上第一个商品化的关系型数据库管理系统,也是第一个推出与数据库结合的第四代语言开发工具的数据库产品。它采用标准的结构化查询语言,支持多种数据类型,提供面向对象的数据支持,具有第四代语言开发工具,支持 Unix、VMS、Windows NT、OS/2 等多种平台。Oracle 公司的软件产品主要由 3 个部分组成,包括 Oracle 服务器产品、Oracle 开发工具和 Oracle 应用软件。

DB2 是 IBM 公司的一个基于 SQL 的关系型数据库产品,它起源于早期的实验系统 Sys-

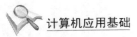

tem R。20 世纪 80 年代初,DB2 的发展重点在大型主机平台上。从 80 年代到 90 年代初,DB2 已发展到中、小型机以及微机平台。现在的 DB2 已能够适用于各种硬件和软件平台(如 Unix、VMS、Windows NT、OS/2 等)。DB2 在金融系统中应用较多。DB2 Universal Database Personal Edition 是为 OS/2 和 Windows 系统的单用户提供的数据库管理系统。DB2 Universal Database Workgroup Edition 是为 OS/2 和 Windows 系统的多用户提供的数据库管理系统。

目前数据库技术已与其他相关技术相结合应用于其他的研究领域,关于数据库技术研究主要包括数据库设计研究、数据库程序设计研究、数据库管理系统实现和数据库理论研究几个方面。

7.2 Access 数据库基础

7.2.1 Access 数据库概述

Access 是美国 Microsoft 公司推出的关系型数据库管理系统(R-DBMS),它作为 Office 的一部分,具有与 Word、Excel 和 PowerPoint 等相同的操作界面和使用环境,深受广大用户的喜爱。本节主要介绍 Access 2003 的工作界面、数据库对象及它们之间的关系、Access 数据库中使用的数据类型等。

Access 2003 的启动、退出的方法与 Word 2003 等 Office 应用程序相同,其工作界面包括标题栏、菜单栏、工具栏、任务窗格等,如图 7-2 所示。

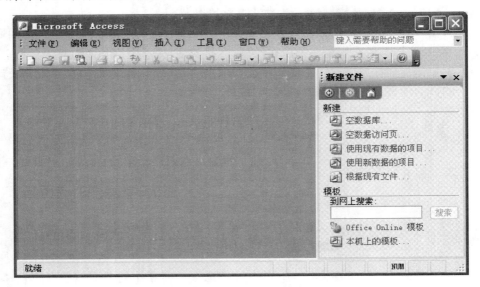

图 7-2   Access 2003 的工作界面

表是 Access 数据库的对象,除此之外,Access 2003 数据库的对象还包括查询、窗体、报表、宏以及模块等。

表是同一类数据的集合体,也是 Access 数据库中保存数据的地方,一个数据库中可以包含一个或多个表,表与表之间可以根据需要创建关系。表也是 Access 2003 中所有其他对象的基础,因为表存储了其他对象用来在 Access 2003 中执行任务和活动的数据。表由表结构和表记录两部分组成,建立表结构在表的设计视图中完成,表的全部字段和每个字段的属性在设计视图中确定,每个表由若干记录组成,每条记录都对应于一个实体,同一个表中的所有记录都具有相同的字段定义,每个字段存储着对应于实体的不同属性的数据信息。

我们把使用一些限制条件来选取表中的数据(记录)称之为"查询"。数据库的主要目的是存储和提取信息,在输入数据后,信息可以立即从数据库中获取,也可以在以后获取这些信息。查询成为数据库操作的一个重要内容。

窗体向用户提供一个交互式的图形界面,用于进行数据的输入、显示及应用程序的执行控制。在窗体中可以运行宏和模块,以实现更加复杂的功能。在窗体中也可以进行打印。

报表用于将选定的数据以特定的版式显示或打印,是表现用户数据的一种有效方式,其内容可以来自某一个表也可来自某个查询。

7.2.2　数据库的建立

下面是基于 Microsoft Access 2003 创建一个数据库,方法是多种多样的,也是十分简单的,数据库的扩展名为.mdb。

1)利用模板新建数据库

为了方便用户的使用,Access 2003 提供了一些标准的数据框架,又称为"模板"。这些模板不一定符合用户的实际要求,但在向导的帮助下,对这些模板稍加修改,即可建立一个新的数据库。Office Online 模板可通过在线查找所需要的数据库模板,如图 7-3 所示。

图 7-3　在线数据库模板

启动 Access 2003 后执行【文件】|【新建】命令,弹出【新建文件】任务窗格(图 7-2),在该窗格中选择【本机上的模板】,弹出模板对话框,选择【数据库】选项卡,出现如图 7-4 所示的【模

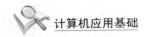计算机应用基础

板】|【数据库】窗口。

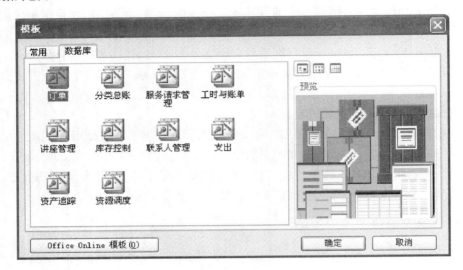

图 7-4 本机数据库模板

选择相应模板即可创建需要的数据库。

2）直接建立一个空数据库

在【新建文件】任务窗格中选择建立空数据库，其中的各类对象暂时没有数据，而是在以后的操作过程中，根据需要逐步建立所需要的数据库。

7.2.3 数据类型

Access 2003 提供了 10 种数据类型，如表 7-1 所示。

Access 2003 的数据类型   表 7-1

数据类型	用　　途	字 符 长 度	数据类型	用　　途	字 符 长 度
文本	字母和数字	0～255 个字符	自动编号	自动数字	4 字节
备注	字母和数字	0～64000 个字符	是/否	是/否、真/假	1 位
数字	数值	1、2、4 或 8 字节	OLE 对象	链接或嵌入对象	可达 1G 字节
日期/时间	日期/时间	8 字节	超链接	Web 地址、邮件地址	可达 64000 字节
货币	数值	8 字节	查阅向导	来自其他表或列表的值	通常为 4 字节

对于某一具体数据而言，可以使用的数据类型可能有多种，例如电话号码可以使用数字型，也可使用文本型，但只有一种是最合适的。主要考虑如下几个方面：

①字段中可以使用什么类型的值。

②需要用多少存储空间来保存字段的值。

③是否需要对数据进行计算（主要区分是否用数字，还是文本、备注等）。

④是否需要建立排序或索引（备注、超链接及 OLE 对象型字段不能使用排序和索引）。

306

⑤是否需要进行排序（数字和文本的排序有区别）。

⑥是否需要在查询或报表中对记录进行分组（备注、超链接及 OLE 对象型字段不能用于分组记录）。

7.2.4 数据表的建立

通过如图 7-2 所示工作界面中的【文件】|【新建】命令建立了空的数据库之后，可弹出数据库窗体（图 7-5），即可向数据库中添加对象，其中最基本的是表。表的创建有多种方法，使用表向导、表设计器、通过输入数据都可以建立表。最简单的方法是在数据库窗体中选择表对象，然后单击工具栏上的【新建】命令按钮，可弹出【新建表】对话框（图 7-6），选择【表向导】后，单击【确定】按钮，弹出【表向导】对话框，对话框中提供了一些常用的表模板，如图 7-7 和图 7-8 所示。

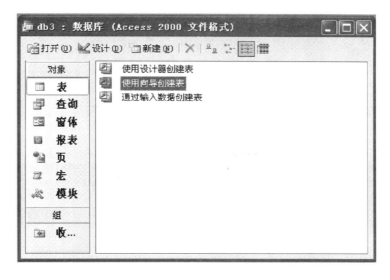

图 7-5　数据库对话框

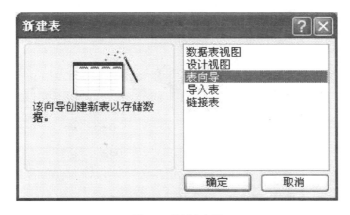

图 7-6　使用表向导

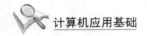

1)使用表向导创建表

表向导提供两类表:商务表和个人表。商务表包括客户、雇员和产品等常见表模板,如图7-7所示;个人表包括家庭物品清单、食谱、植物和运动日志等表模板,如图7-8所示。

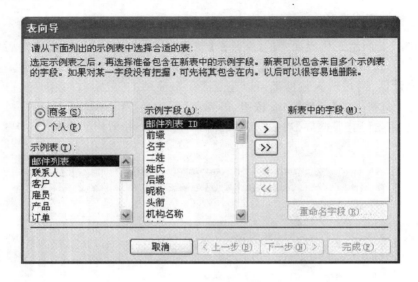

图7-7　表向导中的商务表模板

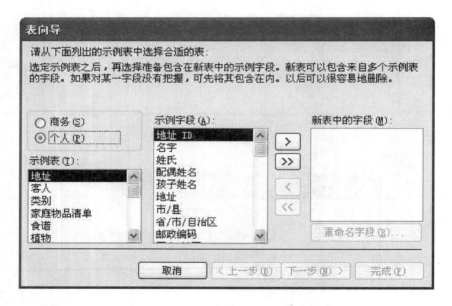

图7-8　表向导中的个人表模板

下面假设建立一个客户表:

①在表向导对话框中选择"商务",在出现的示例表中选择"客户"表,然后单击按钮【≫】,添加全部字段,如图7-9所示。

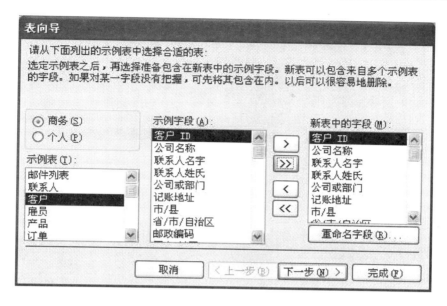

图 7-9　创建客户表

②单击【下一步】按钮,在弹出的表向导对话框中指定表名,如图 7-10 所示。

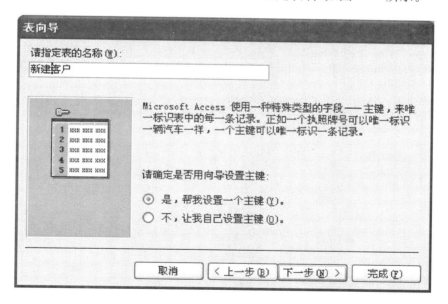

图 7-10　表向导——指定表名

③单击【下一步】按钮,在弹出的对话框中建立该表与数据库中其他表的关系,如图 7-11。

④单击【下一步】按钮,弹出关系对话框,确定该表与其他表建议的关系,如图 7-12 所示。

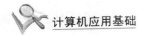
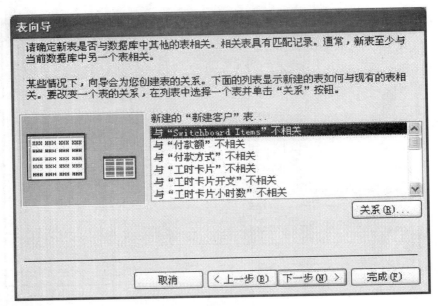

图 7-11　建立与其他表的关系

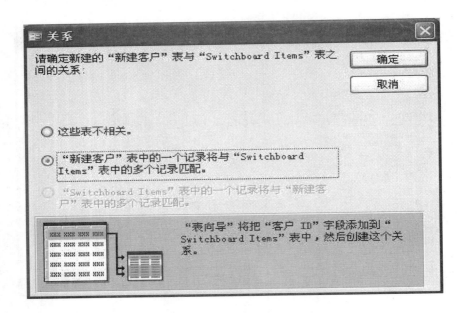

图 7-12　确定新表与其他表的关系

　　⑤单击【确定】按钮后,弹出如图 7-13 所示的对话框,如果选择【直接向表中输入数据】,并单击【完成】按钮,则弹出如图 7-14 所示的数据表视图,可以向表输入数据;如果选择【修改表的设计】,并单击【完成】按钮,则弹出如图 7-15 所示的表设计视图,可以对表向导生成的表结构进行修改,使之满足用户的特定需要。

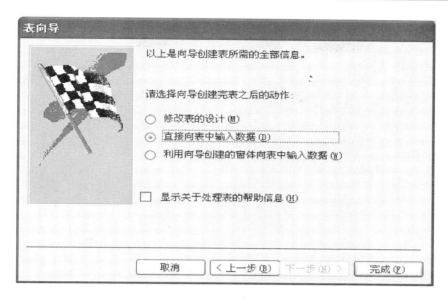

图 7-13　表设计完成

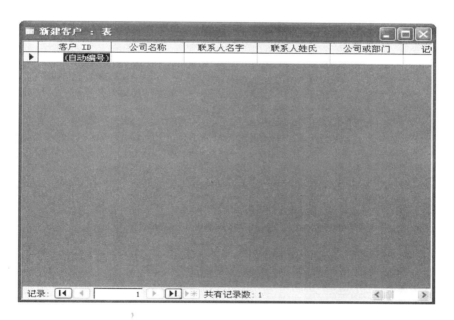

图 7-14　表数据输入

2）使用表设计器创建表

虽然向导提供了一种简单快捷的方法来建立表,但如果向导不能提供用户所需要的字段,则用户还得重新创建。这时,绝大多数用户都是在表设计器中来设计表的。如果在新建表时,选择【设计视图】,如图 7-6 所示,然后单击【确定】按钮,即可弹出表设计视图（图 7-15）,完成各字段的添加、设计、编辑和修改,最终设计一个满足用户需要的表结构。

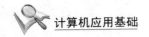

图 7-15　表设计器

7.3　数据查询

7.3.1　查询的类型

Access 2003 提供多种查询方式,查询方式可分为选择查询、汇总查询、交叉表查询、重复项查询、不匹配查询、动作查询、SQL 特定查询以及多表之间进行的关系查询。这些查询方式归纳起来有 4 类:选择查询、特殊用途查询、操作查询和 SQL 专用查询。

查询是数据库提供的一种功能强大的管理工具,可以按照使用者所指定的各种方式来进行查询。查询基本上可满足用户以下需求:

①指定所要查询的基本表。

②指定要在结果集中出现的字段。

③指定准则来限制结果集中所要显示的记录。

④指定结果集中记录的排序次序。

⑤对结果集中的记录进行数学统计。

⑥将结果集制成一个新的基本表。

⑦在结果集的基础上建立窗体和报表。

⑧根据结果集建立图表。

⑨在结果集中进行新的查询。

⑩查找不符合指定条件的记录。

⑪建立交叉表形式的结果集。

⑫在其他数据库软件包生成的基本表中进行查询。

作为对数据的查找,查询与筛选有许多相似的地方,但二者是有本质区别的。查询是数据库的对象,而筛选是数据库的操作。

7.3.2 创建选择查询

选择查询:从数据库的一个或多个表中检索特定的信息,将查询的结果显示在一个数据表上供用户查看或编辑使用的查询被称为选择查询。

用户可以打开数据库窗口,选择【查询】对象,然后单击工具栏中的【新建】按钮,弹出【新建查询】对话框,如图 7-16 所示。

简单选择查询可以通过简单查询向导来快速完成,也可以通过查询设计器进行创建。步骤如下:

①在新建查询对话框(图 7-16)中选择【简单查询向导】后,单击【确定】按钮,即可弹出如图 7-17 所示的简单查询向导对话框。

②在图 7-17 的"表/查询"下拉列有中选择已创建的表和查询,在"可用字段"列表中选择字段,然后单击按钮【>】,为要创建的查询添加字段。已添加的字段将出现在"选定的字段"列表中。

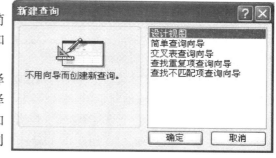

图 7-16 新建查询对话框

③查询的字段选定完成后,单击图 7-17 对话框中的【下一步】命令按钮,弹出如图 7-18 所示的对话框,选择【明细】后单击【下一步】,弹出图 7-19 对话框,为查询指定一个标题。

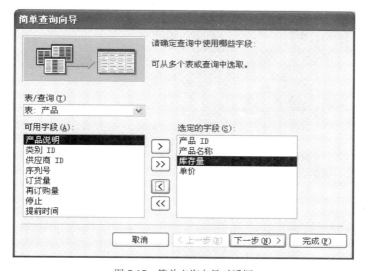

图 7-17 简单查询向导对话框

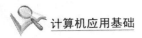

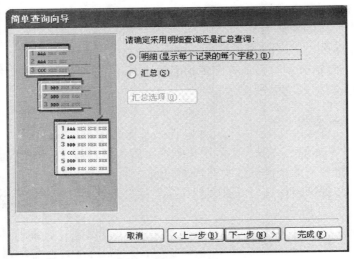

图 7-18 选择明细或汇总

④查询的标题选定后，在图 7-19 的对话框中选择【打开查询查看信息】，并单击【完成】按钮，便弹出如图 7-20 所示的查询结果。

⑤如果在图 7-18 选择【汇总】，后单击【选择汇总字段】命令按钮，如图 7-21 所示，则弹出如图 7-22 所示的汇总选项对话框，选择需要的汇总值。然后单击【确定】按钮，返回图 7-21 汇总选择对话框，单击【下一步】命令按钮，弹出如图 7-19 所示的对话框，为查询指定标题后单击【完成】命令，便弹出如图 7-23 所示的汇总查询结果。

图 7-19 指定查询标题

7.3.3 创建操作查询

操作查询用于同时对一个或多个表进行全局数据管理操作，它可以对数据表中原有的数据内容进行编辑，对符合要求的数据进行成批修改。因此，应该备份数据库。

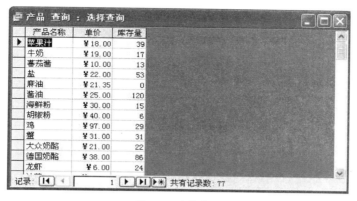

图 7-20　查询结果

操作查询可分为更新查询、追加查询、删除查询和制表查询。

更新查询用于用户添加一些条件来对许多记录中的一个或多个字段进行更新。如图7-24所示，将表 class 中大于等于 72 学时的学分都加 1。

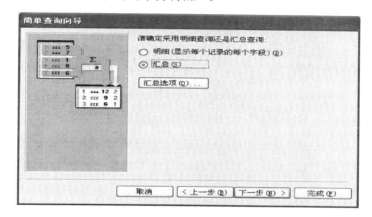

图 7-21　汇总选择

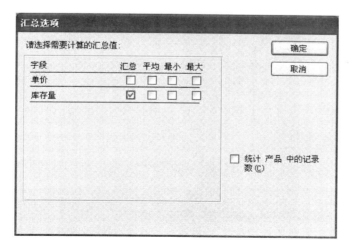

图 7-22　选择汇总值

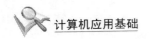

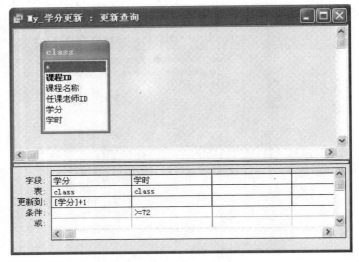

图 7-23　汇总查询结果

图 7-24　更新查询

追加查询可以将一个或多个表中的一组记录追加到另一个或多个表的末尾。

当需要删除数据库中的某些数据时,可以使用"删除查询"来完成这一操作。

制表查询也就是所说的生成表查询,它可以从一个或者多个表(或者查询)的记录中根据指定的条件筛选出数据并生成一个新表。

7.3.4　SQL 查询

结构化查询语言(即 SQL 语言)是最重要的关系数据库操作语言,SQL 语言已经发展成为标准的计算机数据库语言。1986 年美国国家标准协会 ANSI(American National Standards Institute)和国际标准化组织 ISO(International Standards Organization)颁布了 SQL 正式标准,同时确认 SQL 语言为数据库操作的标准语言,现在已有 100 多种遍布在从微机到大型机上的数据库产品的 SQL 产品。SQL 语言基本上独立于数据库本身及其使用的机器、网络、操作系统，基于 SQL 的 DBMS 开发商所提供的产品一般都具有良好的可移植性。

SQL 语言集数据定义语言、数据操纵语言、数据控制语言于一体，包括 Select、Create、Drop、Alter、Insert、Update 等命令。

Select 语句是最经常使用的 SQL 命令，是查询数据的基本方法。Select 语句可以从表中查询行（记录），并允许从一个或多个表中选择一个或多个行或列。

投影是指取表的某些列的字段值。下面是使用 SQL 语句进行投影的例子。

查找 class 表中学号、姓名、课程列的所有信息：

Select 学号、姓名、课程 from class

选择是指取表的某些行的记录值。

查找 class 表中课程是"英语"的学号、姓名、年龄信息：

Select 学号，姓名，年龄 from class WHERE 课程＝'英语'

具体命令可以查询 Access 2003 帮助文件。

7.4 窗体与报表的创建

7.4.1 创建窗体

窗体是数据与用户进行交互的界面，它的外观和一般的窗口一样。一个组合式的对象，也就是说用户可以根据自己的需要在窗体中增加相应的控件，并定义其外观、行为和位置等。

具体来说，窗体具有以下几种功能：

（1）数据的显示与编辑

窗体最基本的功能是显示与编辑数据。窗体可以显示来自多个数据表中的数据。此外，用户可以利用窗体对数据库中的相关数据进行添加、删除和修改，并可以设置数据的属性。用窗体来显示并浏览数据比用表和查询的数据表格式显示数据更加灵活，不过窗体每次只能浏览一条记录。

（2）数据输入

用户可以根据需要设计窗体，作为数据库中数据输入的接口，这种方式可以节省数据录入的时间并提高数据输入的准确度。窗体的数据输入功能，是它与报表的主要区别。

（3）应用程序流控制

与 VB 窗体类似，Access 2003 中的窗体也可以与函数、子程序相结合。在每个窗体中，用户可以使用 VBA 编写代码，并利用代码执行相应的功能。

（4）信息显示和数据打印

在窗体中可以显示一些警告或解释信息。此外，窗体也可以用来执行打印数据库数据的功能。

用户可以采用多种方式创建数据库中的窗体。Access 2003 提供了 9 种创建窗体的方式，如图 7-25 所示。

在创建窗体的各种方法中，更多的时候是使用设计视图来创建窗体，因为这种方法更为灵直观。

其一般步骤是打开窗体设计视图、添加控件、控件更改，然后可以对控件进行移动、改变大

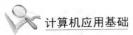

小、删除、设置边框、阴影和粗体、斜体等特殊字体效果之类的操作，来更改控件的外观。另外，通过属性对话框，可以对控件或工作区部分的诸如格式、数据事件等属性进行设置。

下面以【订单】表为例，使用设计视图创建一个简单窗体。

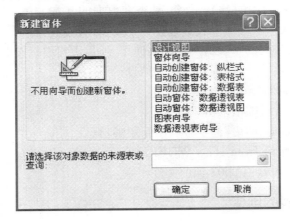

图 7-25　新建窗体

打开如图 7-25 所示的【新建窗体】对话框，选择设计视图，在数据来源表中选择【订单】表，如图 7-26 所示窗体设计视图。

图 7-26　窗体设计视图

通过窗体设计窗口中工具栏添加相应的控件，即可得到如图 7-27 订单窗体效果。

7.4.2　创建报表

报表就是一种组织和显示 Access 2003 数据库数据的最好方法，尽管数据表和查询都可用于打印，但是，报表才是打印和复制数据库管理信息的最佳方式，可以帮助用户以更好的方式表示数据。报表既可以输出到屏幕上，也可以传送到打印设备。

如同数据库中创建的大多数对象一样，用户可以采用多种方式来创建所需的报表。首先，打开数据库窗口，单击【对象】栏下的【报表】按钮，然后单击【报表设计】工具栏上的【新建】，则

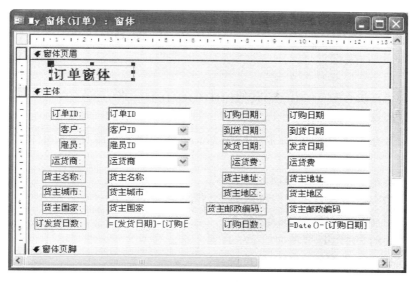

图 7-27　订单窗体效果

弹出如图 7-28 所示【新建报表】对话框。选择【设计视图】，单击【确定】按钮，窗口顶部出现报表设计工具栏(图 7-29)和工具箱(图 7-30)。

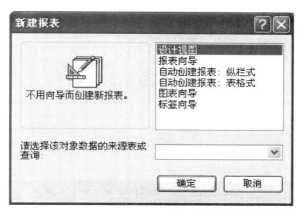

图 7-28　新建报表

报表设计工具主要有如下 2 个：

(1)工具栏(图 7-29)

图 7-29　报表设计工具栏

其中有视图、对象、超链接、字段列表、工具箱、排序分组、自动套用格式、代码、属性、生成器、数据库窗口、新对象、线条/边框宽度、特殊效果等操作菜单命令和工具。

(2)工具箱(图 7-30)

在报表设计过程中，工具箱是十分有用的，下面具体介绍【工具箱】中的各个控件。

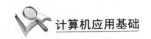

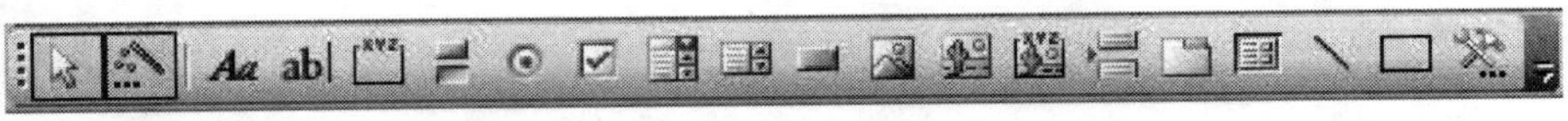

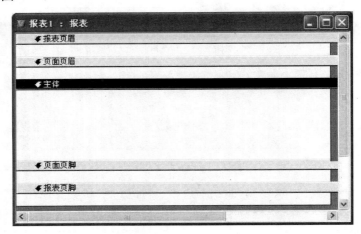

图 7-30　报表工具箱

选择对象：用于选定操作的对象。

控件向导：单击该按钮后，在使用其他控件时，可在向导指引下完成。

标签：显示标题、说明文字。

文本框：用来在窗体、报表或数据访问页上显示输入或编辑数据，也可接受计算结果或用户输入。

选项组：显示一组限制性的选项值。

切换按钮：当表内数据具有逻辑性时，用来帮助数据的输入。

选项按钮：与切换按钮类似，属单选。

复选框：选中时，值为 1，取消时，值为 0，属多选。

组合框：包括了列表框和文本框的特性。

列表框：用来显示一个可滚动的数据列表。

命令按钮：用来执行某些活动和操作。

图像：加入图片。

非绑定对象框：用来显示一些非绑定的 OLE 对象。

绑定对象框：用来显示一系列的图片。

分页符：用于定义多页数据表格的分页位置。

选项卡控件：创建带有选项卡的对话框。

子窗体/子报表：用于将其他表中的数据放置在当前报表中。

直线：画直线。

矩形：画矩形。

其他控件：显示 Access 2003 所有已加载的其他控件。

(3)工作区(图 7-31)

图 7-31　报表工作区

报表页眉:以大的字体将该份报表的标题放在报表顶端。只有报表的第 1 页才出现报表页眉内容。报表页眉的作用是作封面或信封等。

页面页眉:页面页眉中的文字或字段,通常会打印在每页的顶端。如果报表页眉和页面页眉共同存在于第 1 页,则页面页眉数据会打印在报表页眉的数据下。

主体:用于处理每一条记录,其中的每个值都要被打印。主体区段是报表内容的主体区域,通常含有计算的字段。

页面页脚:页面页脚通常包含页码或控件,其中的【=“第”&[page]&“页”】表达式用来打印页码。

报表页脚:用于打印报表末端,通常使用它显示整个报表的计算汇总等。

除了以上通用区段外,在分组和排序时,有可能需要组页眉和组页脚区段。可选择【视图】|【排序与分组】命令,弹出【排序与分组】对话框。选定分组字段后,对话框下端会出现【组属性】选项组,将【组页眉】和【组页脚】框中的设置改为【是】,在工作区即会出现相应的组页眉和组页脚。

下面通过实例说明设计报表的步骤:

①打开相应数据库,新建报表,选择【设计视图】,选择【订单】表,如图 7-32 所示。

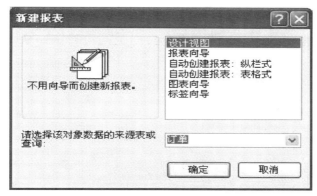

图 7-32　新建报表界面

②打开订单报表工作区(图 7-33)。

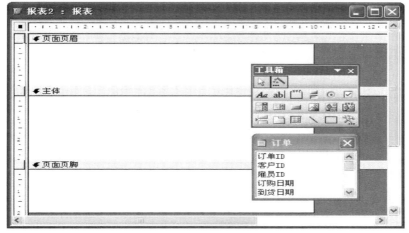

图 7-33　订单报表工作区界面

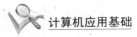

③添加相应字段到报表设计主体区内，如图 7-34 所示。

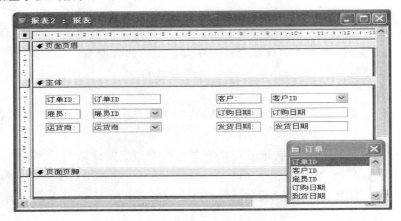

图 7-34　订单报表设计效果

④添加页面页眉和页面页脚，如图 7-35 所示。

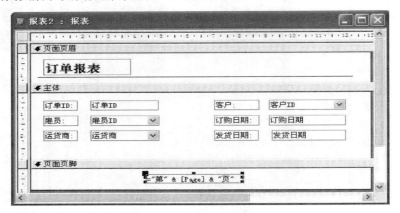

图 7-35　页眉页脚设置

其中，页面页脚的文本框内容由属性窗口和表达式生成器生成，如图 7-36 和图 7-37 所示。

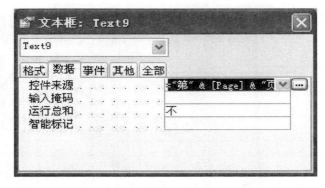

图 7-36　文本框属性

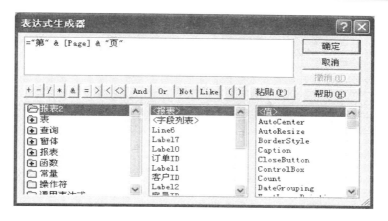

图 7-37　表达式生成器

⑤保存运行得到结果,如图 7-38 所示。

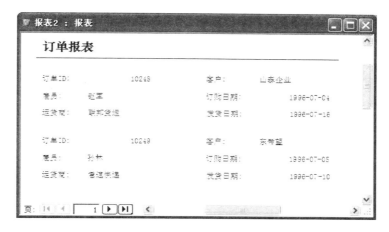

图 7-38　订单报表效果

实训与练习题

 实训

用 Access 制作学生档案表,其表结构如下:

学　　号	字符型
姓　　名	字符型
性　　别	逻辑性(男 T,女 F)
出生年月	日期型
高考总分	数字型
备　　注	备注型

建立表 JSJ3.mdb,同时录入如表 7-2 所示的数据。

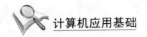

学 生 档 案 表 表 7-2

学　号	姓　名	性　别	出 生 日 期	高 考 总 分	备　注
200813001	王小刚	男	1988-05-17	601	Memo
200813006	张欣欣	女	1990-03-25	640	Memo
200813007	黄山	男	1989-12-29	623	Memo
200813008	陈军	男	1991-11-19	562	Memo

 练习题

一、单项选择题

1.数据库系统比较完整的组成部分大致包括(　　　)。

　　A. 数据库、数据库管理系统、软硬件、应用程序、开发工具及各类人员

　　B. 数据库、数据库管理系统、硬件、应用程序及各类人员

　　C. 数据库、数据库管理系统、软件、应用程序、开发工具及各类人员

　　D. 数据库、数据库管理系统、计算机网络、应用程序及各类人员

2.有关关系模型的说法,错误的是(　　　)。

　　A. 一个关系中可以有多个表,一个关系数据库就是由若干个表组成的

　　B. 字段即实体的属性,字段行即表头部分,表示实体的属性集

　　C. 表中的每个属性都可以取若干个值,域即为属性的取值范围

　　D. 元组即记录行,表中除字段行外的任一行都是一个元组

3.在数据管理技术的发展过程中,经历了人工管理阶段、文件系统阶段和数据库系统阶段。在这几个阶段中,数据独立性最高的是(　　　)阶段。

　　A. 数据库系统　　　　　　　　　B. 文件系统

　　C. 人工管理　　　　　　　　　　D. 数据项管理

4.关系数据库管理系统能够实现的专门关系运算包括(　　　)。

　　A. 排序、索引、统计　　　　　　B. 选择、投影、连接

　　C. 关联、更新、排序　　　　　　D. 显示、打印、制表

5.Access 数据库属于(　　　)数据库系统。

　　A. 关系型　　　　　　　　　　　B. 层次型

　　C. 逻辑型　　　　　　　　　　　D. 树型

二、填空题

1.Access 2003 数据库扩展名为_____。

2.数据库管理系统支持的数据模型有_____、_____和_____。

参 考 文 献

［1］龚沛曾.大学计算机基础［M］.北京:高等教育出版社,2009.

［2］周建丽.大学计算机基础［M］.北京:地质出版社,2009.

［3］周建丽.大学计算机基础实训［M］.北京:地质出版社,2009.

［4］陈秀莉.PowerPoint 演示文稿制作［M］.济南:山东电子音像出版社,2008.

［5］李秀.计算机文化基础［M］.北京:清华大学出版社,2003.

［6］黄绍龙.计算机应用基础［M］.北京:人民交通出版社,2008.

［7］王法能.计算机基础与操作员考级实训教程［M］.北京:北京交通大学出版社,2010.

［8］李建华.计算机基础应用［M］.重庆:西南师范大学出版社,2010.

［9］李素玲.计算机操作实用教程［M］.北京:当代世界出版社,2000.